探索广州旧城既有建筑
绿色改造的人文途径

Exploring Humanistic Approach of
Green Retrofitting for Existing Buildings
in the Old City of Guangzhou

广州市设计院集团有限公司　郭建昌　著

中国建筑工业出版社

图书在版编目（CIP）数据

探索广州旧城既有建筑绿色改造的人文途径 =
Exploring Humanistic Approach of Green
Retrofitting for Existing Buildings in the Old
City of Guangzhou / 郭建昌著 . —北京：中国建筑工
业出版社，2022.4
ISBN 978-7-112-27204-4

Ⅰ.①探…　Ⅱ.①郭…　Ⅲ.①建筑—改造—无污染技
术—研究—广州　Ⅳ.① TU746.3

中国版本图书馆CIP数据核字（2022）第043717号

本书内容包括 3 个方面：首先，为实现绿色改造所要求的改善人居环境，以及绿色建筑所要求的人与自然和谐共生的目标，构建了包括呈现场所文化特征和延续场所精神在内的人文绿色理念。其次，从广州旧城湿热气候和地域文化特征出发，识别了影响既有建筑绿色改造的关键设计要素。书中分析各种关键因素间的因果关系，建立了关系网络图，根据关键因素在绿色改造过程中所呈现的绩效优劣对其进行分析评价。最后，本书尝试建构了以整体性、多元性、空间生产、环境责任与伦理为核心的人文绿色改造途径。

本书可供广大建筑师、城乡规划师、城市设计师以及高等院校建筑学专业、城乡规划专业等师生学习参考。

责任编辑：吴宇江
责任校对：王　烨

探索广州旧城既有建筑绿色改造的人文途径
Exploring Humanistic Approach of Green Retrofitting for Existing Buildings
in the Old City of Guangzhou

广州市设计院集团有限公司　郭建昌　著
*
中国建筑工业出版社出版、发行（北京海淀三里河路 9 号）
各地新华书店、建筑书店经销
北京方舟正佳图文设计有限公司制版
北京建筑工业印刷厂印刷
*
开本：787 毫米 × 1092 毫米　1/16　印张：16¼　字数：391 千字
2022 年 6 月第一版　2022 年 6 月第一次印刷
定价：**78.00** 元
ISBN 978-7-112-27204-4
　　（38792）

前言

近年来，随着气候变迁、能源危机和生态环境的恶化，为减缓自然环境压力、做好节能减排并控制环境污染已势在必行。营造可持续发展的人类家园已成为世界各国发展的战略目标，而绿色建筑已成为实施可持续发展战略目标的重要举措。自 1978 年中国实施改革开放以来，伴随城市大规模的扩张，既有建筑的数量迅猛增加，既有建筑的绿色改造如何满足环境、经济和社会可持续发展的要求，已成为学术界关注的重要议题。

本书结合历史文化名城广州的现状，以广州旧城区（1978—2006 年）建成的既有建筑为研究对象，对其进行改造、调研分析和总结。书中系统地回顾了近年来既有建筑绿色改造的研究成果，在自然主义和建筑现象学的基础上建构了人文绿色理念。本书采用管理学的多准则决策实验法和 IPA 管理绩效的研究方法，分析影响既有建筑绿色改造的关键设计要素，探讨关键要素间的关联性和绩效。在对既有建筑的价值构成进行分析和评估的基础上，基于本书所建构的人文绿色理念，探究了包括整体性设计、多元文化相生、空间生产，以及重构社会环境责任与伦理的绿色改造途径。本书的主要目的在于针对当前绿色改造存在的缺陷与不足，通过建构人文领域的绿色改造途径，完善当今偏于物质领域的绿色改造，使绿色改造能够增强使用者的认同感、归属感和集体记忆，使既有建筑所在城市的肌理和文脉得以延续。在研究方法上，我们采取了包括社会学、经济学、环境心理学、管理学、物理学和建筑学等跨领域多学科融贯的策略，具体包括运用三角验证法将质性研究和量化研究方法相结合并交互验证。其中，质性研究方法包括系统性文献回顾和探讨、田野调查和访谈等；量化研究方法则采用了多准则决策、问卷统计等。

本书的主要成果包括 3 个方面：首先，为实现绿色改造所要求的改善人居环境，以及绿色建筑所要求的人与自然和谐共生的目标，构建了包括呈现场所文化特征和延续场所精神在内的人文绿色理念。其次，从广州旧城湿热气候和地域文化特征出发，识别了影响既有建筑绿色改造的关键设计要素。书中分析各种关键因素间的因果关系，建立了关系网络图，根据关键因素在绿色改造过程中所呈现的绩效优劣对其进行分析评价。最后，本书尝试建构了以整体性、多元性、空间生产、环境责任与伦理为核心的人文绿色改造途径。有别于当前绿色改造强调节能减排、环境保护等物质技术领域的研究，人文绿色改造途径弥补了当前绿色改造的不足，使既有建筑得以延续其生命价值。以此为基础，本书还建构了人文绿色改造途径的行动纲要，以形成多专业、跨领域和渐进式的协同改造模式，促进城市与社会的可持续发展。

本书的意义体现在学术和实践领域。其中学术意义在于完善和建构了人文绿色理念，将管理学中多准则决策的理论和实验分析法创造性地运用到绿色改造的设计领域，具有一定的学术创新意义；其实践意义在于建构了基于人文绿色理念的既有建筑绿色改造途径，以响应联合国《2030 年可持续发展议程》中要求加强可持续性的城市化进程，以及加强保护和传承世界文化的呼吁。

目录

第1章　绪论...**001**

1.1　研究背景与缘起...002

1.1.1　研究背景...002

1.1.2　研究缘起...003

1.2　研究目的与意义...006

1.2.1　研究目的...006

1.2.2　研究意义...007

1.3　国内外既有建筑绿色改造现状...008

1.3.1　国外既有建筑绿色改造...008

1.3.2　我国既有建筑绿色改造...010

1.4　研究选题..012

1.4.1　文献综述...013

1.4.2　问题厘清与界定...014

1.4.3　研究对象...016

1.4.4　研究内容...017

1.5　研究范畴..017

1.5.1　时间范畴...017

1.5.2　地理范畴...018

1.5.3　研究限制...021

1.6　名词释义..022

1.6.1　关键名词...022

1.6.2　核心名词...025

1.7　研究方法、流程与框架..028

1.7.1　研究方法...028

1.7.2　研究流程...031

1.7.3　研究框架...033

第2章　既有建筑绿色改造文献之系统性回顾...............................**035**

2.1　系统性回顾绿色改造文献的范围...035

2.2　绿色改造的经典专著...036

2.2.1　绿色环保领域的经典专著...036

2.2.2　改造领域的经典专著...037

2.3　绿色改造的评价标准...038

2.3.1　发达国家和地区的既有建筑绿色改造评价标准.............038

2.3.2 我国的既有建筑绿色改造评价标准 ···040

2.4 绿色改造的期刊论文与硕博论文 ··042

   2.4.1 既有建筑绿色改造研究的物质领域 ···042

   2.4.2 既有建筑绿色改造研究的人文领域 ···045

2.5 绿色改造文献系统性回顾的成果讨论 ··047

   2.5.1 绿色改造物质领域的研究成果分析 ···047

   2.5.2 绿色改造人文领域的研究成果分析 ···049

2.6 既有建筑绿色改造的研究展望 ···050

   2.6.1 绿色改造之物质领域 ···050

   2.6.2 绿色改造之人文领域 ···052

2.7 小结 ···054

第 3 章 建构既有建筑绿色改造之人文理念 ··055

3.1 古代哲学中的自然观 ··055

   3.1.1 古希腊时期关于万物起源的思想 ···057

   3.1.2 先秦时期道家之万物起源的思想 ···059

   3.1.3 古希腊与先秦时期关于万物起源思想的异同 ··························062

   3.1.4 自然观对绿色建筑的影响和启示 ···064

3.2 近现代哲学中的现象学 ··069

   3.2.1 现象学 ··070

   3.2.2 海德格尔的存在现象学 ··073

   3.2.3 诺伯舒兹的建筑现象学 ··076

   3.2.4 建筑现象学对既有建筑绿色改造的启示 ··································080

3.3 现代哲学中的空间文化哲学 ···081

   3.3.1 文化哲学 ··081

   3.3.2 空间文化形式 ··082

   3.3.3 文化地景 ··083

   3.3.4 空间文化哲学对既有建筑绿色改造的启示 ·····························085

3.4 小结 ···085

第 4 章 广州旧城既有建筑绿色改造之关键设计要素 ·························087

4.1 广州旧城的既有建筑 ··087

   4.1.1 地域性气候孕育的广州传统建筑文化 ····································087

   4.1.2 广州旧城既有建筑的绿色改造历程 ··094

   4.1.3 广州旧城既有建筑绿色改造所面临的挑战 ······························110

4.2 广州旧城既有建筑的价值构成 ···116

   4.2.1 既有建筑的价值 ··116

   4.2.2 既有建筑的价值评估 ··121

4.3 影响广州既有建筑绿色改造之关键设计要素 123

    4.3.1 多准则决策方法步骤及研究架构 123

    4.3.2 关键设计要素的构面准则与调查问卷 125

    4.3.3 关键设计要素间的因果关系及其网络图 126

    4.3.4 既有建筑绿色改造之关键设计要素及其绩效 132

4.4 小结 136

第 5 章 广州旧城既有建筑绿色改造之人文途径 **138**

5.1 广州既有建筑绿色改造之人文要素 138

    5.1.1 人文绿色改造的可行性 138

    5.1.2 人文绿色改造的社会效益 140

    5.1.3 人文绿色改造的核心理念 143

5.2 人文绿色改造之整体性设计 145

    5.2.1 城市肌理的修补 146

    5.2.2 街道空间的整体韵律 149

5.3 人文绿色改造之多元文化相生 154

    5.3.1 空间改造的多元形式 154

    5.3.2 立面改造的多元符号 159

5.4 人文绿色改造之空间生产 165

    5.4.1 场景活动 165

    5.4.2 公众参与 169

    5.4.3 权力与资本博弈 171

5.5 人文绿色改造之社会责任与伦理 174

    5.5.1 绿色建材的可循环再生 176

    5.5.2 社会环境责任与专业伦理的养成 180

5.6 验证实施：既有建筑绿色改造人文途径的实施纲要 182

    5.6.1 人文途径的成果验证 183

    5.6.2 人文途径的实施纲要 183

5.7 小结 187

第 6 章 结论 **188**

6.1 研究结论 188

    6.1.1 人文绿色理念：构筑既有建筑绿色改造的理论基础 189

    6.1.2 人文要素：发现广州旧城既有建筑绿色改造所缺失的关键因素 190

    6.1.3 整体多元开放渐进：广州旧城既有建筑绿色改造的人文途径 191

6.2 研究的创新点 192

    6.2.1 研究方法创新 192

    6.2.2 研究理论创新 192

6.2.3　研究成果创新 193

6.3　后续研究 193

6.3.1　人文绿色改造的评价标准 193

6.3.2　人文绿色改造的后评估 193

6.3.3　人文绿色改造的友善环境 193

附录A　质性研究与量化研究的比较 195

附录B　既有建筑绿色改造文献之系统性回顾成果 196

附录C　东西方古代万物起源哲学思想概要 206

附录D　多准则决策的受访人员背景 211

附录E　多准则决策的问卷一 212

附录F　多准则决策的问卷二 216

附录G　多准则决策过程中的关系影响矩阵 217

附录H　废弃材料的可循环再生模式 219

附录I　空间概念的通用矩阵 220

附录J　广州旧城既有公共建筑调查表 221

附录K　广州重大节事与城市建设 228

附录L　既有建筑绿色改造人文途径的验证实施 229

图表索引 233

参考文献 237

后记 249

第1章 绪论

　　20世纪80年代末，作为建筑系一年级的学生，校外参访广州沙面白天鹅宾馆，完成一份速写，那是重要的美术功课之一。对当时的在校学生而言，五星级白天鹅宾馆的一切都是那么神奇。记忆中，从掩映在沙面高大榕树阴影下的幽暗小径，到步入宾馆大堂后，沐浴在玻璃采光顶的中庭阳光下，让人心中感觉豁然开朗。耳闻水声潺潺，循声而去，中庭一侧由英石垒砌的小山之巅，涌出的流水形成瀑布飞流直下，那气势让人心中一凛。侧耳一听，喧嚣的瀑布声又夹杂着丝竹乐器之音，若断若续，一种虚无缥缈的感觉。岭南传统背景音乐，与游人的嘈杂声混为一片，倏忽不知自己身在何方。溪谷之上，藏式风格的金顶亭子高高耸立在郁郁葱葱的岩石之巅，岩石上下已遍植岭南特色植被，"故乡水"三个大字刻印在岭南特有的英石上。悠闲的锦鲤畅游在岩石脚下的一弯浅水中，清澈水面之上，一座精致小巧的小桥连接着中庭两侧的回廊。采光中庭正对的是宾馆大堂，外面是一望无际的白鹅潭。横亘在白鹅潭与沙面间的引桥，连接着广州旧城与宾馆。大堂内，淡淡的香水味伴随着异域肤色的游客弥漫在空气中，若有若无。古色古香的玉器宝船、镶嵌贝壳的红木家具，以及镶嵌彩色玻璃的满洲窗，在中庭的阳光下熠熠生辉。中庭一侧的中西餐厅、咖啡厅总是那么熙熙攘攘，那是当时广州体面人家在婚嫁、早茶和亲朋好友聚会时的必选场所，给人留下的是岭南文化特色的广州印象与记忆。

　　白驹过隙，一晃30年过去。2018年夏，忽闻白天鹅宾馆经3年绿色改造后复业。作为见证过白天鹅宾馆鼎盛时期的新客家人，带着一丝好奇前往现场体验。心中隐然在追寻隐藏在记忆深处，沐浴在中庭阳光下的岭南山水。

　　改造后的白天鹅宾馆，中庭空间还在，"故乡水"还在，金顶亭子也在。然而心中却怅然若失，总感觉失去了什么。清冷的中庭，已听不到虚无缥缈的背景音乐，那种特有的若有若无的香水味已消逝。环绕中庭故乡水的动线依旧，然而横跨一弯溪水的小桥已成了装饰品，无法通行，也无法留影，慕名而来的游客带着满脸的迷惑择路而返。精装修采用的升级版的墙面、地面和顶棚材料，在中庭玻璃顶的阳光下显得尤其耀眼。岩石峭壁之巅的亭子，也因人为的障碍设置，使宾客无法登高远眺，而其金色屋顶依旧闪烁着翻新后耀眼的光芒。

　　出乎意料，宾馆中庭呈现出空虚与呆板、冰冷与无味的景象。瞬间，英石失去了光彩，瀑布不再发出音乐，峭壁显得清凉孤寂，郁郁葱葱的植被灌木显得黯淡、郁闷和沉重。仿佛这些都在向人们述说：日新月异的万物，其身上所拥有的灿烂光辉，是来自记忆中显得特别珍贵的美好映射，而非来自那种历经改造后所新生的物象。

　　曾经全国首屈一指的五星级宾馆的公共空间，如今已是物是人非，再难寻找储存在人们大脑深处的记忆。眼前的景象，还是那萦绕在归国游子梦乡的"故乡水"吗？是历经3年的绿色改造使白天鹅宾馆发生这么大的变化吗？背后发生了什么才使白天鹅宾馆产生如此巨大的落差呢？

1.1 研究背景与缘起

1.1.1 研究背景

1. 全球气候变迁

根据联合国政府间气候变化专门委员会（The Intergovernmental Panel on Climate Change，IPCC）《2013 年气候变化：物理科学基础》（CLIMATE CHANGE 2013：The Physical Science Basis），在过去 30 年里的每一年，地球表面的温度都比以往高。在北半球，1983—2012 年是过去 1400 年来最热的 30 年，通过线性趋势计算的全球平均陆地和海洋表面温度数据组合显示，在 1880—2012 年期间，全球气温上升了 0.85℃。1901—2010 年，全球平均海平面上升 0.19m。大气中 CO_2、CH_4 和 N_2O 的浓度大幅增长。自工业时代以来，主要来自石化燃料的废气使 CO_2 浓度增加了 40%，海洋吸收了约 30% 人为排放的 CO_2，导致海洋酸化。21 世纪末，全球表面温度变化预计可能会超过 2℃。

工业革命以来，人类对环境的影响已经超过了人类历史上的任何时期。一方面人类的生产活动会将大量的碳排放到大气中；另一方面，人类对自然界的一些改造，如森林砍伐以获取能源（艾弗瑞·克罗斯比，2008），使大气中 CO_2 浓度呈不断升高的趋势。研究表明人类向大气中排放温室气体，是使地表温度升高的关键因素（唐妮菈·米道斯 等，2007）。其中 CO_2 贡献最大，占 70%，其次是 CH_4，占 23%，其结果是产生都市热岛，温室效应增强，全球气候变暖。

2009 年，联合国气候变化大会通过的《哥本哈根协议》明确指出：气候变迁是当今人类面临的重大挑战之一。气候变迁需要各国通过全球范围的国际合作来化解危机，目标是将全球气温升幅控制在 2℃以下。中国承诺：在 2005 年水平上，将于 2020 年消减碳密度 40% ~ 45%（庄贵阳，2009）。

2. 人类生存环境危机

全球气候变迁对地球环境与人类社会产生了一系列不利影响（唐妮菈·米道斯 等，2007），如热带扩展，副热带、寒带缩小，寒温带略有增加。其结果是：草原和荒漠的面积增加，森林的面积减少；农业种植的决策、品种布局和改良等会受到不利影响；区域降雨、蒸发的分布被改变，水资源问题日趋紧张；地质灾难频发。因此，气候变迁带来了人类生存环境的恶化，引发了粮食、水资源危机和自然灾害。

为应对气候变迁给人类生存环境带来的危机，1992 年 6 月，在巴西里约热内卢举行的地球峰会上，超过 178 个国家通过了《21 世纪议程》。这项行动计划，旨在建立可持续发展的全球伙伴关系，以改善人类生活和保护环境。其中，在议程的第 8.7 节提出了国家可持续发展战略（National Sustainable Development Strategy，NSDS）的概念。NSDS 要求各国将经济、社会和环境目标纳入国家行动战略。2015 年，联合国所有会员国通过了《2030 年可持续发展议程》，包括 17 个可持续发展目标（Sustainable Development Goals，SDG）。其中，第 11 个行动目标是：使城市和人类的住区具有包容性、安全性、弹性和可持续性。SDG 除了对城市的住宅、交通、水、空气、垃圾处理、妇女儿童以及健康等有所要求外，还针对文化和社会领域提出明确要求。例如，在 SDG 行动目标条文 11.3 节中就规定，到 2030 年，所有国家都要加强可持续性的城市化进程，在人类住区规划和管理方面，须提升具有参与性、综合性和可持续性的能力。在行动目标条文 11.4 节中则规定，要加强保护自然遗产和传承世界文化的努力。由此可见，联合国提出的国家可持续发展战略（NSDS）对社会和文化层面的重视。然而，联合国公布的 2019 年 NSDS 第 11 项行动目标的进展情况显示：绝大多数城市居民呼吸的空气品质在逐渐变差。

3. 既有建筑绿色改造成为节能减碳的主战场

固定资产投资总额变化及分布比例　　　　　　　　　　　　　表 1-1

固定资产投资总额（不含农户）	2017 年		2012 年		2007 年		2002 年	
	（亿元）	（%）	（亿元）	（%）	（亿元）	（%）	（亿元）	（%）
新建固定资产投资	452483.29	73.95	251045.65	71.44	51963.05	60.56	12366.07	49.64
扩建固定资产投资	67597.37	11.04	47983.12	13.65	19705.4	22.97	7936.82	31.85
改建固定资产投资	91873.25	15.01	52413.63	14.91	14136	16.47	4611.5	18.51
固定资产投资	611953.91	100	351442.4	100	85804.45	100	24914.39	100

资料来源：2018 年中国统计年鉴。表格绘制：作者整理。

为应对全球气候变迁给人类生存环境带来的挑战，以可持续发展理论为指导思想的绿色建造成为建筑业的重要举措。研究显示（王俊 等，2016）：美国的既有建筑物或建筑物局部改造认证（Leadership in Energy and Environmental Design for Existing Building，LEED-EB）数量，自 2007 年开始出现成倍增长，证明了既有建筑改造市场的巨大。欧洲制定的路线图和长期战略显示，既有建筑的节能改造已经成为主要工作。江森自控公司（Johnson Controls）2012 年在全世界范围的调查结果显示，44% 的受访者认为既有建筑应该进行绿色改造，比 2011 年调查结果增长了 9%。国际认证论坛（International Accreditation Forum，IAF）曾预测，20 世纪以后城市将进入改建时代。日本综合研究开发机构也指出：21 世纪城市建设将从建造时代向维护管理时代过渡。当前，发达国家的绿色建筑发展方向，已由新建建筑转向数量庞大的既有建筑。

2018 年中国统计年鉴数据的数据显示（表 1-1、图 1-1），既有建筑的改建固定资产投资比例，由 2012 年的 14.91% 上升到 2017 年的 15.01%。投资比例在此前的下降通道中开始逆转，呈现上升的态势。而扩建项目的投资比例由 2002 年的 31.85% 下降到 2017 年 11.04%，呈现持续大幅下降的态势，显示出城市建设中，新建、扩建和改建的项目中，既有建筑改造的比例在逐年加大，表明中国城市建设的发展趋势已开始由新建建筑转到既有建筑的改造。

1.1.2　研究缘起

在气候变迁的背景下，如何因应气候变化所造成的人类生存环境的恶化，已成为世界各国专家学者共同关心的课题。其中，城市与建筑是人类生活和工作的环境，当前的营造模式消耗

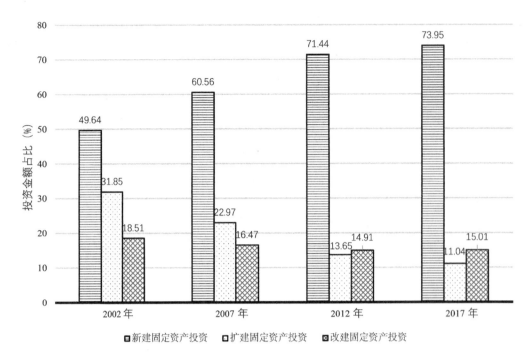

图 1-1　固定资产投资总额变化及分布比例柱状图
（资料来源：2018 年中国统计年鉴。作者绘制）

了大量自然资源和能源，成为影响环境与气候的重要原因之一（江亿 等，2012）。人类安居乐业的城市与建筑该如何与自然环境和谐共生，成为当前解决城市可持续发展难题的关键。

自 2016 年起，中国的北京、上海、广州、深圳等超大型城市，城市化进程已从规模外延的扩张过渡到质量内涵的提升。源于城市可建设用地的控制，大规模的城市开发建设模式已不可持续。城市发展的重点，开始由增量空间转向存量空间（周静瑜，2018）。既有建筑作为旧城中存量空间的形式之一，数量大、能耗高，改造再利用的需求尤其迫切。

当城市由大规模、高速发展模式，转向为以城市生态修复和城市环境修补为特征的城市更新时，既有建筑的改造不仅要使其满足新的城市生活与产业发展需求，同时还要肩负着节能减排的环保目标，以及传承地方传统文化的使命。不同于过去大拆大建式的旧城改造，城市更新将更加注重对城市既有建筑的价值挖掘，高质量的改造将促使城市走向环境、经济和社会可持续发展的道路。

事实上，既有建筑的改造是伴随着城市发展的各个历史时期（日经建筑，2019）。旧城区遗留下大量环境质量较低的城中村[①]、经济效益难以维持的旧厂房、人居环境较差的小区住宅

---

① 城中村是指留存在城市区域内的乡村，是中国大陆地区城市化进程中出现的现象。在 1978 年开始改革开放后的 30 多年间，一些经济发达地区（如珠三角）的城市迅速扩张，原先分布在城市周边的农村被纳入城市的版图，成了"都市里的村庄"。它既属于城市的范畴，但又保留了传统农村的因素，究其产生原因，同中国的城乡二元体制，以及土地所有制度等多种因素有关。https://zh.wikipedia.org/wiki/，上网时间：2019 年 10 月 25 日。

以及高能耗的公共建筑等既有建筑，而传统文化往往依托于这些日渐衰败的既有建筑，故其所蕴含的环境、经济和社会价值往往影响到城市更新的决策。这意味着高质量的改造，需要发掘和传承城市的传统文化内涵。

1980年代以前，在中国既有建筑改造被视为资源节约的重要举措之一，反映的是一种社会责任和伦理道德（郑宁，2007）。然而当前的既有建筑改造不仅要考虑节约资源，还要考虑如何降低能耗，如何减少碳排放和环境污染，如何采用可循环再生的绿色建材，这已是当前城市可持续发展的内在需求。因此，针对旧城区既有建筑进行的绿色改造，一方面是基于"四节一环保"①的要求，对既有建筑的物质实体空间进行改造；另一方面是提升所在城市的环境质量和文化内涵。

关于既有建筑绿色改造的概念，最直接的理解就是：将已建成使用的建筑通过改造达到绿色的要求。因此，针对既有建筑已经完成建造，并已投入使用多年的特点，按照绿色改造的评价标准实施，改造前需要明确3个概念（仇保兴，2016）：①改造的基础，即什么样的既有建筑才具备绿色改造的潜质。毕竟有些老旧既有建筑已不具备改造后再利用的价值，还有些文物建筑，是要求完整的、原真性的保护，这部分既有建筑如何鉴别，需要按照有关规定完成评估鉴定。②改造的效果，即达到怎样的标准和程度。执行当前的绿色改造评价标准，就能满足可持续发展的要求吗？毕竟评价标准是结合经济社会发展水平制定的，事实上与节能环保的科技设备及技术发展现状相比存在一定的滞后效应，而绿色改造面向的是长远的可持续发展目标。③如何改造？改造的主体是既有建筑与环境等物质领域，那么生活在建筑物及其周边环境中的人及其活动又该如何考虑，是否需要公众的参与，以及如何参与，如何协调各方的利益。

由此可见，既有建筑绿色改造是个复杂的系统工程，不仅仅包括物质技术领域的要素，也包含社会文化因素的繁杂与不确定性。如今，人们渐渐意识到以绿色标识为导向的既有建筑绿色改造，并未能完全践行可持续发展的理念。针对既有建筑所处特殊的历史与人文环境，人们开始思考包含社会文化因素在内的绿色改造。社会文化因素不仅会呈现在城市的肌理、街道的景观，还隐藏在地方传统建筑文化特色的传承、城市文脉的延续、地方场所精神的再现以及渐进式改造中的公众参与。而人与自然的和谐共生，还迫切需要重构全社会公民的道德责任与义务。那么，广州旧城中既有建筑绿色改造的关键设计要素为何？如何对既有建筑进行适宜性的改造，才能最大化地延续并发挥其价值？建构什么样的绿色改造途径才能实现场所精神的再现与延续？

针对上述一系列问题的思考，并尝试解答，形成本研究的缘起。一方面在城市发展转型的背景下，既有建筑的改造已成为广州城市建设的主题，而绿色改造作为城市可持续发展的重要环节，当前还存在诸多迫切需要解决的问题；另一方面，对照联合国关于国家可持续发展战略的17个目标的要求，当前绿色改造还存在不少差距和不足。通过探寻绿色改造切实可行的人文途径，才能更好契合联合国关于国家可持续发展战略的目标。其相关要素如图1-2所示。

---

① "四节一环保"是指绿色建筑评定要素的简称，即节地、节能、节水、节电和环境保护。

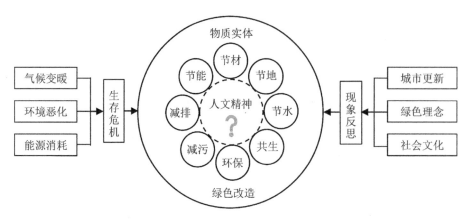

图1-2　研究缘起之要素关系简图
（资料来源：本研究成果。作者绘制）

1.2　研究目的与意义

1.2.1　研究目的

当前，获得中国大陆绿色营运标识的占绿色建筑总数的6%，绿色设计标识占94%。获得绿色改造标识的既有建筑面积占比更少，仅为0.1%。绿色营运标识和绿色改造标识所占比例严重偏低，从这个现象来看，自2006年起推动实施的绿色建筑措施值得反思。之所以呈现营运标识的数量远不如设计标识数量，一方面存在为技术而技术，为绿色标识的获取而忽视实际营运的现象（王俊 等，2012）；另一方面节能指标的可识别性强化了主动式绿色改造技术的采用，而忽视了被动式绿色改造技术的运用，尤其是缺失了不可量化的社会文化因素。其结果是导致绿色改造的结果经不起实践的检验，突出的问题在于营运成效与绿色改造的设计不符，各类节能和节材的数据成了绿色标识的固化指标。绿色改造最终演变成一种资源浪费，反而增加了环境的负担，被林宪德教授称为"伪绿色"（林宪德，2014）。

在追求高质量发展的城市化进程背景下，广州旧城中大量既有建筑及其所在环境面临着改造再利用。上述既有建筑绿色改造存在的现象，促使本研究从广州旧城区既有建筑的绿色改造现状调查入手，分析广州既有建筑绿色改造存在的问题及其根本原因，从中思考提升绿色改造成效的有效途径。本研究目的在于：

1. 建构人文绿色理念

绿色观念的偏差是造成当前既有建筑绿色改造现象的主要原因之一。绿色的概念源于可持续发展的理念，也就是在人类的生存发展过程中，自然资源的开发利用既要满足当代人的生活需要，又要满足下一代人的发展需求，因此，可持续发展的根本在于人与万物的和谐关系。故本书将从探究万物起源中的人与自然、人与社会的根本关系出发，从东西方古代哲学和西方近现代哲学来探究绿色理念的哲学基础，建构既有建筑绿色改造的人文绿色理念。

2. 探究影响广州旧城既有建筑绿色改造的关键设计要素

本书将从广州地区的湿热气候和地域建筑文化特征出发，针对既有建筑绿色改造项目的策划阶段，通过识别影响既有建筑绿色改造的关键设计因素，分析各种关键因素间的因果关系，建立关系网络图，再根据关键因素在绿色改造过程中所呈现的绩效优劣，对关键因素进行分析评价。

3. 探究广州旧城既有建筑绿色改造的人文途径

为适应广州城市化进程，本书尝试建构以彰显社会文化要素为特征的绿色改造。在针对既有建筑价值分析评估的基础上，构建了包括场所文化特征和延续场所精神在内的绿色改造人文途径。其目的在于促使既有建筑延续其生命价值，实现绿色改造所要求的改善人居环境的整体目标，满足绿色建筑所要求的人与自然和谐共生的根本要求。本书属于绿色改造在人文精神领域的研究，有别于当前绿色改造中所强调的物质技术的运用，是既有建筑绿色改造于经济与环境领域所缺失的社会文化内容的补充与完善。

1.2.2 研究意义

发展绿色建筑是应对和缓解资源与环境压力的重要举措（杨榕 等，2014），也是实现城市可持续发展的必由之路。中国在过往 40 年的快速城市化进程中，在取得了巨大成就的同时，也破坏了生态环境，造成了城市文化的危机。当今，部分走在前沿的建筑师，例如普利兹克建筑奖的获得者王澍，已开始在既有建筑改造领域做出实验性尝试。既有建筑不同于新建建筑，也不同于文物历史保护建筑，它具有改造的安全性、文化性、紧迫性、数量巨大以及能耗高等特征，绿色改造的空间较大。中国地域广阔，气候地域特征变化显著，故研究适合地方气候的绿色改造，具有时代的紧迫性和必要性（王俊 等，2016）。本书以湿热气候为主要特征的广州旧城既有建筑作为研究对象，尝试建构包含社会文化因素在内的绿色改造人文途径。研究意义主要为以下几方面：

1. 学术意义

1）本书在分析中国传统自然哲学思想的基础上，结合近现代西方的建筑现象学理论，对绿色概念进行追本溯源。研究分别从古代哲学和近现代哲学的角度出发，探究了人文绿色理念的哲学基础，澄清和建构了包含社会文化要素在内的人文绿色理念，并以此作为探究既有建筑绿色改造人文途径的理论支点。研究成果对丰富和完善绿色建筑的理论具有一定的学术意义。

2）本书对中国既有建筑绿色改造的文献研究进行了一次系统性回顾，总结和反思了相关研究成果，反思有助于发现和完善当前既有建筑绿色改造的不足。针对改革开放先行区的广州旧城既有建筑的绿色改造研究，将对其他经济转型城市中的既有建筑绿色改造具有一定参考价值。

3）本书是在对广州旧城既有建筑及其绿色改造进行现场调查和分析的基础上，结合前人相关研究成果，将管理学中多准则决策的理论和实验分析法，创造性地运用到绿色改造的设计策略领域，具有一定的学术创新意义。

2. 实践意义

1）基于社会文化层面上的既有建筑绿色改造之人文途径探索，契合了联合国《2030 年可持续发展议程》中 17 个可持续发展目标（Sustainable Development Goals，SDG）中的要求，响应了联合国关于加强可持续性的城市化进程，以及加强保护和传承文化的呼吁。

2）基于人文绿色理念的既有建筑改造模式的建构，能够引导公众参与既有建筑绿色改造。对多专业、跨领域、渐进式和协同性的改造模式塑造，能够使既有建筑所在的地方场所精神和文化得以再现和延续，对促进既有建筑所在城市的可持续发展具有重大意义。

3）透过完善基于人文领域的既有建筑绿色改造内涵，有助于发挥建筑师在绿色改造项目中的协调和统筹作用，从而可以改善建筑师在绿色改造领域中的边缘化，对强化和树立公民的环境责任和义务具有重要意义。

1.3 国内外既有建筑绿色改造现状

1.3.1 国外既有建筑绿色改造

既有建筑的改造再利用是城市发展进程下的产物。伴随着城市的发展，西方国家的既有建筑在改造过程中分别呈现出功能主义、人本主义和可持续发展的特点。

1. 功能主义思想下的既有建筑改造

自 1840 年工业革命后，高速发展的经济给西方国家带来诸多城市环境卫生等问题，从法国奥斯曼的巴黎城市改造，到美国的城市美化运动，其目的都是改善人居环境。

两次世界大战给城市带来的是灾难性的打击。为解决战后城市的居住问题，尤其是缓解城市人口于战后爆炸性增长所带来的住房需求，起源于 1920 年代的现代建筑国际协会（Congrès International d'Architecture Modern，CIAM）提出了功能主义，CIAM 试图以空间的合理规划来解决城市发展所面临的物质、经济与社会问题。

1950 年代后，随着战后经济发展，人们对美好生活的追求日益高涨。城市居住环境的空间质量提升，成为各地首要目标。以功能主义为主导思想的现代城市规划理论，给城市带来的却是标准化、机械化的建造模式。这种模式缓解了城市紧张的居住空间需求，却忽视了城市肌理和文脉的延续[①]，造成地方传统建筑文化特色的缺失，使城市产生了大量机械单调、缺乏人性尺度和人文关怀的空间。

21 世纪以来，伴随着经济发展、科技进步与全球化浪潮，在新一轮产业分工支配下，城市扩张迅速蔓延。一些失去人性化尺度的既有建筑及其所构筑的街区，伴随着产业结构调整与人口迁移，迅速走向衰败而拆毁重建，如底特律、波士顿和利物浦等城市都曾经在不同程度上走

---

① 文脉（context）一词，最早源于语言学，从狭义上解释即"一种文化的脉络"，城市文脉是指城市中建筑形态的前后承继关系，一方面被理解为对既有建筑形态所蕴含的建筑文化的一种继承和发扬；另一方面是指既有建筑形态与周边环境的关系。https://zh.wikipedia.org/wiki/（上网日期：2019-10-03）。

向衰败（爱德华·格雷瑟，2012）。

在城市向边缘区扩张，旧城区日渐衰败的背景下，为解决城市旧城区的卫生、安全、交通问题和复兴旧城经济，既有建筑被大规模推倒重建的模式成为当时旧城改造的主流。旧城既有建筑物被拆除，具有时代特征的新建筑在原址拔地而起，由于忽视了既有建筑周边的空间环境特征和城市肌理，这种模式显然无力解决旧城区的衰败（莫森·莫斯塔法维 等，2009）。

以建筑实体空间为规划对象，以功能主义思想为指导，通过既有建筑的大拆大建式的旧城改造模式，给城市带来的是新的灾难。这种方式不仅没有解决城市衰败的经济问题，还给城市带来公平、正义等社会难题（莫森·莫斯塔法维 等，2009）。尤其是给城市带来额外的碳排放量，使城市土壤、水源、空气、噪声污染日趋严重，而这正是城市生态环境恶化的重要原因之一。

2. 人本主义思想下的既有建筑改造

1960 年代以来，以大拆大建为主要特征的既有建筑改造，开始越来越多地受到学者的质疑和批判。西方学者开始从不同角度去反思，以功能主义为指导思想的现代城市规划理论开始被质疑，注重物质实体的空间规划和建筑设计被认为存在着较大的局限性。反思的结果是产生了以人本主义为主导思想的改造理念。人本主义是以仁慈、博爱为基本价值观，将人的兴趣、尊严、思想、人与人之间的容忍和无暴力相处等视为其思想的核心要素。故仅仅对物质实体空间进行改造，而忽视人的感受，其实是对城市有机功能的摧残（Mumford，2016）。

人的物质与精神文化需求才是城市发展的原动力（爱德华·格雷瑟，2012）。因此，当既有建筑的改造秉持以人为本的关怀思想，才可能营造出美好舒适的城市环境。这也成为 1980 年代后才出现的可持续发展理论的一部分。

城市是人的生活痕迹的历史叠加，故多样性是城市天生的特性（栾博 等，2007）。既有建筑作为城市文化的载体被推倒重建，不仅是对城市文化的一种摧毁，也忽视了人的精神文化需求。

3. 可持续发展思想下的既有建筑节能改造

1970 年代以后，全球城市发展都面临着一系列的问题，如：资源枯竭、环境污染、人口激增等。人们开始对早期的既有建筑改造理论与思想重新进行思考。

在生态环境和能源危机的背景下，城市社会公平和环境健康等目标，开始被列入城市可持续发展的理论范畴。随着可持续发展理念逐渐波及世界各国的各个领域，可持续发展成为城市发展的新方向，城市中既有建筑物的改造在其思想影响下也开始进入新的阶段。

在 1996 年召开的联合国第二届人类住区会议上通过了《伊斯坦布尔人类住区宣言》。宣言明确提出人类住区的可持续发展思想，强调了人在城市可持续发展中占有的中心地位。既有建筑改造不仅在于物质空间的改造，还要求在人本主义思想的基础上，强调改造活动的可持续性。因此，既有建筑绿色改造的内涵包含了社会、经济、文化、环境等领域。

至此，基于可持续发展思想下构建的绿色建筑理念获得了各国政府的重视和大力推动。而以绿色建筑评价标准为主要特征的绿色建筑，短期内在世界各国呈现跨越式发展的态势。

早在 1970 年代，在绿色环保思想影响下，欧洲国家就开始推进既有建筑的节能改造。经过多年的改造实践与政策修订，无论是在以节能为目标的整体要求，还是在单一性能指标方面，都取得实质性进展。

欧洲的既有建筑节能改造是从住宅开始。先从建筑围护结构的热工性能入手，以节能为主要目的，以缓解能源紧张、降低 CO_2 排放、改善室内环境和城市环境为具体目标。具体措施包括：①由政府制定经济扶持政策，采用片区集中节能改造和资助业主自行改造方式，来推广鼓励实施节能政策。②组织专门团队，针对既有建筑的能耗进行调查分析。建立了包括建筑类别、结构类型、建造年代、建筑材料、设备形式以及能耗状况等信息在内的能耗数据库，制定了适合各国特征的建筑节能标准和评价体系，以及一系列法规和鼓励政策。③在可再生能源利用和可循环再生绿色建筑材料的推广方面制定相关政策。以上措施建构了较为完整的既有建筑节能改造体系。英国甚至提出碳排放的概念和以零排放的目标，以及以多元主体共同参与为主要特征的绿色改造理念。

综上所述，西方既有建筑改造历程先后历经了 3 个过程：① 1920 年代以后，为修复两次世界大战给城市带来创伤，功能主义设计理念在雅典宪章的指引下，开始成为城市既有建筑改造规划的指导思想。以建筑实体空间为对象，大规模拆毁既有建筑，并在原址规划重建新建筑，成为 20 世纪中期战后城市更新[①]的主要模式；② 1950 年代以后，失去人性尺度的现代城市空间，引发诸多安全与人的心理问题。人们通过反思提出了人本主义的思想，既有建筑的改造开始强调重视人的安全感和舒适度，强调人性化尺度与人文关怀的空间，批判摒弃了那种大拆大建的改造模式。③ 1970 年代以后，全球开始出现能源危机，生态环境被污染人类生存环境恶化。在极端恶劣气候以及城市能源危机、热岛效应日趋严重的困扰下，既有建筑改造和新建建筑物一样，被要求在环境、经济和社会领域考虑节能减碳、环保节材、与自然共生等绿色设计理念，并建构绿色改造评价标准，设置绿色标识来鼓励和促进既有建筑的节能改造。

1.3.2 我国既有建筑绿色改造

1. 城市化背景

近 40 年来，在全球化、工业化和信息化的助推下，我国城市化[②]（不含港澳台地区） 快速发展。根据国家统计局数据显示，1949 年我国城市化水平均为 10.64%，1979 年平均为 19.99%，2001 年平均为 38%。而据 2019 年 2 月 28 日国家统计局发布的《2018 年国民经济和社会发展统

---

① 城市更新（urban renewal）几乎伴随着城市化发展的全过程，但是现代意义上大规模的城市更新运动，则是始于 1960—1970 年代的美国，当时的城市更新是要面对城市化后的居住与社会矛盾等问题，由联邦政府补贴地方政府对贫民窟土地予以征收，然后以较低价格转售给开发商进行开发建设，由此而引发的社会正义与公平问题也相当严重。目前，城市更新涵盖了新的内容，包括以谨慎的、渐进式的以及小区邻里更新为主要形式的小规模再开发的形式，其意义已经不仅仅只是城市物质环境的改善，也包含更广泛的城市社会与经济的可持续发展，包括了振兴衰败的旧城区的意义。https://zh.wikipedia.org/wiki/（上网日期：2019-10-03）。
② 城市化（urbanization），又称城镇化，是指人口向城市聚集、城市规模扩大以及城市经济社会变化的过程，其本质是城市的经济结构、社会结构和空间结构的演变。①城市化过程是城市经济结构由农业活动逐步向非农业活动转化，是产业结构升级的过程；②城市化也是城市社会结构由农村人口逐步转变为城镇人口，以及城镇文化、生活方式和价值观念向农村扩散的过程；③城市化是城市空间结构由各种生产要素和产业活动向城镇地区聚集以及聚集后的再分散后的演变过程。https://zh.wikipedia.org/wiki/（上网日期：2019-10-03）。

计公报》所公布的资料，2018 年我国的城市化率已达到 59.58%。城市化率在不到 20 年时间已增长 21%，由此可见，这十几年间我国城市化建设之迅猛。参考世界各国城市化发展的一般规律，59.58% 的城市化率，说明城市化已经到了城市化发展的中后期。近年来，随着国家对城市永久性开发边界的划定，对城市空间发展的约束已逐步形成（仇保兴，2016），北京、上海、广州、深圳等一线城市都面临着城市规划建设用地总规模的零增长。城市化从以城市扩张为特征的增量经济模式转向城市更新，转向以既有建筑综合价值提升为特征的存量经济模式。

因此，城市更新是城市化发展的产物，既有建筑的改造再利用成为旧城改造的重要举措。在增量经济模式下，城市化高速发展。城市经济和人口的快速增长，使城市的空间形态以水平方向的扩张为主，城市的轮廓呈现向边界外的蔓延。而在存量经济模式下，城市经济和人口呈现稳步发展态势。城市边界相对稳定，而在城市内部进行的更新改造，成为城市可持续发展的关键。与欧美国家在工业革命后的发展历程相似，中国城市的扩张蔓延同样带来环境污染、交通拥堵等问题。随着旧城土地价值的不断攀升，在城市公共空间被不断压缩的同时，旧城既有建筑因其优越的中心区位条件，成为资本力量在市场经济中追逐的商业目标。

2. 既有建筑的改造历程

旧城既有建筑的改造历程根据内容可分为 4 个阶段：① 1950—1970 年代末的建筑安全性能改造；② 1970—2000 年代初以满足功能需求为目的的改造；③ 2006 年启动的绿色节能改造；④ 2016 年以后的综合性能改造（王俊 等，2017）。

按既有建筑改造的效果可分为 5 类：① 1950 年代呈现整体性好的效果；② 1960 年代突出表现为外观保留、内部修饰的特征；③ 1970 年代开始呈现混乱的局面，呈现出或推倒重建，或强调新旧对比，开始出现"假古董"的效果；④ 2006 年以后所启动以节能为重点的专项改造，呈现出外观不变，而是以机电空调设备为主体的改造模式；⑤ 2016 年以后，在节能基础上，融合了绿色建筑的理念，将环境整治包含在内，改造的效果开始呈现混杂多元的趋势。

综上所述，旧城既有建筑改造的模式可分为 3 种：①在经济高速发展格局中推倒重建式的改造；②表现为对既有建筑进行彻底整修，过程中忽视了汲取传统建筑文化的精华；③以绿色改造理念为指导，以节能减排为目标的专项改造。

值得强调的是，在 1970 年代后期至 2000 年代初期，正是中国城市化发展的高速时期。国民经济生产总值（Gross Domestic Product，GDP）成为城市经济与社会发展的晴雨表。旧城改造与建设偏向于片面的现代化、国际化，城市的传统文化和空间格局并未得到足够的重视。在许多历史文化名城中，大量既有建筑及其构成的历史街区被推倒夷平。其结果是城市环境被破坏，公共空间被蚕食，城市肌理碎片化，造成了"千城一面"的格局。吴良镛于 1980 年代就此提出有机更新的改造理论（曾昭奋，1996），并在北京旧城菊儿胡同的改造中进行实践，获得学界的认同并曾在多地推广。

整体而言，自 1970 年代末以来，随着经济和城市建设的高速发展，在大量西方既有建筑改造理论的引入和影响下，在缺乏有效经验和传承的背景下，急功近利的心态影响了改造的模式和进程。局限于短期经济利益和热衷于实时成效的改造，既有建筑的改造效果呈现出混乱局面，表现为以短期、静态和粗放式为特征。

3. 既有建筑的绿色改造

2006 年以后，以"四节一环保"为主要特征的绿色建筑，经过了十余年的发展，迎来一个新的发展时代。仇保兴（2016）将其特征概括为 4 个方面：①大量新建绿色建筑的同时，推行既有建筑、老旧小区的绿色化改造；②从单个建筑的绿色化设计、建造和运营，转向小区、街道，甚至整个城镇的绿色建筑集群的建设和管理；③从追求建筑的节能、耐用、适用，转向绿色建筑的健康、超低能耗；④从建筑的居住功能，转向建筑的健康、美观、人性化。这 4 个方面的转型就意味着我国绿色建筑迎来新的发展时期。

此外，中央城市工作会议提出了要进行城市修补①的概念。在城市快速发展的过程中，城市规划、建设、管理遗留了许多缺陷。与传统做法相区别的新思路是不再进行大拆大建，而是采取城市修补（王前 等，2019）的办法来消除隐患，这符合城市可持续发展的大趋势。2018 年，针对一些城市简单拆除不同时期既有建筑的做法，住建部下发《关于进一步做好城市既有建筑保留利用和更新改造工作的通知》：要求以城市修补和有机更新理念为指导，重视城市既有建筑的保留利用和更新改造；要求延续城市历史文脉，留住居民的乡愁记忆；同时，要做好城市既有建筑基本状况调查与管理；推广绿色发展理念，构建全社会重视既有建筑保留利用与更新改造的氛围。

总而言之，在城市发展面临可建设用地面积有限的控制背景下，旧城中既有建筑的绿色改造将面临新的机遇。在当前"城市双修"背景下，既有建筑绿色改造还处于起步探索阶段。改造过程中所呈现的问题还有待分析、总结和完善。

1.4 研究选题

自改革开放以来，广州的经济和城市建设都保持较快的增长趋势。2012 年，国家发改委确立 29 个省市作为第二批低碳省区和低碳城市试点，广州市入选其中。也因此，国家对广州旧城既有建筑绿色改造提出更高的要求。在国家提出由"增量型"转为"存量型"的经济发展模式背景下，广州旧城改造开始转向以节能改造、"三旧"改造②、微改造③为内容的城市更新。当前，广州正结合粤港澳大湾区的区位优势推进经济转型，大湾区的启动将为地区经济发展带来新的活力，同时也给广州旧城既有建筑绿色改造带来新的机遇。

---

① 根据住房城乡建设部关于加强生态修复城市修补工作的指导意见，城市修补是指中国改革开放以来，城镇化和城市建设取得巨大成就，但同时也面临着资源约束趋紧、环境污染严重、生态系统遭受破坏的严峻形势，基础设施短缺、公共服务不足等问题突出。开展生态修复、城市修补（统称"城市双修"）是治理改善人居环境的重要行动，是城市转变发展方式的重要标志。城市修补的主要内容包括：填补基础设施欠账；增加公共空间；改善出行条件；改造老旧小区；保护历史文化；塑造城市时代风貌。

② "三旧"改造是指广东省特有的改造模式，分别是旧城镇、旧厂房、旧村庄改造。https://baike.baidu.com/item/（上网时间：2020-02-01）。

③ "微改造"为城市更新模式之一，2016 年起实施的《广州市城市更新办法》，明确不再对旧城区大拆大建，改为循序渐进地修复、活化、培育，让其保留生机，让旧城老而不衰，魅力常在。微改造的目的就是从源头上解决旧城居民生活难题，改善老百姓的生活状况，同时改善城市面貌，坚持以人为本，遵循创新、协调、绿色、开放、共享发展理念。

1.4.1　文献综述

本书针对相关既有建筑绿色改造的文献进行了系统性回顾，具体内容详见本书第2章。为便于说明选题的合理性，本节先对系统性文献回顾的结论部分进行综述。

根据系统性文献回顾的原则和步骤，总共收录论文文献60篇，其中期刊文章37篇，硕博士论文23篇。在此基础上，从论文的研究领域、核心内容、结论及评价进行分类整理归纳和评判，整体上将论文分为两大类：一类是物质科技领域，包括绿色改造的设备节能技术等，共计51篇，占总数的85%；另一类是人文精神领域，共计9篇，占总数的15%。

透过系统性文献回顾，可以明确当前既有建筑绿色改造的研究集中在5个领域（图1-3）：①绿色改造的节能技术，包括机电空调设备等专项节能，以及建筑物外墙与屋面等综合性节能技术（占总数的33%）；②绿色建筑评价体系的建构与完善（占总数的18%）；③改造的经济效益、政策激励和管理机制（占总数的18%）；④改造的成本控制（占总数的7%）；⑤绿色改造的策略（占总数的9%）等。具体内容见附表B-2～附表B-6。由此可见，大部分研究成果集中在既有建筑的设备效能提升和环境的整治领域，且上述相关领域在政策引导下，理论与实务研究方面的文献较多，研究成果相对比较成熟。

这些领域的研究内容较为完整，研究持续的时间较长，属于物质技术领域当前已处于完善和深化阶段。但同时也可以发现，有关既有建筑绿色改造于社会文化层面的研究，也会有所呈现，详见附表B-7，但还显得相当薄弱，仅占总数的15%。原因在于：①在以绿色建筑评价

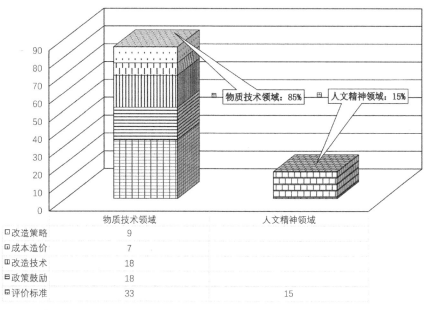

图1-3　物质领域与人文领域的期刊论文数量分布柱状图
（资料来源：本研究成果。作者绘制）

标准为主导的绿色改造背景下，社会文化要素是较难以数据进行衡量的。因此，在评价过程中难以客观数据进行衡量，实际改造过程中这些要素或被忽视，或未给予足够重视。②社会文化层面的绿色改造，成效慢，涉及面较为复杂，决策难度高。因此，在快速城市化过程中不易推进，短期内更难以呈现效益。因此，社会文化因素最容易被地方所忽视，相关研究的难度也大，成果更显得不足。③绿色改造评价标准的发布相对较晚（2016 年发布），故针对绿色改造的绩效与评估还远远不足。研究方法的僵化也是导致目前相关研究成果较少的原因之一。因此，整体而言，既有建筑的绿色改造在人文精神领域研究的深度和广度方面还显得不够。

透过相关文献的系统性回顾与分析可以发现，有关既有建筑绿色改造的课题研究，在绿色改造的人文领域方面需要给予重视。目前，相关绿色改造研究还是以宏观区域居多。从地方特定地理环境和气候出发，进行绿色改造的研究还略显不足。尤其是夏热冬暖气候地区，从整体街区的历史文化保护，以及场所精神延续角度去思考绿色改造的途径就更显得不足。

因此，本书以广州旧城区既有建筑绿色改造的人文途径为选题，针对广州湿热气候和地方文化特色，在深入广州旧城调研既有建筑绿色改造的基础上，找出影响绿色改造的关键设计要素。在此基础上深入探究绿色改造的人文途径，期望能够弥补当前绿色改造在社会文化层面的不足，建构包含社会文化要素在内的广州旧城既有建筑绿色改造的人文途径。

1.4.2 问题厘清与界定

研究问题的厘清和界定包括两方面内容，一方面是研究内容的组织架构秩序澄清；另一方面在于研究问题的概念本身需要澄清和界定。

首先，关于研究内容的组织架构秩序。第 1 章的主要目的在于本书选题的界定，它是建立在初步的研究现状分析与总结基础上的。第 2 章为既有建筑绿色改造的系统性文献回顾，其内容主要包括经典专著、评价标准、期刊论文和硕博论文。研究透过对关键词的组织与排序，获得过往相关研究的学术成果。再通过对研究成果的深入分析与总结，可获得当前学术界在绿色改造过程中的课题分布与研究深度，以及当前研究的不足。从而在第 1 章初步分析研究现状并界定本书选题的基础上，更深入广泛地探究绿色改造的研究方向和方法，进一步夯实选题。同时，文献回顾也为第 3 章的人文绿色理念的建构建立了相关文献信息。透过对当前人文绿色改造领域的文献成果总结与归纳，可发现不少问题的关键在于对绿色概念的理解偏差，以及观念偏差而导致的绿色改造关键设计要素的缺失。因此，彰显了要追本溯源，从哲学本源上探究人文绿色理念的紧迫性和必要性。

需要特别澄清的是，第 3 章理论建构不同于第 2 章所涉及的经典专著回顾，理论建构是在第 2 章文献回顾的基础上，从万物起源中人与万物关系的哲学基础上，重新建构人文绿色理念。因此，理论建构部分需要置于第 3 章，而非置于第 1 章或第 2 章，主要原因在于，人文绿色理论既是前文系统性文献回顾后的成果衍生与发展，也是后续相关研究方法的依据。第 4 章的研究回到广州，针对广州旧城既有建筑进行参与式观察，其观察的内容就来源于人文绿色理念的指引。作为多准则决策实验法中的构面与准则，也需要人文绿色理念提供理论支撑，同时为第 5 章的问题解决提供了理论指导。因此，第 3 章的理论建构起着承上启下的关键作用，为后续的研究奠定理论基础。

其次，结合系统性文献回顾可发现，旧城中的既有建筑绿色改造，从无到有已经取得长足进步，但过程中也发现许多新的情况。如旧城改造后的街道，有的立面整齐划一，过度设计导致改造后的建筑形象与原立面相距甚远，也与街区其他部分的整体景观难以协调。有的既有建筑改造后的立面，簇新的立面材料很难匹配原设计风格，更无法产生充满时间痕迹的、混合的、充满活力的街道景观（简·雅各布斯，2006）。还有的在绿色改造过程中忽视安全性设计，导致后续工程验收的反复或是在营运过程留下安全隐患（陈筱军，2014）。以上显示出对绿色改造的概念本身存在不同认识，需要澄清的问题如下：

1. 绿色改造概念不清

既有建筑绿色改造过程中，对绿色改造概念的误解，使部分业主认为节能改造、增设植被绿化即为绿色改造。实际上节能设计、绿化设计仅仅是绿色设计的重要环节。认识缺陷导致改造偏差，反映在近年来绿色建筑流于表面，出现诸多技术堆砌的乱象（丁建华，2013）。

美国 LEED 绿色建筑评价标准的制定者均为暖通、机电等设备专业领域的专家，其评价标准是在与厂家共同合作的基础上编制完成的（方东平 等，2011），建筑师参与的并不多。绿色改造在采用节能、节水等主动式技术措施后，能源、资源的消耗可量化，具有效果显著、工期可控的特点。通过改造前后数据的比对，比较容易供领导层决策。因此，主动式技术措施已成为绿色改造的主导措施。而被动式节能技术措施难以量化，无法对数据进行比较。这种方法存在效益难以评估的困扰，造成投资效益不明显、工期较长的问题，难以显示直观效果。由于被动式节能技术措施常反映在项目改造前期的建筑设计中，这种概念的偏差导致建筑师在绿色改造中被边缘化。而建筑师通常在项目改造过程中起着承上启下、协调整合各专业资源、引领项目发展方向的重要作用，其边缘化并不利于绿色改造项目的顺利推进。

2. 缺乏针对不同气候与地域文化的既有建筑绿色改造策略

中国地域辽阔，南北、东西气候差异明显，地域气候横跨热带、亚热带、温带、寒带等。当前绿色改造的实施策略主要依据既有建筑绿色改造评价标准，然而，目前的评价标准既缺乏针对不同气候与地域文化的低碳评价要素（高源，2014），也缺乏有效的适宜性技术的绿色改造措施（王清勤 等，2016）。因此，梳理总结过往研究和实践成果，针对地域文化和气候特征，加快深化完善既有建筑绿色改造的标准评价显得迫在眉睫。

3. 既有建筑绿色改造的关键设计因素模糊

既有建筑绿色改造评价标准的内容较多，分别涉及规划与建筑、结构、材料、暖通空调、给水排水、电气与照明、施工管理和运营管理与提高创新等诸多领域（黄丽艳，2017）。其中，在绿色改造项目的前期策划阶段，部分内容与建筑方案设计关联性并不大，建筑师在方案策划阶段难以有效地抓住绿色改造的关键要素。在关键性设计因素不能明确的情况下，前期设计会导致后续施工或是实际营运过程中，因成本造价或维护营运困难等原因，而频繁出现工程变更，使绿色改造的最终效果达不到项目前期策划的目标，这也是营运绿色标识在整个绿色建筑标识中比重偏低的原因之一。

4. 既有建筑绿色改造评价标准中社会文化要素的缺失

2006 年建设部发布《绿色建筑评价标准》GB/T 50378—2006，标志着 2006 年以后新建的建筑必须符合该标准，才能取得建设工程规划许可证。在节约能源、环保意识普及与立法之前，多数建筑物的设计并未以此作为主要考虑，故建筑业成为耗费能源、环境污染的主要来源之一。

2015 年住建部发布《既有建筑绿色改造评价标准》GB/T 51141—2016。然而实践过程中，可发现绿色改造的评价要素并不全面或无法量化评价。例如，具有历史保护价值的场所在既有建筑的改造过程中，就面临着保护与改造矛盾（张维亚，2007）。既有建筑中的历史建筑及其环境的保护，过往都在强调原真性保存，然而改造过程中却忽视了场所中的人的感受，忽视了在地居民的共同参与（刘晓曼 等，2014）。而且，既有建筑的改造过程中，往往会忽视人的活动组织，而人是构成场所精神的主体，因此改造不善的最终结果是使场所丧失精神文化的延续（曹磊 等，2017）。

既有建筑具有经济、社会、文化等多重价值属性。其经济价值体现在改造后的再利用属性，其社会价值体现在改造过程中的公众参与，其文化价值是以建筑立面的形式与风格呈现。不同时期的建筑立面的形式与风格形成地方建筑文化的多样性，其所构成的城市街道景观正是地方城市特色的体现，也是不可替代的都市烙印（王俊 等，2016）。过往绿色改造的项目，通常是设计师基于绿色改造的评价标准，结合经业主策划后的任务书去完成设计，改造过程中较少从整体城市环境中，从城市街道的角度系统地完整考虑立面形式与风格的延续。这种旧城既有建筑的片段式局部改造，使旧城风貌的传统文化被割裂和丧失（鲍黎丝，2014）。

总而言之，既有建筑绿色改造存在忽视社会文化要素或者重视不足的现象，包括以下几方面：①既有建筑绿色改造的实践，均以获得绿色建筑标识为导向，侧重节能技术的运用，忽视了从街道乃至城市空间的建筑文化角度去思考既有建筑的绿色改造。②鉴于既有建筑已建成的现实，可供改造的空间有限，为了在短期内凸显绩效，故普遍采取以设备改造、能效提升为主的改造方式，也因此导致技术堆砌，侧重技术运用，轻视设计的现象，如此有违基于可持续发展理论的绿色改造初衷。③当前的绿色改造普遍是自上而下的运作模式，由于忽视了在地居民的参与，使场所精神和地方文化的认同感难以再现和延续。因此，为弥补当前既有建筑绿色改造的缺陷和不足，人文绿色理念的建构与完善就显得尤为迫切。我们应该采取何种有效的适宜性改造途径，对于既有建筑绿色改造而言就显得尤为重要。

1.4.3 研究对象

本书以位于广州旧城区 1978—2006 年期间建造的既有建筑作为绿色改造的研究对象，考虑到既有大型公共建筑项目往往能耗高、建筑面积大、占地范围广、社会影响面大，对其他项目的绿色改造能够起到示范作用，故本书研究对象侧重于大型公共建筑项目的绿色改造。根据广州市国土资源局的规定，大型公共建筑项目是指超过 2 万 m^2 的建筑物。

1.4.4 研究内容

系统性回顾文献的研究显示，当前绿色改造无论是评价标准，还是改造项目的技术归纳与总结，均已取得丰硕成果。研究成果包括既有建筑物的设备改造、外围护结构、实施营运、政策配套以及金融奖励机制等方面，但也存在一些不足，例如绿色改造的节地环节研究成果就偏少，节材领域受制于造价因素而推广缓慢（郭建昌 等，2018），旧城中既有建筑的绿色改造关于城市肌理和文脉方面的研究还比较少。

有鉴于此，本书以人文绿色理念建构为切入点，从社会文化的视角，对旧城区既有建筑改造中的影响因素，以及既有建筑的价值体系进行剖析和解读，并尝试提出绿色改造的人文途径。包括以下几方面内容：

1. 系统性回顾总结既有建筑绿色改造的研究成果

本书首先对我国既有建筑绿色改造的文献和成果进行系统性回顾、总结。借此分析其研究成果的范围、特点和方法，在既有建筑绿色改造内涵随着城市化发展而不断演变的基础上，探究当前既有建筑绿色改造存在的缺陷。

2. 追本溯源建构人文绿色理念

本书在探究中国传统的"天人合一"的自然哲学基础上，结合近现代西方的建筑现象学等理论，对人文绿色理念进行溯源与分析。研究从古代哲学和近现代哲学的角度完善和建构了多元相生的人文绿色理念。

3. 探究影响既有建筑绿色改造的关键设计要素

本书在前人关于绿色改造研究成果的基础上，将管理学中多准则决策的理论和研究方法，尝试运用到既有建筑绿色改造的设计领域。研究通过多准则决策的管理学方法找到影响绿色改造的关键设计因素，透过分析因素间相互关联性，及其在实践过程中的表现绩效，建立起网络关系图，借此分析影响绿色改造需要加强和补充的要素。

4. 建构广州旧城区既有建筑绿色改造的人文途径

本书通过多准则决策方法获取了绿色改造的关键设计因素，并对其绩效进行评估，在对广州旧城区既有建筑进行调查的基础上，分析和评估了既有建筑的环境、经济和社会价值，验证了关键设计因素对绿色改造的影响力，探究了绿色改造的人文途径。

1.5 研究范畴

研究范畴包括研究对象所建造的时间范畴，及其所处的城市地理位置。

1.5.1 时间范畴

本书所选择的广州旧城区既有建筑的建造时间限定在 1978—2006 年。主要原因在于：

（1）1978 年以后，广州建造的建筑是以钢筋混凝土结构体系为主，砖混结构、砖木结构和竹木结构体系等传统建造方式陆续退出。由于钢筋混凝土结构较为坚固，相对砖混、砖木结构等既有建筑而言，其改造成本可控，改造周期较短，节能减碳的绿色改造成效较为显著。

（2）广州旧城既有建筑的大规模改造是基于广州城市化进程的背景下开始的，而广州城市化快速发展的起点是源于中国自 1978 年实施改革开放政策以后。作为改革开放的前沿，广州为抓住机遇快速发展，大规模城市改造建设选择在现在的旧城区。

（3）选择这个时间段是要契合绿色设计的概念起源。绿色概念始于 1950 年代的欧美环保运动，兴盛于全球能源危机背景下的 1970 年代，而广州于 1970 年代末开始由计划经济走向社会主义市场经济。

（4）随着《绿色建筑评价标准》GB/T 50378—2006 和《既有建筑绿色改造评价标准》GB/T 51141—2016 的相继出台，可以认为 2006 年以后的建筑在符合绿色建筑标准的情况下，对其绿色改造意义不大，在改造的时间上没有那么急迫，因此，本书研究对象是 1978—2006 年建造的既有建筑。

1.5.2 地理范畴

本书中的既有建筑是指位于广州市域范围内的旧城区中的既有建筑。关于广州旧城区，根据不同的研究目的和规划需要，其地理范围的划定，会有不同的界定。在政府公布的《广州市总体规划（2001—2010）》《广州旧城更新改造规划纲要》《广州历史文化名城保护规划》中，分别有不同的范围界定。《广州市城市总体规划（2001—2010）》中将越秀、东山、荔湾三个行政区和海珠区的部分街区划定为广州历史旧城区。根据广州历史文化名城保护规划，结合研究目的，本书以城区风貌保存较为完整的 1949 年以前所形成的建成区作为研究基础，研究的范围在此基础上适当扩展。因此，旧城区的具体范围包括由东华南路（东濠涌）—执信路（小北路）—环市中路—环市西路—增槎路（人民北路）—（流花路）—（广三铁路）—珠江（珠江大桥东桥—海旁内街）—海旁内街—新民大街—革新路—梅园西路—工业大道北—南田路—江湾路—江湾大桥等边界围合形成的封闭环状地区，其中括号为广州历史文化名城保护规划所明确的旧城区，其余为本书的研究范围区域。广州旧城区范围如图 1-4 所示。广州是千年古都，目前的旧城区不少已划为历史街区。本书的既有建筑是指历史街区中的一般建筑以及历史建筑，不包括文物建筑（历史保护单位）和保护建筑，原因在于文物保护类建筑物需要严格按照文物恢复策略进行完整保护，可改造的空间不大。

广州是以湿热气候为典型特征的岭南历史文化名城，旧城区的既有建筑又该如何与历史建筑的概念进行区分呢？

根据《历史文化名城保护规划标准》GB/T 50357—2018，其中历史文化名城中的历史街区内的建筑分为四类，即文物建筑（文物保护单位）、传统风貌建筑、历史建筑和一般建筑物，详见表 1-2。其分类的原则是将广义上的历史建筑根据历史价值、艺术价值及科学价值的高低依次划分为上述四种。2008 年 4 月颁布的《历史文化名城名镇名村保护条例》第四十七条又将

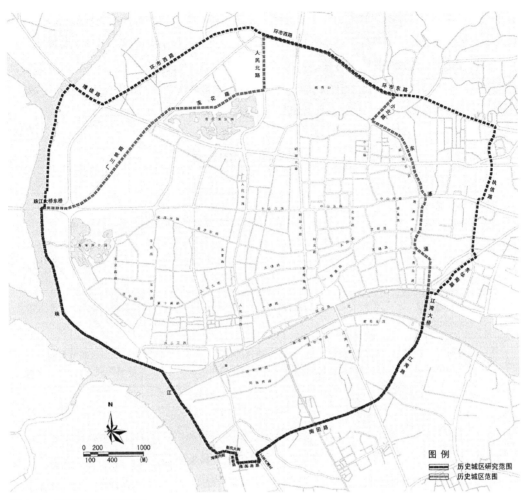

图 1-4 广州市旧城区范围图
（资料来源：广州历史文化名城保护规划文本）

历史建筑定义为经城市、县人民政府确定公布的具有一定保护价值，能够反映历史风貌和地方特色，未公布为文物保护单位，也未登记为不可移动文物的建筑物、构筑物。这个定义主要强调的是历史建筑身份的确定，是基于法律制度层面的定义。

故本书中的既有建筑主要以尚未被列为文物建筑和保护建筑的既有建筑为主，也就是表1-2中属于旧城区历史街区的第三类历史建筑和第四类的一般建筑物，以及旧城区中属于非历史街区的一般建筑。这类既有建筑包含有一定历史、科学、艺术价值的，能够反映城市历史风貌和地方特色。

其中，第三类历史建筑是城市历史环境的重要组成部分，其分布广泛且数量大，在使用上具有较大的灵活性，与城市经济发展联系紧密，具有较高的文化价值与经济价值；而第四类一般性建筑，随着文化保护思路的拓宽，可在保护规划的指导下获得较为灵活的改造方式，在适度的控制下对其及周边环境进行改造。

本书之所以未将第一类文物建筑和第二类的保护建筑涵盖在内，原因是：根据相关规定，文物建筑及保护建筑的改造有着相当严格的要求。其中，除了复杂严苛的报备审批之外，在具体改造方面要求保证其原真性，这是首要原则。此外，改造过程中需遵循不改变文物原状，不得损毁、改建、添建或者拆除不可移动文物的原则，任何改动都会受到诸多限制，故此类建筑的改造不在本书所讨论的范围之内。同时，"旧城"一词是将研究范围收束在广州城市区域内。因此，广州周边乡镇、乡村和自然风景区的既有建筑，都不属于本书的研究范围。

历史街区内的建筑分类 表 1-2

	类别	定义
1	文物保护单位 Officially Protected Monuments and Sites	经县级以上人民政府核定公布应予重点保护的文物古迹
2	传统风貌建筑 Traditional Style Building	除文物保护单位、历史建筑外，具有一定建成历史，对历史地段整体风貌特征形成具有价值和意义的建筑物、构筑物
3	历史建筑 Historic Building	经城市、县人民政府确定的具有一定保护价值，能够反映历史风貌和地方特色的建筑物、构筑物
4	一般建（构）筑物 Building	文物保护单位、传统风貌建筑和历史建筑以外，位于历史街区的所有建筑，可分为与历史风貌无冲突的建（构）筑物和与历史风貌有冲突的建（构）筑物

（资料来源：《历史文化名城保护规划标准》GB/T 50357—2018。作者绘制）

综上所述，本书的研究范畴是以广州旧城中非文物保护和传统风貌建筑类的历史建筑以及一般建筑为主，其主体为具有一定历史价值、艺术价值及科学价值，并能反映城市历史风貌和地方特色的大型既有公共建筑，具体的研究对象、改造方法和改造目的如图 1-5 所示。

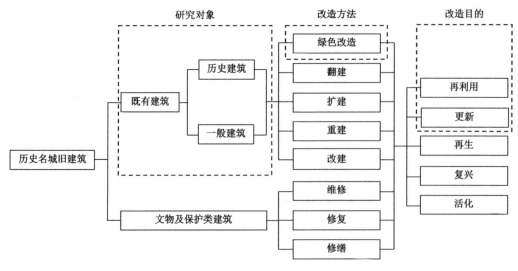

图 1-5 既有建筑绿色改造研究范畴
（作者绘制）

值得注意的是，按照广州市国土资源局的规定，大型建筑物是指建筑面积超过 2 万 m² 的建筑物。既有建筑物类别比较多，包括小区住宅、工矿厂房等，大型公共建筑改造后在节能环保领域的效益和社会影响力大，而且大型公共建筑主要由国家投资，对社会影响和节能减碳的效益显著，对其他类型的既有建筑绿色改造有示范效应。因此，本书的既有建筑主要集中在超过 2 万 m² 的大型建筑领域。同时，作为该部分的一般性建筑，即使目前仍属于非历史建筑，不受历史建筑相关建设法规的保护和约束，但不排除将来被列为历史建筑的可能性。对这类一般性建筑，在改造前须经评估鉴定，当鉴定为具有历史价值的建筑物时，在改造过程中应该参照国际上通用的文化遗产公约、原真性等相关条文，以及地方历史建筑保护法规制定改造措施。

1.5.3 研究限制

关于本研究的限制，有两个方面：一是绿色改造的人文领域会涉及城市文化、社会治理、建设管理等内容。为客观反映真实现状，研究方法上所采用深度访谈法就会遇到受访者的身份限制；二是既有建筑绿色改造的周期较长，因此，需要清晰界定清楚绿色改造的研究领域，以便于研究集中在特定的改造阶段。

本书针对广州旧城既有建筑绿色改造所涉及的社会与文化领域进行探讨，期望找到适合广州旧城既有建筑绿色改造的人文途径。由于涉及旧城的城市建筑文化、城市设计与城市建设管理，以及小区公众参与的社会治理等内容，研究中除了采用系统性文献回顾、参与式观察等研究方法外，还采用了专家深度访谈的方法。由于不可避免会遇到政策法规以及管理领域等敏感领域，而研究成果又需要专家能够客观反映绿色改造的管理与设计现状，访谈的内容以及专家身份的矛盾，是探究人文领域绿色改造的限制。

本书将绿色改造限制于既有建筑改造全生命周期中的策划阶段，而绿色改造的设计阶段、施工阶段和后续运营、维护、保养阶段等内容，则不作为研究对象。由于很少在施工阶段去解决绿色设计问题，策划通常被认为是为了达到预期的目标而设计的方法、途径、模式等，过程中须进行周密、逻辑的考虑而拟出文字或参考图片，最终形成方案计划文本。

建筑策划（Architectural Programming）特指在建筑学领域内，建筑师根据总体规划的目标设定，从建筑学的学科角度出发，不仅依赖于经验和规范，更以实际调查为基础，对研究目标进行客观分析，最终定量地得出既定目标所应遵循的方法及程序（全国科学技术名词审定委员会，2014）。由于既有建筑的绿色改造涉及经济、环境和社会等多方面要素，重大项目的改造均需要立项，需要针对项目的特点提出策划，以指导绿色改造后续的工作流程。

改造项目策划的工作实质是合理地编制设计任务书。改造设计已成为由跨领域的专业人员组成的系统，设计内容的精细化、专业化使日趋复杂的改造工作呈现分项、深入的趋势。建筑师及专业工程师须在自己的业务范围内进行专门的改造研究工作。大型既有建筑的改造要求建筑师在进行改造设计之前，首先要进行改造策划，这项工作使专业的建筑师从单纯的改造设计扩展到设计的前期策划（建筑学名词审定委员会，2014）。

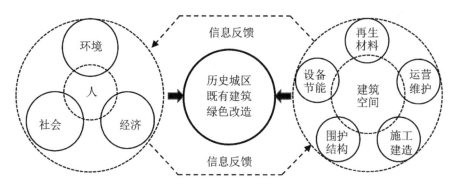

图 1-6　历史城区既有建筑绿色改造的双向渗透性
（作者绘制）

　　绿色改造的建筑策划是介于项目立项与改造方案设计之间的一个环节，承上启下的地位决定了其研究领域的双向渗透性（庄惟敏 等，2018）。向上，策划渗透于宏观的立项，须研究改造项目所处的社会、环境、经济等宏观要素，判断项目对环境的积极和消极影响；向下，渗透到既有建筑的空间设计环节，研究既有建筑的结构、设备、材料、安全性和文化精神的组成等相关因素。其双向渗透性关系如图 1-6 所示。正如曾经获得 LEED 钻石奖的加拿大籍学者 Shuyi Tang 在接受访谈的时所说：当前，项目改造前期的可行性研究还不够全面客观，项目在立项时，须完成可行性研究，须针对项目成本的投入与产出进行评估。传统的成本计量仅考虑建筑的土建与安装成本，未考虑拆除建筑物所产生的垃圾处理费用，以及处理这些垃圾所产生的碳排放量对环境破坏的成本，因此项目决策的失误为项目营造后期埋下隐患，如何从源头控制工程变更成为当务之急。

　　改造项目的前期策划意义重大。项目策划中所提出的改造途径（approach）就是为了实现某一个目标，预先针对各种情形制定若干对策。在本书中，既有建筑绿色改造的途径是指为实现改造后既能满足节约能源和资源，又能够改善人居环境，且又能提升使用价值而制定的长期行动计划。

1.6　名词释义

1.6.1　关键名词

1. 可持续发展（Sustainable Development）

　　可持续发展的理论是人类社会发展的重大突破。1980 年，世界自然保护联盟在《世界保护策略》中首次使用了可持续发展的概念。1987 年，以挪威首相格罗·哈莱姆·布伦特兰（Gro Harlem Brundtland，1939— ）为主席的世界环境与发展委员会，公布了里程碑的报告——《我们共同的未来》（Our Common Future），向全世界正式提出了可持续发展战略，得到了国际社会的广泛接受和认可。

报告认为可持续发展是指既满足当代人的需要，又不危害后代人满足其需要而构成危害的发展。它包括两个重要的概念：一是满足贫困人民基本需要的概念；二是通过技术与社会组织来限制人类要求环境满足眼前和将来的需要。

简而言之，可持续发展是为了满足当代和未来人类生存发展的基本需要，离开了这个目标的持续性是没有意义的。社会经济发展必须限制在生态环境可承受的范围内，即地球资源与环境的承载能力之内，超越生态环境限制就不可能持续发展。因此，可持续发展是一个追求经济、社会和环境协调共进的过程。

2. 绿色建筑（Green Building）

2006 年修订的《绿色建筑评价标准》中将绿色建筑定义为：在建筑的全寿命周期内，最大限度地节约资源（节能、节地、节水、节材）、保护环境和减少污染，为人们提供健康、适用和高效的使用空间，与自然和谐共生的建筑。这里的健康是指人的身体、精神和所处的社会环境方面处于良好的状态，包括基本生存的生理层面和精神层面，即兼有舒适的物理性环境、良好的心理性环境和优质的社会文化环境。适用是指符合主客观条件，意味着在身体经验和精神感受两方面均具有可适应性。高效是指高质量、高效率，长效性和规模化才是高效的体现。

2019 年绿色建筑的定义修订为：在全寿命期内，节约资源、保护环境、减少污染，为人们提供健康、适用、高效的使用空间，最大限度地实现人与自然和谐共生的高质量建筑。本次修订对绿色建筑内涵进行了扩展，增加了全装修、安全防护、耐久、全龄友好、健康、绿色建材等多方面的性能要求，并将绿色建筑指标体系划分为安全耐久、健康舒适、生活便利、资源节约、环境宜居等 5 类性能指针，对绿色建筑的质量提出了更高的要求。其中，追求与自然和谐共生的高质量建筑始终是绿色建筑的终极目标。

绿色建筑（Green Building）是国际建筑界为了实现人类可持续发展战略所采取的重大举措，是建筑师们对国际潮流的积极响应。建筑物的根本任务就是要改造自然环境，为人类建造能满足物质生活和精神生活需要的人工环境。但传统的建筑活动在为人们提供生产和生活用房之外，却像其他行业一样过度消耗自然资源。由于建筑垃圾、建筑灰尘、都市废热等造成了严重的环境污染，思想敏锐的建筑师开始探索建筑可持续发展的绿色道路。1993 年国际建协第 18 次大会是绿色建筑发展史上带有里程碑意义的大会，在可持续发展理论的推动下，这次大会以处于十字路口的建筑——建设可持续发展的未来为主题，大会发表的《芝加哥宣言》指出：

建筑及其建成环境在人类对自然环境的影响方面扮演着重要角色，符合可持续发展原理的设计需要对资源和能源的使用效率、对健康的影响、对材料的选择方面进行综合思考，全世界的建筑师应把环境与社会的持久性列为建筑师职业及其责任的核心（张钦楠，1993）。

当前，绿色建筑在注重建筑物全生命周期节能减碳的同时，意在低碳甚至以零排放为目标，还要兼顾安全耐久、健康舒适、生活便利、环境宜居等包含社会文化要素的与自然和谐共生的长远目标。绿色不仅仅代表着一切自然与生态的事物，还承载了人类追求与自然和谐共生的美好心愿。卡罗恩（Carroon，2013）认为，绿色意味创造并维持所有成员都安全和快乐的小区，承认每个人都享有干净的空气和水、安全的庇护所以及健康的食品权利。

3. 既有建筑（Existing Buildings）

既有建筑是相对新建建筑而言的，是指已建成使用的建筑，包括已建成的居住建筑、公共建筑以及工业建筑。总体而言，旧城中的既有建筑是一种具有利用价值的一般性建筑和历史建筑。这类建筑涵盖了居住建筑、公共建筑、工业建筑等几乎所有的城市建筑类型。这些既有建筑是适应当时城市生产和生活需要而建造的，它们当中，或许一部分仍具原有功能，或许一部分已失去原有功能，还有一部分则处于废弃状态。在本书中，主要是针对广州旧城区于1978—2006年期间建成的大型公共建筑物。

4. 绿色改造（Green Retrofitting）

2016年，由建设部发布的《既有建筑绿色改造评价标准》中，绿色改造被定义为以节约能源资源、改善人居环境、提升使用功能等为目标，对既有建筑进行维护、更新、加固等活动。

绿色改造可以从建造、经济与能源环境等多维角度来理解。建造角度，指建筑物建成后的改造设计与改造活动，目的是对既有建筑进行性能改善与提升，包括体量改造与功能提升。经济角度，指大多数项目在绿色改造后将获得显著的土地价值效益提升，且相对于同类新建项目而言，多数改造项目具有造价低、工期短的优点。能源环境角度，指既有建筑通过改造后，能够使其能耗降低，碳排放量得到有效控制，而且既有建筑本身的再利用就减轻了对环境的压力，从而有利于环境生态的保护和城市的可持续发展。

在本书中，绿色改造的理解还需要在以上基础上增加了三个维度，即分别从城市肌理、空间文化以及社会环境责任与专业伦理的人文角度去思考绿色改造。

5. 新自由主义（Neoliberalism）

戴维·哈维认为新自由主义是一种应对资本主义社会秩序威胁的思想，作为一种新的经济策略，它潜伏并调节着资本主义的公共政策。

资本主义危机被视为一种治理危机。新自由主义透过顺从资本利益媒体的大力宣传，使个人主义、自由、民主的思想盛行，导致社会固有形式的组织结构被解散，以利于个人主义、私有财产、个人责任和家庭价值的兴盛（Harvey，2005）。新自由主义被视作一种经济实践的理论，占据着时代社会的主流地位。新自由主义意味着每件事物的金融化，使资本积累的权利重新回到所有者及其金融机构手中，却牺牲其他权利集团的利益。

6. 空间生产（Space Production）

空间通常是指物质存在所占有的场所，物体与物体之间的相对位置抽象化之后所形成的概念。在物理学中，以三个维度来描述空间的存在。在相对论中，将时间及空间合并成单一的时空概念。由此，空间既包括三维可测量的物质空间，也包括非物质性的属于人的直觉范畴的联系。

戴维·哈维则认为空间拥有一种结构，可按现象分类或是赋予个性。空间经常被引用为修饰语汇，但空间的意义取决于脉络，而这个脉络来自各式各样影响事物的关系（夏铸九 等，1993），如实体物质、隐喻、阈限、资本、恐惧、宇宙、地缘政治、个人、社会或心理空间的概念修饰。

关于空间生产，主要是由列斐伏尔（Henri Lefebure，1901—1991）提出，他的空间理论对哈维的影响很大。列斐伏尔提出空间是社会的产物，从而把空间的概念扩大为包含物质空间和社会空间的范畴，空间成为反映一切作用于物质空间和社会关系的场域。列斐伏尔在《空间之生产》（The Production of Space）中提出空间生产的三元论，即空间实践（spatial practices）、空间的再现（representation of space）与再现的空间（representational spaces）。戴维·哈维则在列斐伏尔的空间论述基础上进一步提出空间的三种概念，即绝对空间（absolute space）、相对空间（relative space）和关系空间（relational space）（Harvey，2005），详见附表B-6。本书的空间包含了绝对、相对和关系空间的概念。

7. 符旨与符征（Signlified and Signifer）

瑞士语言学家弗迪南·德·索绪尔（Ferdinand de Saussure，1857 — 1913）认为每一个符号都由符征与符旨组成。符征（signifer）包括形态、色彩、声音等，而符旨（signlified）则代表意涵。法国社会学家、哲学家和符号学家罗兰·巴特（Roland Barthes，1915—1980）则开启了当代符号学。巴特认为都市意象的符旨并不明确，而且不断地转换为新符征，并因此组合成无穷尽的隐喻。符旨瞬间消失，而符征则保留下来（夏铸九 等，1993）。

8. 适宜性中间技术（Intermediate Technology）

本书所指的适宜性中间技术，是在平衡经济、环境和社会价值关系的基础上，适当、合理地选用绿色节能环保技术，以规避功利主义、理性主义对既有建筑环境的破坏。适宜性绿色改造技术主要表现为其技术选择有利于其生态的改善、环境的保护、成本的控制等。绿色改造的适宜性中间技术可追溯至英国经济学家舒马赫（Ernst Friedrich Schumacher，1911—1977）在其著作《小的是美好的》（Small is Beautiful）一书中提出的中间技术。他主张将技术问题与经济、城市化等因素综合考虑，避免脱离客观条件的限制而一味追求所谓的高技术（舒马赫，1973），应当在地方条件的限定下选择适合该地区现实情况的技术，并提倡使用可再生资源。

1.6.2 核心名词

为准确认识人文途径这一概念，首先必须要弄清楚人文和途径的含义。这两个词是人们日常生活和学术研究中常用的一个词，使用广泛而且频繁，不同的研究中，对人文和途径一词的理解有所不同。

1. 人文（Humanistic）

人文在《辞海》中定义为人类社会的各种文化现象①。其含义为人类文化中先进的价值观及其规范，体现为重视人、尊重人、关心人和爱护人。而文化是指人类或者一个民族、一个人群共同具有的符号、价值观及其规范。英国人类学家泰勒（Sir Edward Burnett Tylor，1832—1917）曾经给文化一个定义，他认为文化是知识、才能、法律、道德、习俗、信仰和艺术的复合体。所以，按照这些内容，根据文化形式把文化分类为几个领域：一是纯粹文化，包括语言、文学、艺术、科技知识、哲学、宗教、法律、道德、习俗等；二是文化设施，包括文化场所、教育设施、体育设施、科技设施、旅游设施等；三是文化产业，包括新闻出版、广播电视、广告会展、旅游文化和其他文化领域，如政治文化，经济文化，社会文化等。

Humanistic 在剑桥词典中被译为 relating to humanism（the idea that people do not need a god or religion to satisfy their spiritual and emotional needs），即与人文主义有关的。而这里的人文主义指的是：人们不再需要依靠上帝或宗教来满足他们的精神和情感需求的信念②。在近代 Humanism 这个词才被译为人文，是指欧洲文艺复兴时期一些知识分子反对中世纪宗教压迫人性，倡导学习古希腊、罗马尊重人性的文化，以此回归世俗。

在本书论述中，人文一方面是指人文学科，它包含了现象学、空间文化哲学、人文地理学、建筑学、艺术等学科知识；另一方面是指不同于自然科学以理性逻辑分析为主导的研究方法，而是基于人的感性，以观察、体验和记忆而获得的场所归属感、认同感，促进人与社会环境可持续发展的一种科学研究方法。具体而言，是在上述人文学科所形成理论的指导下，更加注重从人所栖居的城市建筑的文化、从人的身体感受以及人对环境的责任与伦理，去探讨人与城市环境的可持续发展。本书中的人文还蕴含着借古喻今，反思当前绿色改造所呈现的过于注重物质技术而忽视人的情感和记忆的现象，并尝试从人的角度来阐释如何实现包括提升既有建筑使用功能的绿色改造要求，从而趋近绿色建筑所倡导的人与自然环境共生的终极目标。

2. 途径（Approach）

先从字的意思上分析，途在康熙辞典中的【玉篇】释义为路，在【广韵】中释义为道。径在康熙辞典中的【说文】中释义为步道，在【玉篇】释义为小路，在【疏】中释义为蹊径，细小狭路等，多数释义为供牛马通行的小路。由此可见，途乃较径为稍宽阔的大路，在当今城市中可概括为路。

再从词的意思看，在辞海中，途意指道路，途径意指路径。道路、路线、门路均是途径的同义词。既然途径一词为明确指向的道路或路径，因此在汉语语义中，途径必须是与某一明确指向的对象紧密相关，往往是指通往某个具体的、形象概念的路径或方法。本书中，途径就明确指向以尊重人的感受，从社会文化的角度去探究旧城既有建筑绿色改造的路径。

---

① 人文一词的中文，最早出现在《易经》中贲卦的彖辞："刚柔交错，天文也。文明以止，人文也。观乎天文以察时变；观乎人文以化成天下"。宋代程颐《伊川易传》对此的解释是："天文，天之理也；人文，人之道也。天文，谓日月星辰之错列，寒暑阴阳之代变，观其运行，以察四时之速改也。人文，人理之伦序，观人文以教化天下，天下成其礼俗，乃圣人用贲之道也"。https://zh.wikipedia.org/wiki/（上网时间：2019-12-12）。

② https://dictionary.cambridge.org/zht，（上网时间：2020-03-26）。

英文中与途径相对应的词有 approach、channel、path。Approach 一词在剑桥词典中既可作动词，也可作名词。当视为动词时，其语义可为在空间、时间、质量和数量上靠近、接近、临近某事，还可译为着手处理、对付，或译为商谈、接洽的意思；当用于名词时，其语义可被视为考虑完成某事的方式、方法和态度，或者译为路径和路线。channel 意为向其他人表达想法、感受的一种方式，或者是为船提供路线的水中通道，也可以是旅行者离开机场或港口时，其行李袋子被检查的专用通道。path 的意思是两个地方的路线或轨迹，或者是能够实现某事物的一种生活或过程的方式，或者是运动的方向，尤其是导致目标或结果的行动。

当代社会科学的相关研究中，途径可以指向包括家庭、学校、机关等企事业单位等。这里的途径是指实施的主体，也可以是路径。如在《人文内涵在大学校园景观设计中的实现途径》中，提出了四种途径：需求分析、复杂系统的设计、后验的设计以及意义的传达。途径实际上不光包括了路径的意思，还有方法的意思，还可以是手段。如《景观生态恢复与重建是区域生态安全格局构建的关键途径》中提出了景观恢复、生态建设等路径，这里的途径更多强调安全格局的手段。从这些案例中可发现，社会科学研究中的途径多是比喻的用法，根据研究对象和内容的不同而具有特定的意思。

此外，在英文撰写的人文社会科学论文中，approach 更多强调方法，如马克斯韦尔（Joseph A. Maxwell）的《质性研究设计的互动方法》（Qualitative Research Design An Interactive Approach）等的研究。channel 作为途径在研究中更侧重工具性，如巴希切维奇（Basicevic）等在《一种基于信道预测的快速信道切换技术》（A Fast Channel Change Technique Based on Channel Prediction）的研究。path 作为途径则是一个系统的概念，如把教育作为一个途径，实际上就包括了教育的内容、方法及具体措施等。

由此可见，英文词汇的具体使用需视使用主体的语境。在人文领域中，approach 一词会更加贴近社会、文化的语义，因此，本书采用 approach 作为途径的英文表达。与途径内涵相接近的中文词汇还有策略与措施方法，相较于策略，途径（approach）会更加具有清晰的指引，解决的是管道、路线问题，对目标达成的影响较大。相较于具体的措施方法，途径（approach）又更偏向于解决问题的路线指引，而措施解决的是具体实际问题，是途径的进一步展开，其实现的过程就是途径实施的过程，具有较强的实践性和操作性。因此，本书中的途径是介于宏观策略和微观措施之间的一种解决问题的路线或方法。

3. 人文途径（Humanistic Approach）

通过对途径内涵的梳理表明，途径是要与研究对象、目标、内容、方法、措施等要素密切关联后，才能深入考虑。因此，对途径的研究，不仅要考虑对象，即属于某物的途径，也就是要从某物作为途径研究主体的属性价值着手分析，而且还要考虑到途径本身，即方法或路径等，在明确了途径的主体和途径本身之后，途径的探究也就迎刃而解。在本书论述中，途径的主体主要是指旧城中绿色改造的既有建筑，途径的本身是指于绿色改造过程中，采取包括现象学、空间文化哲学、人文地理学、建筑学、拼贴理论等人文学科的理论方法，以城市建筑文化以及社会文化要素的充实来完善绿色改造的内涵。

综上所述，本书中的人文途径（Humanistic Approach）可定义为由哲学、历史、社会学、心理学、人类学、文学、艺术等非自然科学所派生的方法、态度、路径或路线，也就是在人文学科的理论指导下，以感性研究、实证分析等为基础，透过逻辑推理制定出具体路径和与之相匹配的操作性方法、手段或措施，以趋近、靠近的方式去实现不可量化的基于人的心理感受的目标，即服务于绿色改造，实现人与城市的可持续发展。因此，本书研究的途径是将人文绿色理念落到实处的路径、路线，它既是抽象的集合，也是形象的比喻。

1.7 研究方法、流程与框架

1.7.1 研究方法

本书围绕既有建筑改造的人文绿色理论建构、关键设计因素获取和个案研究验证，采用了质性研究和量化研究等方法。质性研究包括系统性文献回顾、田野调查、深度访谈等。量化研究包括普查统计、问卷调查法、实验法等。相关研究方法与内容如图1-8所示。

本书采取了跨领域多学科融贯的策略。研究通过系统性文献回顾，经与专家深度访谈，获得决策实验分析法的构面与准则，再通过对影响绿色改造关键设计要素的绩效管理分析，获得当前广州旧城区既有建筑绿色改造中所不足因素，最后透过基于广州旧城区既有建筑绿色改造的普查统计，以此获得经典实证个案。在个案研究的基础上，尝试完善涵盖社会文化因素在内的绿色改造的人文途径。以下为本书所采取的主要研究方法：

1. 参与式观察法

参与式观察最早被人类学者马林诺斯基（Malinoswki，1961— ）运用在Trobiand Island的研究，即通过参与式观察方法研究该岛民的生活方式，形塑成人类学知识，成为人类学研究的独特方式。随后也广泛运用于社会学者、教育学者和医学领域学者，属于跨学科的方法。参与式观察可分为两种：一是客观观察者，指观察者透过访谈，由外在研究现象与文化；二是参与观察者，指观察者透过实地观察，由内部研究现象与文化。参与式观察是以研究者直接参与信息者的生活，以直接观察为搜集数据的方法。其最终目的是从扎根在人类每天的生活中挖掘真实可靠的知识（胡幼慧，1996）。

参与式观察法运用在本书中，除了研究者本身在过往主持或参与既有建筑绿色改造过程中，以直接观察并搜集的一手数据外，也包括扎根于改造过程中所积累的经验。此外，在笔者研究期间，还花了大量时间赴广州旧城进行现场调研与观察。其主要方法步骤为：首先在赴现场观察前，先于广州图书馆、广东省立中山图书馆和广州档案馆，对广州旧城既有大型公共建筑的进行文献普查。调研总共选取了符合研究对象要求的31栋大型公共建筑，并做好文献整理记录，于地图上标注地点，记录其规模、结构形式、功能性质、建设与改造年代等。其次是明确广州旧城区的地理范围，将这31栋公共建筑物在广州旧城历史文化名城保护规划图上标注清楚，并做好调研计划和观察路线。再就是按计划赴现场观察，分别就上述建筑物改造后的建筑立面形式、公共空间及其空间组织、实际改造后的环境与功能的组合变化，以及公共活动等进行观察并记录，将观察上述内容所获得的信息形成田野调查的文字记录，然后与档案文献所获取的文献信息进行对照，明确改造后与改造前的差异。

其中，针对存疑之处，还与当时参与改造的设计师进行访谈，明确问题之后再结合访谈所获得的使用评价信息形成文字。在此基础上再一步绘制图底关系分析，经归纳整理后，找出与旧城肌理的关系，形成广州旧城既有公共建筑调查表，详见附录J。

最后，进一步从这31个案例中选取广东省立中山图书馆改造项目、广州沙面历史保护区的白天鹅宾馆改造作为典型研究案例，结合过往参与项目改造过程中的经验，深入剖析其绿色改造的背景、历程、改造的特点和改造后所存在的问题。过程中，尽管研究者曾经在过往设计工作中参与过个别项目的改造，但毕竟时间较久，目前仍是以客观观察者的身份进行研究。

总而言之，本书是在实地调查中通过观察，对既有建筑实际案例进行现场分析，从中获取客观的信息、数据和材料，从普适到特殊中研究对象的本质属性，从而揭示影响既有建筑绿色改造的相关要素。

2. 决策实验室分析法

本书将从影响既有建筑绿色改造的诸多复杂的经济、社会和环境等要素中，找出影响绿色改造的关键设计因素，并进行清晰客观的分析与判断，故探究绿色改造中的关键设计要素的方法成为本研究的难点。在管理学中，关键因素的确定方法有许多种，关于准则间的因果关系的确定也有行之有效的方法。其中的决策实验室分析法（Decision Making Trial and Evaluation Laboratory，DEMATEL）[①]，源于1973年日内瓦研究中心Battelle协会，当时是将DEMATLE应用于种族、饥饿、环保、能源等问题。该研究方法并不要求元素间的独立性，而是首先通过因果关系图，确定系统内各元素的相互关联性（Tzeng et al，2007），再从众多影响因素中识别出根本性的影响因素。该方法要求问卷发放的对象需充分熟悉决策问题内涵或是运作流程，此方法是产生网络图的有效工具（Wu，2008）。

本书借用管理学中的DEMATEL与ANP方法共同汇整信息，以此决定绿色改造中设计要素间的关键因素（Hu & Chiu，2015），再由此绘制出关键因素间之因果图。此外，基于DANP的因果图，书中进一步使用重要度–绩效值分析（importance-performance analysis，IPA）以决定出发点（starting points）。本书分别通过系统性文献回顾、问卷调查法和资深专家的深度访谈法获取相关信息，以此形成多准则决策方法中的构面和准则。

3. 深度访谈法

深度访谈法则是针对特定目的而进行面对面、口语与非口语等相互沟通之方式，利用访谈者与受访者之间的对话，达到交换信息与意见的沟通方式。访谈者可以借由与受访者双方面谈的过程与内容，分析出受访者的动机、信念、态度、做法与看法。非结构式访谈是指进行访谈过程中，无须预先设定一套标准化的访谈大纲作为访谈的引导，而是随受访者的谈话内容随时改变访谈内容（Kumar，2005）。在本书中，主要是针对业界知名的获得LEED认证金奖的绿

---

① DEMATEL又称之为决策实验室法，该方法源于1973年日内瓦研究中心Battelle协会，该方法多运用于种族、饥饿、环保和能源问题，其主要目的是可以有效了解复杂的因果关系结构，也可以得出要素间两两影响程度，并以数字表示因果关系影响的程度，是产生网络图的有效工具（Wu，2008）。

色建筑专家，获得大陆最高级别的三星级绿色建筑标识的建筑师，以及曾经参与绿色建筑法规编制的教授等专家来进行非结构式的深度访谈。访谈目的在于与专家沟通获得影响既有建筑绿色改造的构面与准则，以形成后续的问卷调查。

访谈过程中，也会辅助以问卷调查方法。作为了解受访者被测量之行为的有效方法，按统一标准，对不同地区、不同人群进行调查，搜集统一标准下的不同资料，也有利于后续处理分析。在本书中，主要是针对业界专家、学者和有经验的建筑设计人员，包括在一线从事主创的建筑师、建筑设计专业领域中曾经指导学生参加相关竞赛之教师，从事房地产开发的建筑设计管理人员，建设工程管理领域的资深公务员，透过问卷调查获取相关信息，然后经过管理学中的 DEMATEL 与 ANP 法，获得影响既有建筑绿色改造的关键设计要素。

最后，在探究完绿色改造的人文途径之后，为了验证人文途径的可实施性，笔者还继续与这些专家电话访谈，交流本研究成果，获取针对绿色改造人文途径的评价意见和建议，并将相关信息和建议反馈至研究成果的修正，就政府政策、行业社会和学术教育等参与绿色改造的主体提出实施要求，建构实施绿色改造人文途径的纲要。

4. 系统性文献回顾

系统性文献回顾的研究方法，多年以来运用于医学健康领域，目前也陆续在其他研究领域出现。近年来，国内外对既有建筑绿色改造的探索，已从单纯的个体改造扩展到综合性的整体改造，大到理论思想、宏观政策，小到法定规范、实施标准都取得较大进展，相关研究成果也颇为丰富。

因此，本书通过系统性文献回顾的方法，选择了学术专著、国内外和地区的绿色评价标准、期刊与硕博论文等文献进行回顾。文献的选择原则和方法详见第2章，文献内容涉及可持续发展、绿色建筑和绿色改造的理论与实践。选择学术专著是因为专著往往是理论思想的源泉和基础。通过回顾学术专著，可以更好地理解环保、节能和可持续发展发展的起源和内涵等相关改造的理论。面对人类生存压力，各国纷纷立法以解决环境问题，绿色建筑评价标准的建构和完善一方面反映了可持续发展理论的落实，另一方面评价标准的差异与完善又反映出相关绿色建筑法规背后存在的缺陷。基于理论研究基础而建构的法规，尽管属于执行层面的内容，却也反映出法规背后的理论研究不足。通过回顾分析，对当前相关理论的进一步研究会有启发。通过期刊论文和博士论文研究成果的回顾与总结，能够清晰了解当前既有建筑绿色改造的研究范围和专题内容，也会发现当前研究领域所存在的不足，为下一步深入研究的视角提供参考。

5. 三角交叉检视法（triangulation）

当研究中融进一种以上的方法去收集数据时，便可称之三角交叉检视法（triangulation）。任何一种资料、方法和研究者均有各自的偏差，唯有纳入各种资料、方法和研究者时，才能平衡各种优劣，以寻求获得值得信赖的解释（胡幼慧，1996）。因此，研究者在采用多种方法时，也会纳入普查统计、问卷调查法、实验法等量性方法，但三角交叉检视法即使纳入量性方法仍属于质性研究。不同于传统分析学派（analytic school）的理论、假设、实证的直线性逻辑思考（linearity），三角交叉检视方法强调在不同理由之间找寻一个可以相互呼应的最佳诠释（胡幼慧，1996）。

质性研究偏向于处理人的经验和文化意义方面的问题（萧瑞麟，2017），而量化研究侧重于数量分布和各种因素影响幅度等的结构问题，两者的差异性详见附表 A–1、附表 A–2、附表 A–3。

质性和量化方法之三角检视（Triangulation）方法可再细分为同步三角检视（Simultaneous Triangulation）和系列三角检视方法（Sequential Triangulation）。同步三角检视是指同步进行收集质性数据和量化数据，在整合时以质性研究为主，而辅以量化统计说明之；也可以量化研究为主，辅以质性数据描绘之。系列三角检视是指先收集质性资料，根据质性结果发展量化研究根据，收集量化资料后检视之，亦可先进行量化研究，再针对与结果近似的一些样本，进行深入的质性探讨。

本书更加接近系列三角检视，即通过多准则决策实验法获得问卷数据，经统计分析后，又以 IPA 绩效分析法，对关键要素的表现进行分析和质性探讨，以期获得客观的研究成果。质性研究原本是在实证主义的传统中发展出来的，研究者只是用量化的材料作为工具，而不是目的（郭玉霞，2009）。工具和量化只是研究过程中运用的一种程序，用来扩展或强化某种类型的数据、诠释或测试假设。

绿色改造作为一个融入了多种影响因素的复杂系统，对其研究不能仅以节能论绿色，而是需要以一种拓展的视野对其进行审视。本书将既有建筑的绿色改造视为城市环境系统可持续发展中的一环，力求考虑系统中各个环节的相互作用。研究过程中将质性研究与量化研究相结合，结合专家学者的深度访谈等研究方法，探讨影响既有建筑绿色改造的关键设计因素，并寻求应用于实践领域的绿色改造人文途径。

既有建筑绿色改造过程中，地方场所精神的文化诠释与延续，其复杂化与易变性很难用量化的指标来判定，需要以参与式观察等质性研究的方法进行研究分析。而影响既有建筑绿色改造的关键设计要素，在基于访谈与问卷的基础上，通过实验分析法后以量化数据呈现，较容易反映真实现状。因此，本书结合量化研究与质性研究方法的各自优点，使研究结果在宏观上得以缜密逻辑方式推理立论，又能在微观层面上对某一现象或概念的详细解读，以增强建构绿色改造人文途径研究的可信性。

1.7.2　研究流程

本书流程如图 1–7 所示。各章节内容如下：

第 1 章，绪论。围绕既有建筑绿色改造之研究背景、研究动机和研究意义，阐述具体研究目标、研究内容和研究方法，界定研究范畴，说明研究限制，以名词释义方式明确研究的主要概念。

第 2 章，文献回顾。以系统性文献回顾方法探究当前绿色改造的研究成果、存在的问题以及未来研究的发展趋势。

第 3 章，建构人文绿色理念。通过将东方先秦道家观点与西方古希腊时期万物起源思想进行对比，探究人与自然共生的自然哲学。在胡塞尔（Edmund Gustav Albrecht Husserl，1859—1938）的现象学、海德格尔（Martin Heidegger，1889—1976）在世存有的建筑现象学以及诺伯舒兹（Christian Norberg-Schulz, 1926—2000）的建筑场所精神等理论分析基础上，探讨既有建筑的场所精神再现与延续，从而建构起人与自然、社会的和谐关系，构筑既有建筑改造的人文绿色理念。

第4章，分析广州湿热气候及其历史沿革、传统城市及建筑文化特色。在广州旧城区既有建筑绿色改造的调查基础上，结合前文的文献回顾、理论探讨，将管理学中的多准则决策实验室分析法，运用于获取影响既有建筑绿色改造的关键设计因素，并据此分析其重要度与绩效值。

第5章，基于第3章所建构的人文绿色理念，以及第4章透过多准则决策实验室分析法所获取的成果，即绿色改造所缺失人文要素，探究以社会文化要素为特征的既有建筑绿色改造的人文途径。再通过个案研究，结合成功案例的比对评析，建构绿色改造的人文途径。为验证绿色改造人文途径的合理可行性，本章最后通过回访参与过多准则决策实验法的专家，就绿色改造人文途径的落地提出实施纲要。

第6章，结论，阐明本研究的具体成果。各章具体内容详见表1-3。

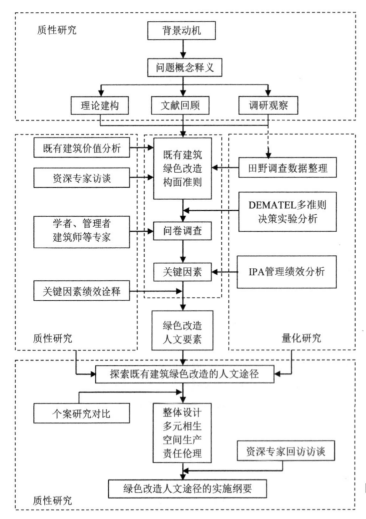

图 1-7 研究流程简图
（作者绘制）

章	内容	目标	方法	研究成果之论文发表
1	阐明研究背景、动机、意义、范畴、概念、研究方法和研究目标	澄清相关概念，明确研究范围、方法，建立本书架构和研究目标	文献讨论与诠释	
2	透过系统性文献回顾，从相关经典著作、评价标准、硕博论文和期刊研究成果中梳理绿色改造相关理论成果	探讨当前既有建筑绿色改造的研究成果及不足，为绪论中的论文选题和后续决策实验室分析法中的准则构面建构打下基础	系统性文献回顾，文献探讨	期刊论文：透过系统性回顾文献探讨大陆既有建筑之绿色改造
3	探究人与自然的共生关系、人与社会的和谐关系，研习建筑现象学理论，以此为基础建构既有建筑改造的人文绿色理念	分别从古代哲学和近现代哲学探究绿色空间文化的哲学基础，建构既有建筑改造的人文绿色理念	文献回顾、文献探讨	研讨会论文：透过达文西与宋应星设计绘图的异同探讨天人合一的永续环境设计观
4	分析广州湿热气候、地域文化及其历史沿革；探究广州传统建筑文化特征；现场调查广州旧城既有建筑的绿色改造现状，透过多准则决策的管理学方法，分析影响广州既有建筑绿色改造的关键设计要素	从影响绿色改造关键因素的相互关联性与绩效分析研究结果出发，再结合既有建筑的价值分析，概括出既有建筑绿色改造的关联因素，获取关键设计元素，为探究绿色改造的人文途径奠定基础	观察、访谈、问卷、经DANP统计和IPA方法分析	期刊论文：影响既有建筑绿色改造之关键建筑设计要素
5	从既有建筑的人文价值分析着手，分别从整体性设计、多元相生、空间生产和环境责任与专业伦理重构层面进行论述，结合绿色改造的成功个案进行剖析，对广州旧城的典型绿色改造案例进行反思	针对广州当前绿色改造存在的社会文化要素的不足，建构广州既有建筑绿色改造的人文途径。以个案实证研究分析广州地区既有公共建筑绿色改造的人文途径，探究可行性以及实施纲要	质性研究；文献探讨，个案研究，深度访谈	期刊论文：透过产品计划性抛弃策略的完善探讨可循环再生的绿色建材，研讨会论文：都市生态主义视角下历史场所之绿色改造及广州白天鹅宾馆建筑空间的文化形式
6	结论	总结广州旧城既有建筑绿色改造的人文途径、创新点及后续研究展望	论述	

（资料来源：作者整理）

1.7.3 研究框架

本书的框架主要分成四个部分，详细框架可如图1-8所示。

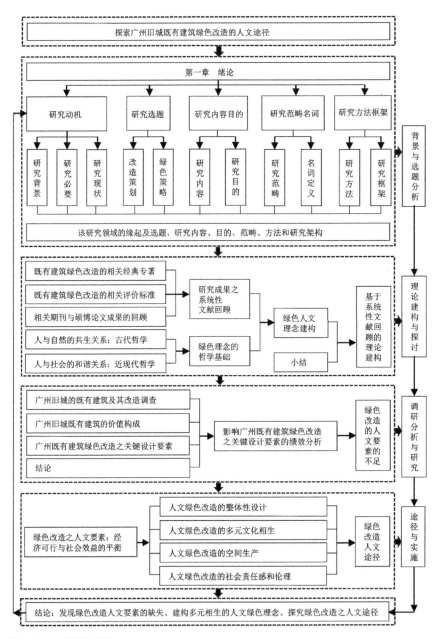

图 1-8　本书研究框架
（作者绘制）

第 2 章　既有建筑绿色改造文献之系统性回顾

　　自 1970 年代末中国实施改革开放以来，城市化历经了近四十年的迅猛发展。期间所建成的建筑也转变成既有建筑，在城市追求可持续发展的今天，其在功能上未能适应经济社会发展的需求，在形式上还呈现着陈旧衰败的景象，在能耗上更远远高于当前国家节能标准。伴随着人类生存的生态环境恶化，极端恶劣气候以及公共卫生安全事件频发，城市范围和可建设用地被有效控制，大规模的城市开发建设模式已成为历史，节能减碳、绿色环保的绿色改造被高度重视。此前，高速城市化过程中，旧城区成片既有建筑或被拆除而消失殆尽，或被过度改造而面目全非。当人们越来越重视既有建筑的节能改造及其所承载的城市文化时，针对既有建筑的绿色改造就被视为重要研究领域而展开探索和实践。以下主要针对国内外绿色改造的研究文献进行系统性回顾（郭建昌 等，2018），通过文献的归纳整理，分析相关研究成果的现状和不足，以期展望当前中国既有建筑绿色改造研究的发展趋势。

2.1　系统性回顾绿色改造文献的范围

　　本书系统性回顾的绿色改造文献，包括经典专著、法规标准、期刊与硕博士论文等。其中，文献中的经典专著，其甄选原则主要是通过 Google 学术等网络途径，查询其在相关领域的影响力，根据其内容来进行甄别。书中将各专著的核心内容和影响作用做简要概述，以时间为顺序编制表格，以利于分析比对。经典专著的文献起始时间限定为 1950 年代，主要是参考绿色环保运动所兴起的年代。作为执行层面的绿色建筑法规，既反映了绿色可持续发展理论的研究深度和广度，从中亦可以探寻当前该国家或地区的理论研究现状。书中相关法规的查询筛选主要是通过运用众智建筑资源网站，辅助个人从事项目工程设计依据的重要性，通过内容研读进行判断和择录。书中收录了自 1970 年代末以来我国出台的相关法规，并按时间顺序编制表格，概述其主要内容，标注后期修改的时间，辨别规范出台的时代背景、适用范围。关于期刊论文和博士论文部分，考虑我国绿色建筑评价标准出台时间为 2006 年，而既有建筑绿色改造根据改造内容可分为三个部分（王俊 等，2017），分别是 1970 年代末至今的建筑安全性能改造、2006 年启动的绿色节能改造和 2016 年以后的综合性能的绿色改造，故该部分的文献为 2006 年以后的期刊论文、博士学位论文和课题研究报告。

　　为获取最新的期刊文献，本书于 2018 年 1 月至 2018 年 3 月期间查询中国大陆和台湾地区的中文资料库，分别为中国知网与华艺在线图书馆。先以可持续、生态、既有建筑、节能改造和绿色改造为作单一关键词搜寻，通过初步的标题评价、文献数量及其与主题的关联性比较后，确定本书的中文检索关键词为既有建筑、绿色改造。再以既有建筑、绿色改造关键词组合查询，其中国知网查询的结果为硕博论文 52 篇、期刊论文 195 篇，华艺在线图书馆查询既有建筑关键词的结果为硕博论文 53 篇、期刊论文 154 篇，查询绿色改造关键词的结果为：硕博论文 3 篇、期刊论文 15 篇。然后根据期刊论文的摘要和引用的次数，补充增加人文关键词，确定为有效的检索数据，再以论文题目、摘要、研究方法和结果进一步检视其与绿色改造内容相关性，最后收录论文文献60篇，其中期刊文章37篇，硕博士论文23篇。在此基础上再从论文的研究领域、核心内容、结论及评价进行分类整理和归纳判断，以图表等方式归纳研究成果，判断既有建筑绿色改造领域的研究现状，检视研究领域的存在问题或缺陷。

2.2 绿色改造的经典专著

既有建筑绿色改造的经典学术专著主要集中在环保生态、能源发展史与绿色技术等层面上。本书共选取了10本专著进行分析，主要包括可持续发展、生态环保、绿色节能、低碳减排和相关改造的理论等方面内容，见附表 B-1。

2.2.1 绿色环保领域的经典专著

其中，1962年《寂静的春天》是在人类生存环境面临大量化学农药威胁、生态环境恶化的背景下出版的，卡逊（R. Carson）顶着来自美国既得利益团体的巨大压力，揭开了化学农药致使环境污染，导致生物生存危机的真相。这本专著标志着人类环境保护意识的觉醒，最终触发绿色和平运动的兴起和可持续发展概念的形成。《从摇篮到摇篮》是在可持续发展理念获得全球共识的背景下，由威廉·麦唐诺（W. McDonough）与麦克·布朗嘉（M. Braungart）提出的，他认为当产品生命周期结束后，其材料仍然可循环再生。专著对绿色建筑设计进行了深度思考，呼吁可循环再生绿色材料的推广、使用和研发，并倡导使其成为企业和社会的责任和义务。《写给地球人的能源史》是在1970年代能源危机、环境污染的背景下，反思人类使用能源的历史，思考解决能源的终极办法，作者提出了清洁能源的新途径，也就是人造太阳——核融合的运用（艾弗瑞·克罗斯比，2008），为绿色改造领域的能源供给途径提供了解决方案和思路。《人类与环境的权利》则提出免于污染和享有资源的公平权利，从社会伦理和道德的角度提出：维护人权的同时要保护环境，要从人文的角度思考绿色环保。

面对人类生存危机，1983年12月联合国世界环境与发展委员会成立，1987年，该委员会发表了题为《我们共同的未来》（Our common Future）的报告。报告指出环境危机、能源危机和发展危机不能分割，地球的资源和能源远不能满足人类发展的需要，必须为当代人和下代人的生存权利而改变发展模式（世界环境与发展委员会，1992），可持续发展的概念被正式推出。1992年，里约热内卢的世界环境发展大会发表《里约热内卢宣言》和《21世纪议程》，标志着可持续发展理念在全世界范围内得到共识，其目的是使自然与人和谐共存，并共同得到可持续发展。可持续发展是人类积极地协同自然、经济和社会等各个系统，达到在不超越环境承载力的前提下，促进经济增长、社会进步的目的。张传奇（1998）的研究还认为经济可持续发展是手段、环境可持续发展是基础、社会可持续发展是最终目的。

绿色建筑是建筑师们针对人类可持续发展战略所采取的积极响应（Wines，2000）。罗马俱乐部的研究报告认为：人类的成长存在极限。罗马俱乐部在分析人类能量利用的增加而产生有关的污染物时指出：来自城市大气中的废热所导致的热污染，是给全世界气候带来灾难性后果的重要原因（唐妮拉·米道斯 等，2007）。

1960—1970年代，人们认识到近现代城市的发展模式及建造体系是不可持续的，而且是污染环境的根源，西方一些建筑师就开始应用以高新技术为代表的筑造方法，从科学技术中寻找建筑领域的环境管理和整合问题的答案（詹姆斯·斯蒂尔，2014）。

1981年召开的国际建筑师协会（International Union of Architects，简称UIA）第14次大会就以建筑·人口·环境为主题，提出了全球经济发展不平衡、人口增长、环境、自然资源及能源危机等问题。1993年UIA第18次大会是绿色建筑发展史上带有里程碑意义的大会，大会发表的《芝加哥宣言》指出：符合可持续发展原理的设计需要对资源和能源的使用效率、对健康的影响、对材料的选择方面进行综合思考，大会号召全世界的建筑师把环境与社会的持久性列为建筑师职业及其责任的核心。

2.2.2 改造领域的经典专著

柯林·罗（Colin Rowe，1920—1999）的《拼贴城市》，从城市和社会的角度质疑现代主义的建筑和城市设计理论。他指出：现代主义理论或过于保守空泛，或忽略了城市结构，其结果是割断了社会的连续性。他认为：于城市和社会而言，秩序与混乱、永恒与偶发、变革和传统、区域和世界、私密和公共等矛盾冲突都是不可避免的。柯林提出以拼贴来消解占据主导地位的现代主义理想，拼贴是一种片断的统一。拼贴所产生的多样性和复杂性使得城市真正具有旺盛而真实的生命力，拼贴不仅适用于既有建筑的改造设计、城市设计，还可应用于社会问题上（柯林·罗 等，2003）。

雅各布斯（Jane Jacobs，1916—2006）在《美国大城市的死与生》中提出：城市活力依托于城市的复杂性，而城市的复杂性离不开新旧建筑的共存。年代和状况各不相同的既有建筑不仅有利于地区经济，同时也是城市街道和地区发生丰富多样性活动的条件之一。这本专著以全新的视角阐释了拼贴理论的重要意义。雅各布斯提出的既有建筑、老街的经济价值和城市建筑多样性混合的观点，为评估城市活力提供了新的视点。当今，面对强调公共性和体验性的互联网生活模式需求，既有建筑要重回城市生活体系，便必须重视功能的混合性。

普利兹克建筑奖获得者意大利建筑师阿尔多·罗西（Aldo Rossi，1931—1997）的《城市建筑学》（1966）则转向从人的心灵感触和记忆去寻找主客体间的联系，处理新与旧的矛盾。他认为城市是共时的产物，是人类集体记忆的层积，是多重历史信息的叠加。罗西据此提出建筑类型的理论，认为通过在城市与建筑的设计中发现并运用类型，也就是挖掘与分析运用城市空间的肌理与文脉，不仅能够达到保持与传承文化的目的，亦能够产生创新和变化。他强调了从深层次的空间原型上寻找建筑内在联系的设计原则，为调和既有建筑改造过程中的新旧矛盾提供了设计理论的基础和方向。

博耶（M. Christine Boyer，1939—）也是从人的记忆切入研究城市中的既有建筑，但他似乎更加关注人的心理以及空间生产。他的《城市的集体记忆》诠释了城市作为复杂文化实体的意涵，通过描述一系列不同的视觉和心理模型，使人们认识到被规划的城市环境，隐藏着未说出的城市秩序和规则。在城市的整体语境中，既有建筑以其特殊的形态为人们提供对于城市的记忆，而城市的集体记忆有赖于不同历史时期既有建筑的层积。即便是不同时期形成的建筑，在当下已无法继续适应城市生活，但这类建筑却依然能够让人们从中得到多样性的城市体验。博耶的集体记忆拓展了我们对既有建筑在城市生活中所起作用的认知，而他对城市秩序和规则的诠释，也促进了我们思考空间生产和改造活动本身的联结，以及对城市集体记忆的影响。由此，也启发了我们思考改造活动本身与延续和再现场所精神之间的关联性。

综上所述，绿色环保领域的经典专著促进了世界环境与发展委员会等研究机构的成立，为可持续发展理论的建构奠定了研究基础，也使建筑师把环境与社会的可持久性列为建筑师职业及其责任的核心。而来自改造领域的大师经典专著则建构了一系列的改造理论和方法，其中回到城市生活本身，从人的感触和记忆去处理改造过程中所遇到的各种矛盾等人文主义思想，不同于过往从城市建筑的形态功能需求出发，通过规划设计去实施改造项目功能主义理念。

2.3　绿色改造的评价标准

关于既有建筑绿色改造的评价标准，已经有一些有益的研究成果。由于各国或地区对绿色建筑的认识先后顺序不同，透过对其绿色建筑评价标准的纵向回顾与分析，再与中国现行绿色改造评价标准的横向比较，较容易发现两者间的差异，通过反思也就能找出指导法规政策编制的有关绿色建筑理论的缺失或不足。

2.3.1　发达国家和地区的既有建筑绿色改造评价标准

使用绿色改造评价标准较早的国家有美国、英国、德国、日本、澳大利亚和新加坡。其中，美国的 LEED（Leadership in Energy and Environmental Design）建筑评价体系、英国的 BREEAM（Building Research Establishment Environmental Assessment Method）建筑评价体系、日本的CASBEE（Comprehensive Assessment System for Building Environmental Efficiency）绿色建筑评价体系运用较为广泛。此外，还有新加坡绿色建筑评价体系（Building and Construction Authority，BCA）、德国的 DNGB（German Sustainable Building Council）绿色建筑评价体系、澳大利亚的全国建成环境评价系统（NABERS）、绿色之星（Green Star）评价系统以及建筑可持续性能指针（BASIX）等。上述绿色建筑评价标准的评价要素和特征等具体内容详见附表 B-2。

1. 既有建筑的节能改造

纵观既有建筑绿色改造的发展历程，绿色改造始于既有建筑的节能改造。1970 年代全球范围能源危机的爆发，全球经济陷入低迷，中东持续的动荡和战火迫使人类思考未来能源的安全供给。在此大环境背景下，各国早期是针对既有建筑领域的节能提出改造法规，并要求强制执行，之后再提出较为全面的绿色改造标准。美国于 1976 年颁布既有建筑节能法，对节能领域中的各种情况进行了规定。1997 年 12 月，欧盟在日本京都签署了《京都议定书》，作为碳排放大户的建筑业承担着英国50%的减排任务，英国从人类社会发展的可持续性、安全性、可再生能源和碳减排领域制定相关政策法规。德国在1976—2014年间颁布和修订节约能源法，对既有建筑围护结构的传热系数限值做出详细规定。日本也制定了节能法，从提升建筑能效、抗震性能和无障碍友善环境方面提出改造的措施（王俊 等，2017）。

由此可见，节能改造成为既有建筑改造的重要领域。强制性能源政策与激励制度的完善，使得节能改造在既有建筑改造早期取得丰硕成果。值得注意的是，英国的节能改造，还在社会层面上特别关心民生。其最大特点是以家庭为单位促进住宅建筑的节能，包括以经济奖励手段，将绿色建筑的理念深入到英国家庭的日常生活中，如绿色家庭计划，以及为节能信托基金产品提供的贴息或免息贷款的措施。英国还宣布：在2016年前将使该国所有的新建住宅建筑物实现碳零排放，到2019年所有非住宅的新建建筑必须达到碳零排放的目标。

2. 各国各地区既有建筑绿色改造评价标准

各国绿色建筑评价标准的名称、评价因子、认证方式和特点另详见附表B-2，其中，LEED由美国绿色建筑委员会（U.S. Green Building Council，USGBC）开发。2000年，美国绿色建筑协会正式启动这一认证机制。有研究认为，最新LEED V4并没有专门针对既有建筑改造评价的内容，原因是美国的节能工作开展较早，故改造与新建项目执行统一的评价标准（王俊 等，2016）。

英国建筑研究院环境评价标准（BREEAM）是由英国建筑研究院（Building Research Establishment，BRE）于1990年发布的世界上首个绿色建筑评价标准。其特点是包括建筑全生命周期的各个阶段。王俊等人（2016）研究指出：在最新的既有住宅改造的评价指标与权重中，新增防火（Hea06）等安全性条文，其权重占1.4%；在既有非住宅建筑版本的评价指标中，还设置了视觉舒适性与安全性评价准则，其中视觉舒适性占3 ~ 7分，安全性占1分。BREEAM除了从建筑的节能性能、运营管理、节水、建材使用、垃圾管理、土地使用和生态保护等方面综合评价外，还从人的舒适性包括健康环境、交通便利性等方面给予规定。

日本的建筑物综合环境性能评价体系（CASBEE）是由日本政府、企业和科研三方面共同开发的成果。该体系先后发布了针对既有建筑、改建建筑等评价标准。CASBEE是在全生命期内包含计划、新建、运营和改造4个评价工具，着重于从声、光、热、气、能源、资源、材料和室内外环境进行评价准则的设定（王俊 等，2016）。标准中未对改造后的视觉舒适性进行规定，但提出了抗震、减震等安全性与舒适性方面的评价准则。

德国的DNGB绿色建筑评价体系，包括满足历史建筑保护、结构安全、节能、健康舒适和建筑物理等内容。其中，健康舒适包括了采暖、制冷、空气质量、视觉舒适和声学等内容，建筑物理则指防水、防潮、防结露、防噪声等。在认证过程中，其初试阶段包括了既有办公建筑的改造和商业建筑的装修等内容。此外，该认证标准还重点突出造型质量的保护，它将既有建筑的类型分为两大类，分别是具有文物特征和不具有文物特征的建筑，再从文化意义、纪念区域、造型质量、环境质量、结构构件等鉴定其价值，从既有建筑的现状和再利用提出相应评价，尤其是对文物类做出特别的判定与保护措施，还把视觉舒适性、安全性、故障风险等纳入可持续建筑的认证标准（王俊 等，2016）。由此可见，德国的DNGB绿色建筑评价体系针对既有建筑的改造标准较为全面。

澳大利亚环境评价系统（NABERS）是一种对既有建筑的运行进行评价的系统，以测量建筑物运行过程中对环境的影响为评判基础，该系统完善强化了既有建筑运行阶段的环境评价，尤其是在安全性方面对消防设计提出指标要求，权重分占 2 分（王俊 等，2016）。

新加坡的绿色建筑评价标准（BCA）由新加坡建设局负责编制、发布和管理。绿色建筑标志（Green Mark）未区分新建与既有建筑的评价标准，也未对视觉效果提出要求，在安全性方面未对消防安全提出措施。但评价体系中含有居民反馈和评价的要求（王俊 等，2016），且权重占 4 分，体现了 BCA 绿色评价标准对公众参与的重视。

中国香港地区绿色建筑的发展主要由环境局和发展局下设的机电工程署主导。主要内容集中在环保法例、能源及节能技术的开发和利用、限制碳排放、鼓励碳审计。在中国香港地区，针对既有建筑的绿色改造采用的是不同于绿色建筑评价的方法，其主要方法是采用绿色审计奖（Yudelson，2009）。该方法并不是一种绿色评级技术，而是评估既有建筑物的工具，其目的在于确定绿色潜力，建立改善能源的计划，在方法上更加注重关爱小区老人、环境和改造前期的评估。

1995—2009 年，中国台湾地区的绿色建筑评价标准及建筑节能法规，前后经过六次强化节能的基准与适用范围修正。根据所处于亚热带气候特色，依建筑物种类分别订立不同指标与基准，中国台湾地区于 1999 年建立了绿建筑评估系统（ecology，energy saving，waste reduction and health，EEWH），该标准是世界上第四个实施绿色建筑综合评估系统。在推出绿建筑标章的认证制度后，自 2009 年起，中国台湾地区陆续完成绿色建筑评估体系（EEWH），其中就包括既有建筑物绿建筑评估系统（EEWH-EB）。EEWH 评估系统将九大指标归纳为生态（含生物多样性、绿化量、基地保水等三指标）、节能（日常节能指标）、减废（含 CO_2 及废弃物减量指标）、健康（含室内环境、水资源、污水垃圾改善等三指标）等四大范畴。EEWH 系统的特色在于强调以设计为主的务实理念，不强制购买再生能源、绿色建材、绿色设备。

综上所述，既有建筑绿色改造的评价体系标准并不统一，侧重点各不相同，但都包括了经济、环境和社会等多个领域（ALTIN，2016）。英国除了在节能环保等技术领域制定完备政策法规外，还在社会层面上关心民生，以家庭为单位促进实施绿色节能与减排。此外，英国和德国、日本还特别重视既有建筑改造后的视觉舒适性，对既有建筑的文化价值属性的评估与保护，还提出具体措施。中国香港地区既有建筑的绿色改造则更加注重改造前的评估，以确定既有建筑物的绿色改造潜力。

2.3.2 我国的既有建筑绿色改造评价标准

自 2006 年我国发布绿色建筑评价标准以来，绿色建筑评价技术细则和补充条例密集出台，相关法规编制的年代、名称和内容详见附表 B-3。法规的制定包括从绿色建筑评价标准到评价细则；从环境评价到节能标准的构建，再到节能检测标准的完善；从外围护结构到太阳能供热采暖的技术；从节能改造到既有建筑绿色改造评价标准的建构。反映出随着经济的高速发展，在实施绿色建筑过程中，相关理论建构在不断补充和完善。绿色建筑研究的领域已从理论建构转到实施领域，实施的层面也从大规模的新建建筑转向既有建筑的绿色改造，而实施的技术措施也是在不断深入细化。

2016 年公布的既有建筑绿色改造评价标准，分为设计评价和运行评价，明确节能改造是绿色改造的重要组成部分。该标准还包括场地交通、环境整治、结构安全、噪声控制、光污染控制以及施工营运管理等内容。

我国绿色建筑评价标准提出要为人们提供与自然和谐共生的建筑。既有建筑绿色改造评价标准中除了提出节约能源、资源和提升使用功能外，还提出改善人居环境的目标。具体的改造方式包括维护、更新、加固等，但未就和谐共生的社会文化领域的内容提出具体评价标准。

其中，关于既有建筑外立面的改造，评价标准是从成本控制（不超过投资造价的 5%）的角度来进行规定的。评价标准中缺乏视觉舒适性和既有建筑的价值评估措施等内容，也未对既有建筑绿色改造后所在城市的街道及人文环境提出评价要求。

当前的绿色改造示范项目中，推崇高成本技术措施，多以采用新技术作为评价依据。星级认证被设为改造最终目标，这或许已偏离了绿色建筑的初衷。这种情况的发生，主要原因之一在于绿色改造评价体系的不够完善。纯物理技术的评价限制了评价标准的完整性，如果不能深入到人文关怀的层次，也就失去了绿色的真正内涵。

有鉴于此，我国出台了修改版的《绿色建筑评价标准》GB/T 50378—2014。这个版本比 2006 年的版本在技术上要求更严、内容更广泛，也适当增加了健康、舒适等理念，体现了对时代需求的响应。但针对社会文化因素的评价指标还不够具体，可实施性还不足，仍有待于进一步完善。

实际上，无论是我国的绿色建筑评价标准，还是美国的 LEED、英国的 BREEAM、德国的 DNGB 等绿色建筑评估（或认证）体系，在绿色建筑项目评估（或认证）实施过程中，均存在绿色建筑设计效果与实际运营效果之间的较大差异。正如汤姆斯·斯彻夫所言：全面可持续设计的评估方式仍未出现（Carroon，2010）。

而运营绿色标识项目少的现象，反映出绿色建筑设计与绿色运营实效相背离的现状，根本原因在于重设计轻营运。华南理工大学绿色建筑专家孟庆林教授在接受访谈时，就如何改善这种现象指出：

须从源头进行完善。目前，既有建筑绿色改造的研究纲要还不明确，缺乏强调建筑物改造的安全、功能、经济和文化历史层面的考虑，有必要全面系统地建构该领域的评价标准。另外，绿色改造的评价标准还缺乏对地域气候的考虑。我国地域辽阔，气候变化明显，须根据地方气候建构评价细则，这是对既有建筑绿色改造评价标准的最好补充。

由上述绿色建筑及绿色改造评价标准的回顾可以看出，当前的评价标准均是以单体建筑物及其周边场地环境等物质实体为评价对象（邬尚霖，2016），以物理技术应用为评价基础，以评分计量的方式来进行评价，如能源消耗或者室内空气质量。这种评价方式本身就存在缺陷，例如无法评价文化和精神方面的内容，而以可持续发展理论为基础的绿色建筑理念是无法撇开社会文化因素的。因此，当前的评价标准忽视了从更大的社会系统和区域性的都市环境去评价。

2.4 绿色改造的期刊论文与硕博论文

古希腊斯多亚学派的哲学家芝若（Zeno of Citium，公元前336—前264年）认为万物是一个庞大的整体。自然为躯体，神为灵魂（傅佩荣，2011）。无独有偶，勒·柯布西耶（Le Corbusier，1887—1965）在昌迪加尔的规划中也将城市比拟为有机体，将行政中心视为人体的心脏（博奥席耶，2005）。

因此，如果用一个生命体来形容绿色建筑，同样它也要做到身、心健康，也就是既要在物质层面上满足使用要求，又要在精神层面上涵盖更多的文化特质。是故，本书将既有建筑绿色改造的期刊论文以及硕博论文的内容分类，分为人的身与心两个领域。研究内容为绿色改造物质技术领域的，可模拟为人的躯体；研究内容为绿色改造人文领域的，模拟为人的心灵。既有建筑绿色改造的成功与否，正如人的健康，需要在身、心两方面保持健康、协调发展。其中，绿色改造的物质技术领域包括绿色改造的评价标准、经济政策、管理制度、外围护结构的隔热技术、成本造价控制、设备节能改造技术等方面。绿色改造的人文领域则包括既有建筑在城市肌理的修补、文化脉络的传承、场所精神的再生与延续，以及公众参与式的空间生产等方面的内容。

根据前文所述系统性文献回顾的原则和步骤，本书最后收录论文文献共60篇，其中期刊文章37篇，硕博士论文23篇。在此基础上，从论文的研究领域、核心内容、结论及评价进行分类整理归纳判断。整体上将论文分为两大类：一类是物质科技领域，共计51篇，占系统性文献回顾总数的85%；另一类是人文策略领域，共计9篇，占总数的15%，所占比例分析图详见图1-3。以下是这两个领域研究成果的概述。

2.4.1 既有建筑绿色改造研究的物质领域

1.绿色改造评价标准研究

绿色改造评价标准研究的论文成果中，相关论文作者、名称、核心内容、研究领域和论文的结论等分析详见附表B-4。关于既有建筑绿色改造的评价是从建筑设计的方案评价、降低能耗、大学校园、低碳、环境和绿色建筑补偿机制等角度切入绿色建筑评价标准的研究，旨在建立科学合理的评价方法和体系。

其中，丁建华（2013）在《公共建筑绿色改造方案设计评价研究》的博士论文中，提出绿色改造设计方案评价思路，并构建了相对完整的改造方案的绿色评价体系。高源（2014）在《整合碳排放评价的中国绿色建筑评价体系研究》的博士论文中，提出了构建整合碳排放评价的绿色建筑评价体系框架。黄丽艳（2017）在《中国绿色建筑评价指标体系应用研究》的论文中，从评价因素的影响权重进行比较分析。刘莉等（2017）在既有校园建筑绿色改造评价指标体系研究中，也采用了管理学领域中的层次分析法、模糊数学原理来确定评价指针的权重。上述研究成果采用了管理学的评价指标与权重等研究方法，但缺乏关于地域性、气候性、安全性和文化性的评价要素。

2. 绿色改造的经济管理制度

绿色改造之经济管理制度的研究论文成果中，相关论文的作者、名称、核心内容、研究领域和结论等分析内容，详见附表 B-5。

其中，王清勤等人（2016）在《大陆既有建筑绿色改造技术研究与应用现状》中通过调研、统计、归纳、回顾总结了绿色改造的技术与障碍，提出建立贷款贴息、税收优惠、财政补贴等激励制度。侯静与武涌（2014）在《既有公共建筑节能改造市场化途径研究》中提出长期提升能效的目标，建议由政府购买节能能量，建构了调动不同性质的公共建筑业主积极性的管理策略。丰艳萍（2010）在《既有公共建筑节能激励政策研究》中分析了既有公共建筑节能激励机制和政策设计，认为能源价格扭曲、节能资金市场的不完善是导致缺乏能源市场活力的原因。

外部法规和激励措施也有助于设计和完成商业模式（Nishimura，2012）。绿色改造的经济管理制度的研究是分别从政策制度的优化、经济学、管理学等角度切入的，相关研究从管理角度弥补了绿色改造中纯技术改造的局限性，对既有建筑绿色改造的政策管理制度的制定起到积极作用，但涉及绿色改造技术的选用及推广的经济领域，很少从经济可行性的角度，去探讨有关绿色改造适宜性中间技术的运用。市场运营机制至今还在探索之中。

3. 绿色改造的综合改造技术

绿色改造之综合改造技术的研究论文成果相对较多。相关论文的作者、名称、核心内容、研究领域和结论等分析内容，详见附表 B-6。

其中，邓琴琴与宋波（2016）在《公共机构绿色改造成套技术研究与工具开发》论文中，以国家机关办公建筑、学校等典型公共机构为研究对象，提出成套技术方案及其优化的比选方法。成果有利于公共机构绿色建筑节能改造与测评工作。郑海超（2017）在《既有公共建筑围护结构绿色改造技术》研究中，以围护结构技术为对象，通过模拟软件分析能耗，提升外围护结构美学性能和保温隔热性能。陈平与蔡洪彬（2016）在《数字技术与绿色更新：既有公共建筑绿色更新方案设计研究框架》建构中，采用绿色改造方案的数字技术，从数字技术介入建筑设计及功用特征，建构了数字技术辅助方法与框架，推动了绿色建筑设计与数字技术手段的整体性融合。姜妍（2017）以既有公共建筑改造中光伏建筑整体性设计为研究目标，提出光伏整体性设计模式，分析能耗现状和光伏整体性的优势。潘则宇（2014）在既有建筑物开口遮阳组合隔热效益方面，对节能技术进行量化研究，通过固定式外遮阳与玻璃隔热贴膜的组合，研究探讨各向开窗的隔热效益，研究结论是组合遮阳的隔热效果均大于单一遮阳设施。

总之，综合改造技术是指从地域气候、围护结构、节能技术等专项技术出发，综合各项技术以达到节能目的，如外窗、幕墙、遮阳系统和光伏电设备等。该部分的内容最为丰富，反映出既有建筑绿色改造在节能技术领域方面的成果较为成熟。

4. 绿色改造的成本造价

相关研究论文成果中的作者、论文名称、核心内容、研究领域和论文的结论等分析成果，详见附表 B-7。

其中，高洪双与郑荣跃（2015）在《既有公共建筑绿色改造技术增量成本与效益》分析中将绿色建筑的增量成本作为研究对象。其研究结论是：节能对增量成本的影响最大，节水次之。

刘静乐与王恩茂（2017）在《既有公共建筑节能改造的全寿命周期费用》中，以全生命周期的成本费用为研究对象，将成本费用分为四大部分，即改造费用、使用费用、拆除费用和政府补贴。此外，该研究还建立了估算模型，并且引入碳排放权交易理论。张从怡（2014）在《旧建筑更新节能改善效益之研究（以绿建筑更新改造计划为例）》中，采用全生命周期成本评估及工程经济学分析，估算节能改善之生命周期成本及回收年限。研究认为既有建筑节能改造的潜力及经济效益自大而小的顺序为：空调系统；室内照明；建筑外壳。

关于绿色改造的成本造价论文，主要是从既有建筑的全生命周期、增量成本以及适宜性技术的角度切入研究绿色建筑和绿色改造的成本。研究成果对认识绿色改造的成本效益控制有所启发，尤其是建筑外壳对既有建筑的节能改造而言，其经济效益较低，故在实际的既有建筑改造过程中建筑的外立面并不受重视。

5. 绿色改造的设备节能技术

设备节能技术的研究论文成果分析，详见附表 B-8。

如谭志文与刘薇薇（2017）在《既有建筑节能改造探索与实践（以湖南某政府机关办公建筑绿色改造为例）》中，以夏热冬冷地区办公类的改造节能技术为例，分析改造前后用电负荷变化，以及采取合同能源管理的模式实施光伏电屋面改造的效果。其研究结果是形成了绿色改造标准流程，由节能改造向绿色改造过渡。唐贤文（2012）在《广州地区既有公共建筑能耗特点与节能对策探讨》中，以节能技术与措施为对象，分析能耗与对策。其研究成果为：在湿热地区的节能领域需要加强空调系统、绿色照明、能源计量器具配备和太阳能利用的措施。李玉明与潘毅群（2009）在《上海市既有公共建筑节能改造适用技术研究》中，通过建立办公和宾馆建筑的模型，研究围护结构、空调系统和照明系统的各项技术和改造措施，模拟计算，各项技术的全年能耗，并进行了投资回收分析。

绿色改造的设备改造技术论文主要是从能耗、合同能源管理、设备技术等角度出发研究，研究领域相对较为独立，偏重于空调、水、电等物理技术领域；建筑类别主要集中在校园建筑的改造、政府机关部门的办公楼、酒店和图书馆。研究表明既有建筑中公共类型的建筑能耗较大，是能源改造的重点。

6. 绿色改造的设计策略

绿色改造设计策略的研究论文成果分析，详见附表 B-9。

其中王峙（2007）在《既有住宅建筑绿色改造研究》中，针对住宅，提出节能改造与环境可持续发展的目标，同时提出了绿色改造的技术思路与方法。刘红娟（2016）在《广西夏热冬暖地区既有公共建筑节能改造策略研究》中，以湿热气候的节能策略为对象，通过个案分析，从单体和区域角度提出节能策略。郑信维（2014）在《以建筑节能观点探讨既有公共图书馆空间改善策略之研究（新北市）》，通过分析优秀案例，总结出图书馆绿色改造的外壳、环境、设备的可持续发展策略。

绿色改造的设计策略研究是分别从工业遗产、气候、地域、图书馆和住宅角度切入研究相关策略，其中也有涉及从城市区域的角度去探讨节能策略，对绿色改造的策略建构有所启示。

2.4.2　既有建筑绿色改造研究的人文领域

约翰·罗金斯（John Ruskin，1819—1900）在论述建筑发展史上的艺术风格的变迁时指出：根据过往经验，每当新的条件、新的情景出现，或者每当新的材料得到发明，任何法则、任何原理，均可在转瞬之间遭到翻转……为了避免它们面临一夕崩溃的危险，最合理智的做法，就是先停下动作……应当致力于去找一些惯常恒久、普遍适用、不容破坏的正确法则，以人类之本性，而非人类之知识为基础的法则。而这些法则则可以像人之本性那样般稳固不变（约翰·罗斯金，1991）。

当前的既有建筑绿色改造也是如此。绿色技术的推广实施对建筑艺术本身也产生巨大的影响。节能减碳、生态环保的物质技术领域要求固然重要，然而实施推广过程中不能忽视对人本身的关切，人文精神领域更是强调这一点。绿色改造的人文策略的期刊论文，主要集中是从人文绿色、社会公平、公众参与、场所精神等角度切入设计的策略。相关研究的论文不多，主要还是集中在人文绿色理念的建构，以及以旧城区中历史街区的既有建筑为研究对象。绿色改造人文领域之研究论文成果信息可详见附表 B-10。

1. 人文绿色理念

既有建筑绿色改造于人文精神领域的研究可分为国外与国内两部分。

国外部分涉及人文精神领域的，主要集中在环境保护和公民参与方面。其中环境保护具有两大特点，一是注重旧城区完整性和和谐性，二是将城市文脉与绿色廊道融合。在旧城区完整性和和谐性方面，格拉茨（Gratz）认为改造的既有建筑对城市旧城区的整体文脉来说微不足道。既有建筑往往涉及的范围太小，故建筑难以保留，或难以再次成为更大城市结构中重要的历史文脉发源地。罗格斯（Rogers）提出文脉和谐的方法：即文脉统合（contextual u-nification）和文脉并置（contextual juxtapose）。后来蒂姆·希思（Tim Heath）等人又在米德·勒顿（Middelton）等人的观点基础上总结出了第三种方法：文脉延续（contextual contin-uance）（张维亚，2007）。至于既有建筑改造过程中的城市文脉与绿色廊道融合方面，安东尼·沃姆斯利（Anthony Walmsley，1995）认为，在绿色廊道概念下，历史街区的保护更倾向于外向性或开放式保护，故可把自然景观、历史地段、城市风貌及沿途景色联合起来开发成一个大型的公共产品。埃里克森（Donna L. Erickson）则主张把历史公园的概念纳入到城市绿色廊道中来。因为历史公园可以增加绿色廊道的社会、文化功能。沃姆斯利（Walmsley，1995）提出了智慧保护（smart conservation）的概念。所谓智慧保护是要建立一个庞大的绿色走廊框架，保护和维持开放空间的生态功能，免除开发活动的不利影响。旧金山海滨区的改造就采用了以环保型绿色走廊方式，将内河码头（Embarcadero）作为一条相互连接的绿色廊道，改善休闲区与周围交通枢纽之间的可达性，如图 2-1 所示。

国内部分涉及人文精神领域，主要集中在绿色建筑理念以及历史建筑或街区的改造。黄珂（2014）认为：应当拓宽绿色建筑设计的理念，他提出具有低技术和软设计特点的绿色建筑设计策略，并以人文绿色策略作为绿色科技手段的补充。曹磊等人（2017）则在对历史街区的价值评估基础上，提出资源可循环利用的老旧街区的绿色改造方案，从而拓展了历史街区绿色改

整体性改造鸟瞰图

整体性改造规划平面

图 2-1　旧金山海滨区的整体性改造
（数据来源：http://www.archdaily.cn/）

造的途径。崔剑锋与范乐等（2019）也认为历史文化街区的改造中，很少考虑到绿色建筑技术的运用，绿色技术应用于历史文化街区的改造，将发挥节约自然资源的优势。

2. 场所精神的再现与延伸

相关场所精神的研究内容甚少。仇保兴（2016）在城市老旧小区绿色化改造中提出绿色改造模式，他将老旧小区绿色改造分为必备项目和拓展项目，通过绿化美化或历史文化传承与改造，增加小区居民的认同感。鲍黎丝（2014）则对历史街区的场所精神进行解读，并以个案研究方式剖析了场所精神在其保护和复兴中的重要作用。

3. 社会公平与公众参与

关于城市旧城区既有建筑改造过程中的公众参与，国外研究者认为，政府在决策制定过程中参与过多，受保护政策影响较大的那部分公众几乎没有参与进来，而公众的作用是巨大的（单霁翔，2013）。

彭德尔伯里（John Pendlebury）在英国城市历史街区的保护研究中发现，在 1970—1990 年代之间，之所以很少有历史建筑被拆除，公众起到了重要作用。所以，研究者们提出了公众参与的思想，鼓励公众参与到历史地段的保护中来，对保护中的问题进行广泛的论证，以避免鲁莽的发展和轻率的保护（Tallon，2016）。

拉斐尔·马克斯（Rafael Marks）在《保护与小区》一文中提出了一种小区参与保护历史街区的模式。该模式包括三个方面：持续性保护、住宅主人的角色转变、外界帮助形式的转变。科特尔（J. F. Coeterier）提出要把小区居民的评价和利益考虑到计划中来。琼斯和布罗姆利（Gareth A. Jones 和 Rosemary D. F. Bromley）从如何鼓励旧城区既有建筑的主人出发，对保护和更新他们的建筑进行了探讨（张松，2008）。

此外，为了复兴旧城区，须努力开辟新的城市功能，此为城市复兴的重要举措，其中一项重要的新功能，就是举办各种文化活动以带动观光旅游。例如美国的第一个国家历史城市公园——罗维尔街区，就是以旅游为先导实现历史街区复兴的案例。以旅游为先导的复兴策略可以促使既有建筑功能的多元化甚至重构，Falk 认为这种转变的关键在于要把既有建筑看作是一种财富。

我国学者刘晓曼等人（2014）认为：历史街区渐渐成为城市中的贫困住区，如此会导致居民在社会空间与物质空间两个方面被边缘化。因此，在历史街区保护的同时，也要关注街区内的民生问题，保障历史街区保护中的社会公平。此外，改造应以人居环境的可持续发展为目标，须重新审视并适时调整市场化改造城中村的策略和相应规划技术，以适应转型期城市空间的社会需求。陈双、赵万民等认为：城中村承担着特殊的城市社会功能，纯粹市场化的改造模式，会忽略其良性社会功能，忽视了大量弱势群体的公平发展机会。研究提出应以人居环境可持续发展为改造目标（陈双 等，2009）。

综上所述，既有建筑是城市活的肌体的重要组成部分，而且旧城往往是城市人口最密集、最繁华、最活跃、最具生命力的部分（Conzen，2004）。旧城中既有建筑因保护和开发而涉及的改造问题面比较广，也比较复杂，其改造需要放在一个大背景下来观察和思考，如城市的全球化、城市的更新、城市的可持续发展、城市文化遗产的保护等。针对旧城区具有历史意义和保护价值的既有建筑物所进行的绿色改造，还要考虑到对城市文脉的影响、旧城区生态环境的保护以及社会公平方面的影响（张锦东，2013）。

2.5 绿色改造文献系统性回顾的成果讨论

2.5.1 绿色改造物质领域的研究成果分析

由上述文献分类整理和归纳可看出，绿色改造相关的经典学术专著较为全面深入细致的从自然、生态和能源的角度切入研究人类的生存环境，进而促进了可持续发展的理念的产生及普及发展，重要文献与绿色建筑发展的关系简图如图 2-2 所示。

早在 19 世纪末期，英国美术工艺运动的发起人已经深刻意识到工业生产所带来的环境污染等弊端。由莫里斯（William Morris，1834—1896）、罗斯金、普金（A.W.N. Pugin）和韦伯（Philip Web）等人就提出要尊重自然环境和地域性特征，推崇使用在地材料，崇尚简约、单纯、诚实的建筑思想（黄承令，2018）。该理念也成为 20 世纪现代主义运动和 21 世纪可持续发展的先驱。

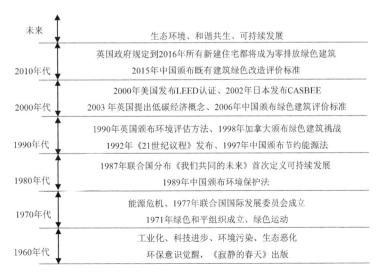

图 2-2　绿色建筑发展大事记
（作者绘制）

20 世纪末，英国在世界上最早提出绿色认证体系，随后发达国家陆续出台适合本国的绿色认证，如 2000 年美国发布 LEED 认证，2002 年日本发布 CASBEE 等。

上述成果中，研究的既有建筑类别主要是住宅、公共建筑和工业建筑，其中公共建筑类型主要集中在校园建筑、政府机关办公楼、酒店和图书馆。主要的研究方法有问卷调查法、个案研究、计算机模拟等。整体而言，随着技术的进步和时间的推移，既有建筑绿色改造研究领域呈现出日趋深入的变化。包括：从结构安全改造转向设备节能改造，从公共建筑（高等院校、机关办公）转向居住建筑和工业厂房的改造，从单一的节能改造开始面向整体基地环境、室内健康环境以及人的舒适性环境的改造，从外围护结构的保温隔热性能改造转向基于改造前后能耗数据变化的研究，从单纯的适宜性改造技术开始转向探究改造措施的经济效益。改造技术方面则从主动式技术改造措施转向提倡被动式改造技术的研究，从改造的营建阶段转向既有建筑的全生命周期，包括营维阶段的能耗控制。

通过对绿色相关法规文献的整理和归纳，可以看出，我国绿色建筑发展虽然起步较晚，但随着时间推移，经济体制改革的深入，在环保、生态、节能等和绿色相关领域的建筑法规越来越完备，细则越来越具体，渐渐形成自身特色的完整法规体系。自 1970 年代末至 2010 年，相关法规已从建筑法到水资源保护，从土地利用到环保，从节能标准到绿色建筑评价，从新建建筑到既有建筑的改造，从住宅到公共建筑等。绿色建筑法规随着生态节能环保的概念发展而不断更新和完善，简单概括为先宏观、后微观，先节能、后绿色，先居住、后公共，先新建、后改造，但当前从理论建构到法规评价标准均缺乏相关人文绿色方面的深入研究。

绿色改造的物质技术类的期刊论文和学位论文较丰富。成果可归纳为五个领域，即改造的节能技术、绿色评价体系的建构与完善、改造的政策激励和管理机制、改造的成本控制和绿色改造的策略。详见附表 B-12。

作为绿色改造重要组成部分的节能，无论是理论研究还是在设备、外围护结构改造技术研发，以及实践营运，都取得丰硕成果，但也还存在不足，具有继续深化完善的空间。例如节材领域受制于成本造价，高性能的绿色节材推广缓慢等。而透过大数据和数字技术的发展，绿色设计与数字技术整体性融合，将成为绿色改造能源领域的重要技术手段（陈平等，2017）。该领域研究的现状反映出建筑师的参与度不足。诸多绿色建筑在技术应用上存在为技术而技术的现象。广州市设计院的总建筑师张南宁在接受访谈的时候也认为：既有建筑绿色改造在节水、节电与节能方面的效果很显著，研究成果比较多，但多属于机电设备领域，节材环保方面较少，且目前绿色建筑标识多数为设计标识，营运方面获得的星级标识非常少，反映既有建筑绿色改造存在忽视营运的问题。毕竟从全生命周期来看，营运占的比重比较大，而这涉及甲方的管理、投入、产出效益等，因此评价设计与运营的绿色改造标识标准值得深入思考。

从上述研究成果分析中可以发现，目前多数研究只是针对单体既有建筑的节能减碳等物质环保领域，缺乏从整体区域环境去评价。对环境的影响无法脱离区域去评估。实际上，正如卡罗恩（2013）所述：影响气候变化的迫切性已延伸到区域规划以及土地用途、资源消耗、交通和能源考虑，如此方可达到真正的可持续发展目标。

2.5.2　绿色改造人文领域的研究成果分析

1. 相关人文绿色的评价标准

日本建筑学会的可持续发展设计指南中提出从人类自身着手可持续发展的举措。包括提出新的生活模式、建筑师与居民合作研究、保护传统生产、共生现象、生活方式的改变以及公共参与、尊重地方性等人文绿色策略。意味着在既有建筑绿色改造过程中，应让公众参与进来，通过宣传和培养人文绿色理念，鼓励自发性和有组织地实施人文绿色理念，营造与自然共生的绿色生活方式。

从前文所回顾的绿色建筑评价标准来看，英国的 BREEAM、德国的 DGNB 体系，均已将社会人文要素环节纳入了评价体系，确立了社会、文化等方面的评价内容。中国香港地区还特别关注公众的参与以及老年人的健康生活环境。此外，法国提出高质量环境的绿色建筑目标，将绿色建筑拓展到以日常生活为中心的社会文化建设层面，以达成科技与人文的完美结合。

2. 既有建筑的保护性改造

西方国家在既有建筑保护性改造领域发展的较早，而且主要是集中在历史建筑和文物建筑的保护、更新与活化领域。其发展大致可分为三个阶段：19 世纪中叶至 1930 年代为第一阶段，主要核心为单体历史建筑的保护；1930—1960 年代为第二阶段，研究核心扩展到历史建筑周边地区；1960 年代至今为第三阶段，研究核心进一步拓展到历史地段与历史城市，详见附表 B–11。经历长时间的研究与探索，欧美各国、亚洲的日本时至今日已形成了相对完备的理论体系和法律法规。

我国 1961 年颁布了《文物保护暂行条例》，标志着我国开始进入历史建筑保护的阶段，1980 年代之后，以 1982 年全国人大通过的《中华人民共和国文物保护法》作为基本法，此后，陆续颁布了《历史文化名城保护规划规范》《历史文化名城名镇名村保护条例》等相关法律法规，逐步建立了从单体建筑到历史街区，再到历史文化名城等多层级的历史建筑保护体系。当前的既有历史建筑改造还是以保护为主，随着经济转型，城市化进程放缓，旧城中既有历史建筑的再利用被日渐重视，改造过程中如何将城市历史文脉的传承与节能环保的绿色理念相结合，被视为盘活存量建筑，替代增量建筑发展模式的关键，从而可持续获取城市发展空间，并以此获得城市可持续发展的立足点。

近一个世纪的理论和实践的探索，使世界范围内对历史建筑相关的保护逐步走向系统化。ICOMOS（国际古迹遗址理事会）和 UNESCO（联合国教科文组织）等相关国际性组织机构，结合各国的保护理念、理论与实践的研究，发布了一系列重要的国际宪章和公约，如《雅典宪章》《威尼斯宪章》《内罗毕建议》《华盛顿宪章》《北京宪章》等，为历史建筑保护性改造领域的实践提供了指导性原则和设计基础。整体而言这些文献所代表的意识和相应的措施是随着人们保护观念的全面化、系统化和科学化而不断改进。ICOMOS（国际古迹遗址理事会）及 UNESCO（联合国教科文组织）发布的有关历史建筑保护文件汇总详见附表 B–11。

为什么在欧洲很少拆旧建筑，除了建筑成本考虑外，相关经济性的测算还包括碳排放的计算，世界上有 40% 的能源最终是在建筑物中消耗的，它占 CO_2 排放量的 30%（Shaikh et al.，

2014），所以碳排放量的准确客观的计量非常重要。因此，拆除这些使用年限未达到使用寿命的既有建筑，存在着决策失误，对可持续发展的认识存在偏差，当然也是城市社会快速发展过程中不可避免的问题，其结果是不仅造成环境的二次污染和破坏，而且也严重浪费资源和能源。拆除既有建筑所产生的废弃建筑垃圾的处理，营造同等面积的新建筑物，都将大大增加碳的排放量，同时，既有建筑作为城市文化的重要组成部分，承载着城市文化的印记，对既有建筑实施大规模的拆除，破坏了城市文脉与肌理的完整性与传承延续，而改造成本测算是没有考虑这方面因素的。

综上所述，既有建筑绿色改造的社会和文化方面的研究成果比较少，还处于理论建构与探索阶段。人文绿色改造属于隐性的非技术型的绿色改造范畴，但对于人们的生活具有较强的影响力，在既有建筑改造的策划和设计过程中，针对未来绿色生活情境进行仿真，对运营模式和社会文化效能进行精心规划和统筹管理，这些领域还有很大研究空间。

2.6　既有建筑绿色改造的研究展望

透过上述既有建筑绿色改造的系统性文献回顾，可以在此基础上探讨后续的研究方向，这个研究方向不论在深度还是在广度都较当前的研究而更加深入和宽广，既包括既有建筑绿色改造的物质领域，也包括人文领域。

2.6.1　绿色改造之物质领域

既有建筑绿色改造的物质领域可在改造的节能技术、绿色改造的评价体系、管理机制和成本控制等领域继续深入探究。

1. 绿色改造的节能技术

1）绿色改造前后的实际能耗效果比对

包裹建筑物的外墙或覆盖建筑主体的材料，均能在建筑物的室内与户外之间起到过滤的作用，也是被动式太阳能建筑（Passive solar architecture）应用被动的太阳能设计原则所产生的结果（杨经文，2004），然而，目前外围护结构的投入产出效果并不明显，常规设计手法是从外围护结构的性能出发，通过模拟软件分析能耗变化，将外围护结构的技术落实在施工图纸上，因此，可设法获取改造前的用电能耗资料，再与改造后的能耗进行比较，通过检视外围护结构改造措施的相应成效，可形成标准模式给予推广。

当前，建筑自然通风、自然采光以及综合遮阳等改造设计措施，通常以计算机模拟分析结果为决策依据，缺少对改造前后的实际能耗效果比对，由于既有建筑的用电量等能耗数据作为业主的保密范畴并未向外部公开，因此，应将既有建筑能耗数据库向专业研究机构开放，以利于运用绿色改造前后数据变化进行统计分析，以指导在设计前期阶段采用被动式设计技术。此外，不可再生燃料的广泛使用会造成严重的环境问题，还应大力推广使用可再生能源替代化石燃料资源（Afazeli et al.，2014）。

2）既有建筑绿色改造的垂直屋面绿化

随着人们观察视点与生活水平面的抬高，当今城市中低层及多层既有建筑的屋面已成为城市的第二立面，城市对绿化景观的需求也相应地由传统的地面景观，向空中与地面共同景观的模式进行转变。

既有建筑绿色改造的屋面绿化对建筑节能而言具有重要功效，例如，屋面绿化可通过等效热阻的方式减少建筑能耗，在上海地区的节能测试中，屋面绿化在夏季每日可减少空调能耗 $0.124kWh/m^2$，冬季可减少空调能耗 $0.238kWh/m^2$；在缓解城市排水系统压力方面，美国加州屋面绿化的一项研究发现，建筑屋面绿化可推迟雨水径流达 4h 之久（周铁军 等，2016），在一定程度上缓解城市的排水压力。与此同时，屋面绿化还具有生态维持等多项改善城市环境的功能。

然而长期以来受制于既有建筑的结构承载力和屋面防水渗漏能力的限制，屋面绿化始终未真正展开实施。当前绿化技术已走向成熟，使建筑屋面绿化在可选植物类型、植物存活能力以及景观效果等方面，已与传统地面绿化相差无几，故既有建筑绿化成为塑造城市景观的重要手段，对城市的环境改善也发挥着积极的作用，既有建筑改造过程中的屋面绿化已成为城市绿地的一项重要补充手段，在城市大量需求建筑绿化的背景下，研究新型建筑绿化技术，使其在旧城区既有建筑改造中的普遍应用也成为发展趋势。

2. 绿色改造的评价体系

2016 年英国政府已经规定所有住宅都将必须进行实现零碳排放（Gill et al.，2011），从低碳的视角研究既有建筑的绿色改造成为新的研究领域。我国在科技支撑计划的重大项目系列课题中（尹波 等，2008），已将既有建筑的评定与改造政策和标准、检测与评定技术、安全性、功能提升、设备改造、能源系统升级、居住区环境综合改造及规划、专用材料和施工机械、综合改造技术集成示范等列入重要研究课题项目，在此背景下，随着低碳概念和理论的研究深入，以碳排放为切入点，在全生命周期基础上，在项目可行性研究阶段深入研究既有建筑绿色改造，将成为重要的研究领域。

在既有建筑绿色改造评价体系的完善方面，相对绿色建筑评价标准的研究，既有建筑绿色改造评价的研究成果还较少，因此可从以下几个方面加强既有建筑绿色改造评价体系的研究：一是以温室气体减排为切入点，从碳排放评价指标项、模型、权重因子、评级基准和评价结果的表达方式，构建整合碳排放评价的绿色改造评价体系框架；二是从设计前期切入，以改造的策划或方案设计为突破点，完善以安全性能设计作为重要组成部分的绿色改造评价体系与操作平台；三是同时加强项目后期营运阶段的研究，解决绿色设计与实效相背离、营运标识远低于设计标识的问题；四

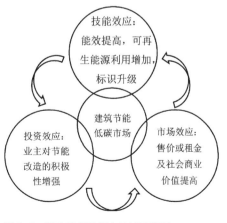

图 2-3 既有建筑节能市场关系简图
（作者绘制）

是鉴于研究建筑物多集中在住宅、酒店、办公建筑、工业建筑领域，因此应拓展研究建筑的类别，例如图书馆、体育建筑等公共建筑领域。

3. 绿色改造经济效益的管理机制

此外，可从管理学与经济学角度去分析既有建筑绿色改造的制度框架、融资模式、风险管理、绩效评估、能源价格、节能资金的市场化运作等，构建基于长期的能效提升目标，以及能够有效调动公共建筑业主积极性的策略，政策资金奖励制度应侧重于实际营运效果的核对和完善。例如既有建筑节能市场的建立，就需要从投资效应、市场效应和技能效应三个方面去平衡各自利益，共同构建建筑节能的低碳市场，如图2-3所示。当前，营运绿色标识很少，主要是由于项目营运阶段的维护、更新和管理的成本较大，业主存在被动应付检查，如何从政策、经济和管理的源头上，激励业主完成绿色改造的主动性还有待继续深入研究。目前并不缺政策资金奖励制度，缺的是市场公平的竞争机制，构建基于长期能效提升的目标，有效调动业主的积极性才是根本。

4. 绿色改造的成本控制

在绿色改造的成本方面，由于大多数项目的全生命周期成本，并未考虑拆除建筑物的新增垃圾处理及其碳排放量，因此可引入碳排放权交易理论，从全生命周期角度研究成本估算模型。以碳排放视角，在前期可行性研究阶段，对照相关绿色改造的标准和重要影响因子，重新评价绿色改造的可行性显得尤为重要。

5. 绿色改造的策略研究

目前既有建筑绿色改造在项目的设计、建造和施工环节均有探讨，但在项目前期，绿色改造的可行性方面并未得到重视和研究，其结果就是导致实施以及营运过程中，设计内容经常因来自各方的原因而产生变更，或者未给予实施，绿色技术未得到真正实施。

2.6.2 绿色改造之人文领域

绿色建筑面向的是城市的可持续发展。既有建筑的绿色改造不仅仅是指节能与环保，而是要建构整体性有机思维，改造除了专业领域的节能环保等科学技术的应用外，还应面向社会（黄珂，2014）。绿色改造在传承地方文化的基础上，要为城市生活方式发挥更大的作用。环境宜人、生活便捷、归属感强的生活模式是人文绿色理念营造的目标。良好的人文景观环境对促进居民身心健康、邻里关系、人与自然和谐共存具有重要意义。

1. 绿色改造的文化属性

在城市化进程减缓的背景下，既有建筑绿色改造不仅需要保留原建筑的可读性，展现陈年印记，还要融入新的功能和时尚元素，传承其地域性的建筑文化特色。因此，绿色改造不仅只是节能环保措施的实施，也是修补城市空间环境的机会，还会涉及社会文化等软环境的建设。在不破坏原有建筑主体结构的前提下，绿色改造是传承和修复城市建筑文化特色的重要抓手。一方面对具有历史价值的既有建筑，并不是意味着原封不动地保留所有，而是需要在内部功能更新的基础上，对建筑外观进行保护更新；另一方面对于商业营运而言，业态的不断改变是常态，内部的不确定性使外部空间改变才能体现既有建筑改造的价值。因此，应从整体街区的文化保护与传承角度思考绿色改造的策略。作为城市背景舞台的既有建筑，其新奇变化的外观景观效果的叠加，才能使城市充满活力（华霞虹 等，2016）。既有建筑的印象应成为城市记忆的基石。绿色改造后的既有建筑应如同一面镜子，会将城市的历史沧桑与现代时尚以既有建筑为媒介，通过对比与冲突、和谐与共融等多种现象表达出来，从而引发城市中人们的思考，也促进了城市的文化延续和繁衍生息。

2. 既有建筑的场所精神

既有建筑是城市生活的物质载体，同时也是人们对过往生活环境和城市文化感知的参考。这些特殊的空间是延续城市记忆的来源之一。之所以要关注既有建筑空间与城市日常生活的联系性，是因为既有建筑空间中所包含的生活方式，及于期间所发生的陈年往事等非物质信息，才是场所精神再现和延伸的重要基础。既有建筑所独特的尺度和氛围，才是这些陈年往事所生成的空间环境（单霁翔，2010）。如果仅仅简单的对既有建筑进行改造再利用，而忽视其背后场所空间所承载的生活形态和文化内涵，将使既有建筑空间环境失去其灵魂。当改造使既有建筑独特的生活内涵与价值被削弱时，也切断了既有建筑与人们的精神关联。作为建筑中的唯一主人，人的欢愉程度、幸福指数的高低、压力的释放，才是评判既有建筑价值的重要因素（卢永毅，2009）。在再现与延伸场所精神的原则下，既有建筑才能体现出建筑的文化韵味，将理性与人情味贯穿在整个改造过程中，才能充分体现绿色改造的完整理念。

3. 绿色改造的公民参与

既有建筑在时间和空间上的多样性是形成城市活力的重要因素。既有建筑的改造再利用，对城市新的空间生产具有同样重要的意义（华霞虹 等，2016）。在经年累月的城市发展中，层积着城市记忆的既有建筑环境，反映着城市独特的文化和价值体系。

作为城市空间的重要组成部分，绿色改造应当使既有建筑回到人们的日常生活中去。城市空间尺度的扩展和生活节奏的提速，带来的是人际关系的淡漠和公众参与的渴望。既有建筑作为城市独特的公共资源，通过改造再利用将会产生一系列的社会效应。在改造过程中，积极的鼓励并引导公众参与，尊重公众意见并赋予一定决策权，通过绿色改造提高了认知观念，促发社会力量的主动参与，从而可激发公众对既有建筑环境的归属感和荣誉感。因此，在既有建筑的绿色改造过程中，关注既有建筑空间潜在的公共属性，通过公共空间形态的延伸，空间事件的触发来吸引公众自发的参与体验，从而以空间生产带动既有建筑场所精神的再现与延伸。

新与旧的元素共存于同一座城市，断层与传承并存几乎是所有现代城市的共同状况（柯林·罗 等，2003）。既有建筑改造不是简单意义上的装饰装修，而是复合功能的生成转化与空间活力的差异化体验，改造不是结果而是过程，不是目标而是途径（范一飞，2016）。

综上所述，无论是绿色改造的物质领域还是人文领域，我国在相关领域都取得一定成果，也呈现出不足之处。尽管绿色改造的物质技术研究相对人文领域而言，发展较早，成果较为丰硕，然而也存在不足。作为强制性法规，绿色改造的物质技术必将随着经济社会和科学技术的进步，以及项目实践的积累而逐渐完善和推广。然而，涉及绿色改造的人文领域，相关研究成果还很少，也不够系统。尤其是本身难以量化评价的社会文化属性，在实践中更难以把控。整体而言，相关研究还处于萌芽状态，尤其是相关绿色法规及其评价，均缺乏相应的具体标准。

2.7 小结

本章系统性回顾并分析了既有建筑绿色改造的相关学术专著、评价法规以及期刊、硕博论文等研究文献成果。研究结果显示，当前既有建筑绿色改造的研究内容可以归纳为节能技术、评价体系、管理制度、成本控制、改造策略等五个领域。其中，以节能为核心，以"四节一环保"为特征，属于物质领域的科技研究成果居多，而涉及社会和文化领域的人文研究成果还比较少。有关既有建筑人文领域的研究范畴，也多限于历史街区中的历史建筑改造与活化。通过横向对比发达国家既有建筑绿色改造的研究文献内容，可清晰认识到这些国家的绿色改造内容——既包括物质科技本身，也包括社会文化领域。当前我国绿色改造的研究成果大部分还停留在物质技术领域。相比较物质技术领域而言，绿色改造的人文领域探索尚处于萌芽阶段。如何通过绿色改造提升既有建筑的社会文化价值，对实现城市的可持续发展将起到重要作用。下一章将从绿色概念出发，追本溯源，从古代哲学中的人与自然，以及近现代哲学中的人与社会的关系出发，探析人文绿色理念的哲学基础及其内涵。基于建筑现象学和空间文化哲学，下一章还将构建人文绿色理念，为后续探究绿色改造的人文途径奠定理论基础。

第3章　建构既有建筑绿色改造之人文理念

　　全球人口于18世纪增长2亿，19世纪增长了7亿，20世纪则增长4倍，达到61亿（小崎哲哉，2004）。人口的快速增长使城市扩张无序，巨量的温饱需求使人类大规模使用农药等化工科技，以增加农作物产量。结果却产生了令自然无法降解的污染物，引发了诸如环境污染、能源短缺、热岛效应、物种减少等人类生存环境的恶化（Carson，1962）。在全球气候变暖和生态环境恶化的背景下，可持续发展理念在世界各国受到重视并被推广。就可持续发展的内涵而言，中国人并不陌生，传统中国儒道哲学思想中就有"天人合一"的观念。问题是，被称为早熟的（蔡家和，2017）、具有整体性美学与自然观的中国（史作柽，2014），为什么在当代还险些重蹈西方覆辙，走到生态环境恶化的边缘？

　　由第2章的文献回顾可知，绿色建筑是可持续发展理论于建筑领域中的探索实践，其目的是促使人与自然在环境、经济和社会领域中的和谐共生。本章将从人与自然、人与社会的关系出发，以东西方古代哲学和西方近现代哲学来探究人文绿色理念的哲学基础，建构改造既有建筑的人文绿色理念。

　　本章主要分为两个部分：一是关于人与自然的关系。该部分主要比较了古代哲学中古希腊和先秦时期关于万物起源思想的异同，从人与自然的关系角度探究自然观对东西方建筑文化的影响。二是关于人与社会的关系。该部分主要是剖析近现代哲学的现象学、空间文化哲学等理论，从人与社会的关系角度探索既有建筑于城市中的场所精神、文化意涵，探究其在城市中的文化价值和精神意义。研究成果共同构筑了改造既有建筑的人文绿色理念。

3.1　古代哲学中的自然观

　　万物起源是哲学的根本性问题之一。人与自然的关系在人类历史发展过程中存在着对立与和谐两种不同的观念，两者关系极大影响到人类社会发展的可持续性。中国古代哲学很早就提出"天"的观念，而"天"为自然，乃比人稍大之物（史作柽，2014）。敬畏自然的先天性优势，促使中国形成了人与自然之间的和谐共生关系。西方在传承古希腊哲学思想的基础上，经历古罗马、中世纪、文艺复兴和思想启蒙运动后，在科技、人文、技术、经济等领域取得巨大成就。

　　工业革命使西方在各个领域取得领先优势，在人与自然"二元对立"的思想基础上，人定胜天的理念使西方在快速发展过程中疯狂掠夺自然资源，以满足人的无尽贪欲。20世纪英伦三岛的雾霾、泰晤士河的污染、巴黎街头卫生环境的恶化，直至1960—1970年代生态灾难扩散至美洲，以致全球环境恶化。在自然界以极端恶劣气候和自然灾害反击人类的背景下，人类开始反思与自然的关系。

　　当代不少西方哲学家提出要向古代中国哲学家老庄的天人合一思想学习，以弥补西方哲学中人与自然二元对立的缺陷。遗憾的是，产生了"天人合一"思想的古老中国，自1970年代末，在市场经济快速发展的同时，自然生态环境却同样濒临恶化的边缘。那么，从万物起源的角度思考人与自然的关系是什么？其关系是如何演变的？到底是对立的还是和谐的？两者的不同关系会产生何种不同的建筑文化？对绿色建筑有何启示？带着这些疑问的思考结果，逐渐形成了人文绿色理念的基础。

关于万物起源有两种说法：一种是神创论，认定万物是神创造的，而神可以理解为上帝、罗格斯、道等概念（傅佩荣，2011），神是无限生命与存在的根源；另一种说法是自然进化论，认为包括人在内的万物均是自然演变而产生的（潘小慧，2014），自然界一切神奇莫测的变幻因素皆源于物质本身。故探究人与自然的关系就绕不过万物的起源，也离不开人的认识本体，而这些正是哲学所探究的基本内容。

傅佩荣将西方哲学大致分为四个时期：一是古代哲学，即公元前 6 世纪至公元 2 世纪；二是中世纪哲学，即自公元 2 世纪至 1450 年；三是近代哲学，即 1450—1850 年；四是现代哲学，即自 1850 年至今（傅佩荣，2011）。参考此概念，本书将古代哲学的研究时间界定为公元前 8 世纪至公元 2 世纪，近现代哲学部分则将时间界定为 1450 年以后。具体研究内容则以万物起源等相关人与自然、人与社会的关系内容为主。

古希腊与先秦时期在时间年代上比较接近，如图 3-1 所示的东西方哲学发展史概略简图。汤因比在研究历史时也曾比较过古希腊与古代中国。他认为其共同特点在于文化上的统一与政治上的分裂（阿诺德·汤因比，2000），两者的共同特点有利于比较两者在不同的地理空间上关于万物起源思想上的异同。

探究先秦和古希腊时期的哲学，首要遇到的问题是由于时间的遥远。由于语言和语义的理解障碍，我们会难以理解古代先哲们的原旨。哲学是严格的科学（埃德蒙德·胡塞尔，2005）。在要求精准领会贯通哲学要义的今天，就需要去比对不同时期文献，以选取最大公约数。东西方哲学源远流长，为便于比较，本书将研究范围界定为中国先秦时期以及古希腊时期的哲学思想。

先秦时期通常是指中国古代历史中的春秋战国及秦朝以前（公元前 221 年）的历史时期，包括上古代及三代（夏、商、周）时期，即旧石器时期至公元前 221 年。本书中的先秦时期指的是春秋战国时期，即公元前 770—公元前 221 年。古代中国思想中的两个主要流派——儒家和道家，就是由这个时期的诸子百家在互相竞争中演化而来（冯友兰，2005）。先秦时期也代表着中国古代哲学发展的高峰。本书选取先秦时期道家的重要代表人物老庄作为重点研究对象，透过其万物起源的观念来探究中国古代关于人与自然关系的思想。之所以选取老庄，是因为他们的哲学思想早已影响了所有中国人的人生态度（孙以楷 等，2018）。老子思想甚至还影响着当代西方哲学家海德格尔的存在主义哲学（潘朝阳，2016）。

古希腊时期是指希腊历史上从公元前 8 世纪的古风时期到公元前 146 年被古罗马征服之前的这段时期。古希腊在宗教、哲学、科学、艺术等诸多领域有很深造诣，是西方近现代文明的基石。本书选取了古希腊时期的苏格拉底（Socrates，公元前 469—前 399 年）、柏拉图（Plato，公元前 427—前 347 年）和亚里士多德（Aristotle，公元前 384—前 322 年）的思想作为主要研究对象。借助于与先秦时期哲学家的观点进行对比，探究其关于世界万物的起源和运转规律中人与自然关系的思想。之所以选择古希腊的这三位先哲，是因为其思想丰富，体系完整，对于万物起源的问题都有所涉及（傅佩荣，2011），而且直接影响着后续西方近现代哲学的建构与发展。

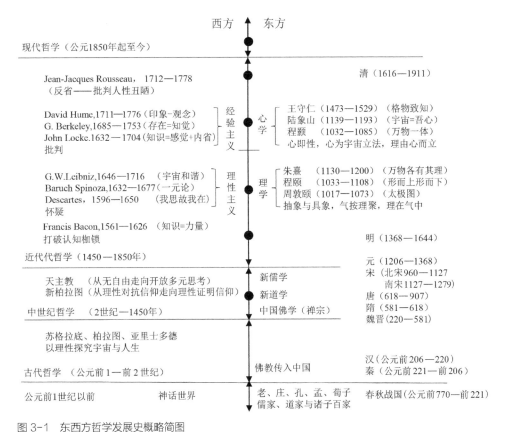

图 3-1　东西方哲学发展史概略简图
（资料来源：《史作柽的六十堂哲学课：中国哲学精神溯源》。作者绘制）

通过图 3-1，我们可发现西方在近代和现代，很多哲学概念都是以理性探究宇宙与人生，并且在古希腊时期的哲学观念中找到出处，如神、心智、灵魂、原子、以太、存在、虚空等。众所周知，中国自先秦时期以来，在历经新儒道的思想延展后并未有所突破创新。而西方现代哲学家海德格尔的"存有"观念是基于古希腊柏拉图的观念去挖掘的。历史上，海德格尔也曾深入研究过中国老子的"道"。英国现代数学家、哲学家和教育理论家怀德海德（A.Whitehesd，1861—1947）曾经说过：两千多年的西方哲学只不过柏拉图思想的影响力批注而已（傅佩荣，2011）。诸多哲学观念都是在不同时代与社会背景下，为解决当下的人与自然的本源性问题，往往回到源头去探寻，因此，当代哲学思考的许多观点都是在古代时期的哲学基础上日臻精细的。正是基于上述原因，故本书将西方古希腊时期与同时代的中国先秦时期比较，从东西方的哲学源头去追溯探究人与自然的关系，进而思考对社会科技和绿色文化理念的影响。

3.1.1　古希腊时期关于万物起源的思想

神话是古希腊哲学家智慧的载体，是有关诸神的故事。在古希腊神话里，天、地、海洋是被神创造的。人类是由神撮起泥土，并将其塑造成为神的形象，而后智慧女神又将灵魂和神圣的呼吸吹送进去（斯蒂芬·伯特曼，2009）。这是古希腊早期关于万物起源的传说。

古希腊早期的哲学家都是自然学家，以探究万物的起源为重要任务。古希腊第一位登场的哲学家是泰勒斯（Thales，公元前624—前550年）。他跳出古希腊的神话思维，提出万物的起源来自概念清晰完整的具体物质——水。他的学生安纳齐曼德（Anaximander，公元前611—前547年）则走向另一个极端，提出万物的起源来自无限制、无边际、无定义的未定物。而他的学生安纳齐门尼（公元前588—前524年）提出万物的起源是来自概念相对明确但变化万千的气。毕达哥拉斯（Pythagoras，公元前580—？）则提出世界上存在的万物皆有形且可用数计算，数字才是万物的始源。他开创了以非感性之物探究世界万物起源的先例。赫拉克利特（Heraclitus，公元前535—前475年）开始注意人的精神世界。他提出万物的起源是火（以太）（aither）与罗各斯（logos），世界万物的对立统一就是由罗各斯安排的。埃利亚学派的代表人物巴门尼德（Parmenides，公元前514—？）认为理性与语言只能把握当下的状况，通过人的感觉才能认识变化。他提出存在即为思想，万物归一也就是万物起源于超感觉的存在。恩培多克勒（Empedocles of Acragas，公元前495—前435年）为调解众说纷纭的万物起源之说，提出了万物源于火、气、土、水共同组成。他借用万物无始无终、周期循环的规律来阐明人类灵魂的净化与轮回。安纳萨格拉（Anaxagoras of Clazomenae，公元前500—前428年）提出万物是由质料构成，还首次提出的心智的概念。他认为是心智在掌控一切。德谟克利特（Democritus of Abdera，公元前460—？）提出构成万物的包括灵魂的粒子。粒子相互间的聚散与分合产生运动，从而证明虚空的存在。

众说纷纭，古希腊早期的哲学家们从不同角度去阐明他们关于万物起源的认识。为了判断对万物认识的真实可靠，苏格拉底开始努力从自然研究转移到人和社会，在概念澄清方面下功夫，并践行自己所相信的真理。柏拉图在《迪美吾斯》指出：神性工匠德米奥格（Demiurge）根据"理型"，把"原初质料"塑造成万物，所谓理型乃客观恒存之物。亚里士多德则综合了泰勒斯到柏拉图的哲学成果，提出形而上学说。他就万物起源提出四因说，即形式因（formal cause）、质料因（material cause）、动力因（efficient cause）和目的因（final cause）。他认为兼顾四因才能充分理解万物起源的一切。

由此可见，苏格拉底、柏拉图与亚里士多德对于万物起源这个问题都很重视。柏拉图甚至认为万物只是理性世界的倒影，亚里士多德则反驳万物的形式就是其具备的特征。上述三位古希腊著名哲学家关于万物起源的主要哲学思想和主要哲学成就详见附表 C-1。

其后，斯多亚学派的芝若认为万物：是一个庞大整体的部分，自然为躯体，神为灵魂，"罗格斯"包含万物的形式，有如种子孕育万物，此神为理性、命运和宙斯（傅佩荣，2011）。伊壁鸠鲁（Epicurus，公元前342—前270年）还提出宇宙万物是由原子及虚空组成。普罗提诺（Plotinus，204—269年）作为新柏拉图主义的代表，在坚持柏拉图一元论的基础上，提出万物是由"太一"（the one）"流衍"（Emanation）而成的观念。所谓太一乃唯一真实超越一切思维及存在之物，而流衍的概念则有如河水满而溢出。

综上所述，古希腊哲学家探究的万物起源，可以从水到火，从数字到"以太"和"罗各斯"，从质料到粒子和原子，从实体再到虚空和存在，从灵魂不死到循环往复，从原子到"太一""流衍"等。在不同历史时空背景下，古希腊哲学家对包含人与自然在内的万物起源思想充满着变化，呈现出多元的特点和思辨的过程。透过回顾万物起源的思辨过程，可以了解到人与自然关系的"二元分立"是古希腊时期的重要理念之一。正是这种"二元分立"价值观，才是西方工业革命后给自然界带来灾难的根源。征服自然的结果也给人类自身带来生存危机，正如迈克哈格（Ian Lennox McHarg，1920—2001）所言：

一个以人为中心的社会，人们相信现实是由感觉而存在的。宇宙成了支持人类为达到他的顶峰而建立的机构，人具有天赐的统治一切的权利，上帝是按照人的想象创造出来的，这种把一切人格化的结果是：万物都具有人的特点和以人为中心的形象，人们不是去寻求同大自然的结合，而是要征服自然。（伊恩·伦诺克斯·迈克哈格，2017）

3.1.2 先秦时期道家之万物起源的思想

中国古代先秦时期的老子创立了道家，庄子继承和发展了老子的学说，老庄成为先秦时期中国诸多哲学流派中道家的代表人物。老子的"道生一，一生二，二生三，三生万物"成为古代中国哲学关于万物起源的最早期思想。

1. 先秦之前的自然哲学观

人类历史存在两种重要的文明形式（史作柽，2014）：一是神话文明，二是宗教文明。神话文明被视为文字前的原始文明，而一神论的宗教视为文字后的重要文明。

中华文明始于彩陶文明（公元前3000年），发展于黑陶文明（公元前2000年），成就于文字文明（公元前1100年）（史作柽，2014年）。历经千余年的黑陶文明，曾经出现过影响文字文明的三种文化：一是天之观念的形成（尧时代）；二是周易基础的三划（夏初）的形成；三是图画文字（象形文字）的出现（早于金文或甲骨文前后的五帝时代），如图3-2所示。

黑陶文明是在基于彩陶文明历经数千年演变，而后完成的带有一种结论式的文明。黑陶在技术上超过彩陶

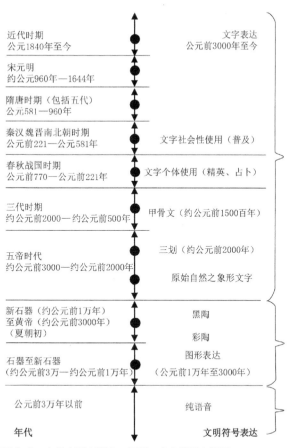

图 3-2　古代中国之语言、图形、文字发展史简图
（资料来源：《史作柽的六十堂哲学课：中国哲学精神溯源》。作者整理）

新石器：彩陶绘鹤渔石斧纹　　　　　新石器夏家店：黑陶长鬲　　　　　北宋范宽：溪山行旅图

图 3-3　古代中国之彩陶、黑陶与山水画

（资料来源：中图为本研究拍摄，左图与右图来自《中国历代艺术》）

（图 3-3），温度在 900℃左右。在形式特点上是以无彩无图的特性著称，完全不同于此前彩陶的多彩多图的特点，最后形成一种遍布于中华大地的统合性文明。史作柽（2015）认为此图形表达的根本性转变背后，必定存在一种根本性的力量，而这种力量源于中国文化所特有的自然观。此自然观一方面来自文字前的原始自然观，另一方面则在于文字形成后的天的观念表达，即天的观念形成。而天之观念和文字形成于公元前 2500 年尧的年代，其字形为人的正面，或如大字，其上一杠，为人首，亦可理解为大过人。此处的人乃于自然中建立起的文明，天比人大，即天比文明还大（史作柽，2014）。

　　因此，比人稍大的天的观念的形成，使传统中国社会不会形成原始神秘的拜物多神教，也不会有形成一神论的宗教。中国据此形成周易的"三元论"，即天、人、地的世界观。而后，方有八卦及六十四卦演变之方法论，从而奠定了中国传统道家哲学的基础。先秦前之自然哲学观的形成，使历史上的中国既不是神话发达的国家，也不曾有过一神论的宗教。中国自古以来发展出一种以自然看自然的理论，完全不同于西方的二元论之现象和本体。中国式的自然观是以属人的方式而特有的自然观（史作柽，2015）。

2. 先秦时期万物起源的观点

　　先秦时期关于万物起源的记载源于《尚书》。该书始于先秦之前的西周（约公元前 1046—公元前 771 年）。书中记载天地万物之母，其关于世界万物起源的思想来自阴阳学说。阴阳分别代表宇宙中两种相反的力量。宇宙万物皆由这两股力量相互作用而产生（钱宗武 等，1998）。天和地、雄与雌是阴、阳两气的物质表现，乾、坤则是阴阳两气的象征。阴阳是两种没有人格的自然力量代表，形成阴阳两气相生相克、相反相成的宇宙论（史作柽，2015）。

除了阴阳概念外，另外重要的概念是数。古代中国以占卜来探究宇宙的奥秘，使用的工具是蓍草。占卜离不开数目的变化，故相信宇宙的奥秘在于数字之中（王博，2004）。这与古希腊哲学家毕达哥拉斯学派的思想相似，但古代中国的占卜把阳视为单数，把阴视为偶数。

此外，《书经》中的《洪范》篇则来自夏朝大禹的治国大法。书中举出九畴，提出五行（Five Elements）概念：即水、火、木、金和土。该五种元素被视为五种能动的、相互作用的力量。五行学说解说了宇宙结构和运行规律。这里的五行指的是具体的水、火等，并非代表抽象的力量，而是阐明了人类社会和自然界是紧密联结在一起的。如国君的恶行使土地震怒，造成自然世界的不正常现象。五行说认为宇宙是机械的整体，任何一部分失去平衡，其他部分势必受到牵连。五行说后来发展成天人感应说。

董仲舒（公元前179—前104年，西汉思想家）也在《春秋繁露.天地阴阳》中提出宇宙是由十种成分构成：分别为天、地、阴、阳、木、火、土、金、水和人。其排列次序与《书经.洪范》不同，以木、火、金、水各主一个季节，又各主东西南北的一方。木主东方和春季；火主南方和夏季；金主西方和秋季；水主北方和冬季；土居中，协助木、火、金、水。四季嬗替则以阴阳运行来解释（史向前 等，2018）。董仲舒由天人一体进一步提出：人在身心两方面都是天的复制品。所谓天，包括自然，又包括君临自然的上苍（谢树放，2009）。

3. 先秦道家与老庄之天人合一思想

老子的《道德经》为道家的经典，其学说又被庄周、杨朱等人继续发展。老子主张无为而治、天人合一的理念影响世人上千年。在老子的道家观点中，天的观念也被解释为自然的观念。《老子》第二十五章曰：人法地，地法天，天法道，道法自然，则揭示了万物运行的自然规律。天之观念的形成于在五帝时代的尧（见图3-2）。老子认为万物负阳而抱阴，冲气以为和（《老子·42章》）。老子倡导无为以遵循自然，以此达到天人合一而无为故无不为（《老子·64章》）。老子认识到万物相生而成，以此揭示了道的存在和遵循道的必要性（孙以楷 等，2018）。

在庄子的哲学中，天与人是相对的两个概念。天代表自然，而人指的就是人为的文明，是与自然相背离的。人为两字合在一起就是一个伪字，自然才是真的存在。庄子摒弃人为中那些伪的杂质，提倡顺从天道而天地相通，即为天人合一，也就是《庄子》中所言的万物一体。庄子所追求的天地与我共生，而万物与我为一（《庄子·齐物论》），人与自然共为一体是回到本真的内在体现。总之，庄子的天人合一顺承了老子对自然的崇尚，又提出了人与天两个客体概念，肯定了天人合一是人为追寻道而所达到的最终目的（姜夔，2003）。此外，庄子还阐述了如何无为，即顺应天道。他侧重于人的内在精神与自然万物的融合。

综上所述，无论是先秦前，还是先秦期间的老子、庄子，以及董仲舒都存在共同的观念，那就是视自然为天。在探讨万物起源的过程中是通过观察客观自然世界的变化，将自然气候四季轮回与人的道德善恶紧密联系，从而得出万物起源于天、道、阴阳、五行等抽象而形而上的思想。

比人稍大的天的观念的形成，使中国成为人类文明中唯一彻底的自然主义（史作柽，2015），此为中国传统儒道哲学的基础。由附表C-2可知，先秦时期哲学家们关于万物起源的思考更多是以形而上学的方式去探究。道家在探究万物起源及其变化规律的时候是通过建构道与天的观念,从形而上学的角度去探究万物起源的根本及其运行规律(祝琳,2006),道家并未从自然客观世界的角度,以科学理性方法去探寻具体的万物起源。尤其是庄子,他是在老子的基础上从精神的高度讨论人的本体认识,形成天地与我共生,万物与我为一的概念,从而进一步发展了老子的哲学。因此,先秦时期的哲学家们已经认识到一切生命,包括人都是来源于自然界的生命创造,也就从根本上解决了人从何处来、到何处去的问题。人是自然之子也是自然生命大家庭中的一员。自然界就是人的天(蒙培元,2009)。就生命的来源而言,天即自然界,是生命创造的主体,反映出中国人敬畏自然的自然哲学观。

由此可见,先秦道家的天人合一观念,是道家所追寻道的最终体现。道家从自然的角度,阐释了天人合一的思想。道家的道反映了自然原生、天道平等的意涵,实质上把自然视为具有生命力的生命体,也应和了可持续发展理念中所要求的对生命的尊重、对自然的尊重以及人与自然的共生理念。此为道家哲学中道与天人合一的绿色意蕴(陈水德,2008)。

3.1.3　古希腊与先秦时期关于万物起源思想的异同

古希腊哲学和先秦时期的道家在探究关于万物起源的思想时都是从观察自然万物开始的,且认为万物是处于变化和运动的。两者根本性的差异在于:古希腊探究万物起源的历程呈现清晰的思辨过程,人与自然关系呈现二元对立状态,这是二者关系思想发展的主轴;而先秦时期的道家是以形而上学式的思考为主轴,对万物起源的哲学根本性命题是以自然为天,体现了道家对自然的崇尚、顺从。

1. 关于万物起源思想的相同点

1)古希腊和先秦时期的哲学家们在探究关于万物起源的思想时,都是从自然现象变化规律着手,再结合人的意识和感觉,从有形到无形,从理性到感性,在不同的历史时空背景下,结合当下去认识辨析世界万物的起源。

2)古希腊和先秦时期的哲学家们关于万物起源的思想中都曾存在共同的特点,即万物是处于变化和运动的,其运动过程呈现川流不息、循环不止的普遍规律。

3)古希腊与先秦时期的哲学家们在探究万物起源及其变化规律时,均曾将自然视为与人的对立。人是认识主体,在认知改造世界过程中具有能动性。

2. 关于万物起源思想的异同点

1)万物起源的思想源点不同

古希腊关于万物起源的思想多源于远古之神话,经诸多先哲们的思辨后,才慢慢发展而形成多元的结论。万物起源的思想随着人类经验的丰富而充满着变化。当亚里士多德提出存有(Being)时,存在即被视为存在物的终极基础(奎纳尔·希尔贝克 等,2016),实体恒存而独立。他认为只有神才有资格成为真正的实体。这里的神乃独立存在的思想,为哲学家的神,从而在精神和心灵上找到神的依靠(傅佩荣,2011)。而在面对客观物质世界时,先哲们是以理性思考为探索的工具。先秦时期万物起源的哲学思想源于自然观,一方面来自文字前的真自然的基础；另一方面则在于文字形成后的天的观念（史作柽，2014）。先秦时期的儒、道哲学未曾将鬼神视为人的精神支柱，而是在自然的基础上进入到人的世界。因此，其真正关心的是自然世界中的人的社会关系，其教育、宗教、伦理最后均演变成政治哲学。

2）万物起源的思辨轨迹不同

古希腊哲学家探究万物起源的历程是呈现思辨的动态过程。从存在到虚空，进而走向宗教。上帝是超自然的绝对实体，人是上帝的子民，人在自然界具有无比的优越性。人与自然的关系是征服与被征服的关系（余谋昌，2001），人类的智能在征服自然的过程中显示其力量。这就将人与自然置于对立的状态，从而形成人定胜天的观念。

而中国先秦哲学在整体上认为天即自然，诚如天人合一之表达（蔡家和，2017）。其思想观点含蓄，体现了重整体结论，轻过程推演；重直觉，轻辨析；重实用，轻形而上的特点。先秦之后的儒家通过皇权树立圣人形象，以建立儒家权威。此后的哲学思想处于相对静态的状态。由于儒家无可争辩之地位，导致其思想疏于逻辑证明与体系建构，难以达到纯粹思辨和演绎的哲学高度。

3）万物起源的思想表达不同

古希腊思想表达工具是拼音文字，而先秦的表达工具是象形文字。文字是文明书写的载体，作为表达万物起源思想的重要工具，其文字书写的方式、形成和训练，对严谨与思辨能力的训练起着重要作用。史宾格勒（Spengler，2002）就认为东西方文化的分途异轨或许就在于语言文字。西方拼音文字起源于公元前2000年，在公元前3500年放弃图形符号基础上，把楔形文字改为拼音文字的，再通过文法、逻辑、数学或修辞学等方法，使之成为西方文明中理性精神之来源（史作柽，2014），形成西方文明中特有的严谨、理性、逻辑、推演式思考的方式。

而先秦时期之前出土的甲骨文显示：先秦时期的象形文字大约在公元前1500年产生。象形文字则取材于人和大自然，经长时间演变转化后才成为一个文字。象形文字是从表意字形的象化观念出发，形成象化思维模式，倾向于整体性思维方式。象形文字强调事物间的联系和背景的重要性，它使人的思维形成宇宙万物是一个整体的思维模式，故属图像式思维。

3. 先秦时期人与自然的关系

中国传统儒、道等诸子百家的哲学智慧中均以"天人合一"为人生最高境界（赵卫东，2015）。通过"天人合一"的思想探究进而分析传统中国关于人与自然的关系，已有不少专家学者在研究论文中进行过探讨。如汤萱（2009）提出天人合一、钓而不纲、仁民爱物、道法自然是中国传统文化中环境伦理思想的价值取向。其中，"天人合一"的"天"指的是什么？其真实含义又是什么？这是理解人与自然关系的关键。

史作柽从中华文字文明前的图形表达去研究领悟儒道哲学。他将天视为自然，将"真自然"视为永远不属人探讨的客观现象（史作柽，2014），原因在于人本身也包含在"真自然"之内。所谓真自然是种情感，史作柽强调在文字的天之外，另外还有形成文字的天之前的人类情感。靠自然而形成的文明被他称为文字前的文明，即原始文明，如彩陶、黑陶、文字前的图形表达，包括约3500B.C.的象形文字等；靠文字而形成的文明则为文字后的文明，以文字和符号为表达方式。

史作柽认为所谓自然，呈现出四种方式：一是人于自然中，自然以包容万物的方式存在；二是自然为人所面对的自然现象，经人的合理探索可成为一种科学，也就是人与自然呈现二元对立的关系；三是自然现象背后深不可测的力量在人的主观意象或情感上呈现，在主观强调下演化成一神论的崇拜或是宗教；四是属人本身的真自然，真自然为属人本身的自然道德和情感。事实上，作为符号之一的文字并不能完整诠释这个世界，原因在于文字难以完整记录当时的活的事实（史作柽，2014）。受法规、阶级、道德和伦理等约束，文字对哲学、艺术、形上学、形上美学或哲学人类学所能起到作用是激发想象力，而对实质性的世界进行描述的工具乃文字的前身——象形，因此，唯原始最接近真自然（史作柽，2014）。

黄信二在论述人与自然的关系时也将道家的"天"视为自然。他认为人生修养的目的在于通过个体精神的超越，达到朴与真而又和谐的人生；并以怀物忘我，以及与大自然合一为最高境界。以道家而言，和谐才是"万物相与"与天人无间的境界（黄信二，2009）。而杨慧杰（1994）则将先秦主要哲学典籍的天人关系归纳为下列三类：天人感应型、天人合德型、因任自然型。西方对自然的诠释则完全不同。如牟宗三（2003）所言，古希腊的自然哲学者属于观解的形上学（Theoretical Metaphysics）。但中国先秦哲学中自然内涵的重点是生命与德性。其自然观是从性命天道相贯通而引出的，是重实践的，也是务实的。

总而言之，透过古希腊与先秦时期关于万物起源的思想比对，可以看出人与自然的关系自古就存在着"人定胜天"抑或"天人合一"的截然不同的观念，也就是人与自然的"二元对立"或"和谐共生"的关系。"人定胜天"是当今生态环境恶化的根源之一，"天人合一"则会导致人的主观能动性的削弱。两种思想都在人类历史上取得辉煌的成就，也在当今人类生存环境危机中面临着巨大的挑战，又应该如何抉择？迈克哈格（2017）认为：这两种观点分歧很大，一种是以人为中心的观点，强调人的绝对神圣、支配和征服作用；另一种是将人淹没在自然中的观点。两种观点都具有自己独特的优点、缺陷，都衍生出适用的价值观。为了获得最佳效果，我们能够做的是必须避免走向两个极端，既要承认人生存于自然的事实，也要承认人的个性，人应得到特殊的发展机会和富有责任。

综上所述，人与自然的关系是一切之根本。人于自然中创造了文明，同样，自然也因地域性在支配着文明。因此，自然不应被人类视为一个可操纵的生产对象，而是应该在人的内心中建立一种虔诚的心态，以体怀宇宙万象的心态共创和谐共生的生存环境。

3.1.4 自然观对绿色建筑的影响和启示

关于人与自然的关系对可持续发展理念的影响，已有不少专家学者在儒家思想的研究论文中进行过探讨。如台湾学者蔡家和（2017）就提出，应从儒家所主张人与万物和平共处来谈可持续发展。大陆学者赵麦茹等（2006）也提出，先秦儒家的天人合一哲学思想和内圣外王、推己及人、推人及物的逻辑思路，以及敬畏自然的文化才是当代生态经济思想的根基（赵麦茹与韦苇，2006）。蒙培元（2003）还提出中国传统哲学是生的哲学，即生态学的概念，人和其他生命都有生存发展的权利，尊重、同情和爱护万物是人的天职。王京明（1994）还以老子哲学中的天地所以能长且久者，以其不自生，故能长生的观点，结合"能趋疲律"来诠释可持续发展的意义。他认为能量的转换过程中有一部分被消散，或废弃而无法转换成有用的能量，即为"趋疲（entropy）"或"熵"，而能量的转变是朝向无用的，且无序的方向流动，直至达到均衡状态即意味着系统灭亡。可持续发展不应该建立在效率与生产力发展的基础上，而应该建立在老子哲学的"俭""慈"和"不敢天下先"的基础上。此外，藏明认为庄子的齐物论确立了自然的主体地位，强调了人类和其他万物一样都必须顺从自然、融于自然，可持续发展应该建立在人类社会以及人与自然的和谐统一基础上（藏明，2008）。潘小慧还认为道家的生态智慧在于，将人和人有关的事物列为等同于大自然其他事物，既无分别心，亦无特异处，故能将人与自然平等对待（潘小慧，2014）。

上述海内外学者多从中国先秦儒家思想中分析汲取天人合一的智能，并应用于可持续发展理念的不同层面。以先秦儒家的观点分析天人合一思想，进而探究人与自然及万物的关系的研究较为丰富，也取得较为丰硕的成果，对认识可持续发展的思想也起到积极作用。但从先秦道家的观点分析天人合一，并揭示人与自然关系的研究并不如儒家的观点普遍（黄信二，2016）。其中，史作柽提出的中国哲学精神应回到图形表达的思考模式，拓展了中国传统道家思想研究的思路。图形表达最重要的是其原始思维方式，即以图形表达自然，通过图形重返于自然精神（史作柽，2014）。为探寻真自然与人的关系，史作柽从文字形成前的图形角度去探求人与自然的关系，如此有利于领悟中国传统哲学思想中的"天人合一"观念。这种观念契合了当今人与自然和谐共生的绿色思想，启发了在既有建筑绿色改造过程中建构人文绿色理念。

1. 人与自然关系对东西方社会科技发展的影响

先秦时期的儒道哲学均以自然为主导观念。早期文明在面对自然及自然本身时，都未将自然当作纯客观与纯形式的理论进行研究与发展（祝琳，2006）。在整个中华文明的历史长河中，长期未将自然视为客观主体的科学对象，此为近现代中国科学技术发展呈现滞后的原因之一。

古希腊哲学关于万物起源的思想，奠定了西方世界关于人与自然之间二元对立的思想基础。西方世界在经历了漫长中世纪的宗教神权统治，以及15世纪的文艺复兴、16世纪的宗教改革、17世纪的科学革命和18世纪的启蒙运动后，最终在政治、经济、科技、军事等各个领域走向强盛。这与其思辨精神和严谨的思维模式密不可分，而这种精神是建立在万物起源之人与自然的主客体分离的基础上，人与自然的关系却演化成征服与被征服的关系（蒙培元，2009）。

2. 人与自然的关系对东西方传统建筑文化的影响

古希腊与先秦时期关于万物起源的思想异同，折射出东西方哲学世界观的不同，世界观的不同导致东西方文明中的价值观与方法论的迥异。人与自然二元对立的世界观，促使西方将人与自然视为客观独立的部分，而这种思想也就体现在西方的建筑文化艺术上。

西方教堂建筑的背后就体现出与东方完全不同的世界观。人于西方教堂建筑中，可仰望而叹其高大宏伟，故彰显人之渺小，敬畏神灵之心亦油然而生，如古罗马之万神庙及诸多哥特式教堂。又如大漠金字塔，可远观而赞其伟大，而人不能游于塔内。

而万物起源于"道"的思想促使"天人合一"的思想形成，最终演化成自然哲学，在其影响下，自然的生命观使朝代的更迭和器物的消亡被看作是自然现象。古代中国的万物，被视为兼备特殊性和普遍性的存在意义，当具备特殊性的个体消失时，其普遍性的意义仍能永恒，且意义可在未来被强化，甚至无限地传承下去。这种"天人合一"的思想于建筑而言，就体现在建筑尽可能以不变应万变。故传统中国木构建筑体系的适应性与生命力顽强，其标准化的形制不会轻易改变。甚至新建与改造后的建筑物，因朝代更替或毁于祝融，仍然具有建筑文化风格的延续与整体性的特点。其普遍性意涵继续得以传承。

由于将自然视为与人和谐共生的生命体，由此造就了传统中国独有的筑造体系，体现在成熟的建筑整体布局、框架木构体系和以"材"为标准化构件的单元式建造模式（图3-4）。甚至传统中国建筑还将社会伦理道德、人与自然的和谐观，也完整呈现在建筑的布局中（图3-5）。如中国的塔，虽源自印度，尽管同样高大雄伟，但又不同于印度。中国的塔，人可以拾阶而登，以远望四方，如山西的佛宫寺释迦塔（图3-4），与西方之教堂形成鲜明对比。此外，受自然哲学思想的影响，传统中国建筑从未追求"上可达天之云霄的高大雄伟，而是追求其宽阔包容"（唐君毅，1991），如承德普宁寺之四通八达，建筑虽然宏大，但人于其间可游走四方（图3-5）。

这种以人为中心的自然观，不但在精神上影响中国的绘画、音乐、雕塑，同样也影响着被视为"凝固音乐"的建筑。建筑是一种符号，还不只是一种形式性的表象，其符号背后必有打动传统匠师的精神力量。匠师的精神与情感的养成，正是来自传统哲学思想文化的熏陶。水墨山水艺术源自春秋战国，于五代至北宋成熟（图3-3），山、水、树为其三大要素（史作柽，2014），传统中国建筑作为自然环境的配角要素往往融于山水画的整体环境，亭台楼阁或藏或露于茂密之树颠，从未视为环境自然之主体（图3-6）。这种布局不仅在绘画中体现人与自然的关系，在实际的建造布局中也是如此。为显示平远以示壮丽之无限感，以及壮阔之景观，在中国传统的宫廷式建筑群和园林住宅的布局中，也是将建筑作为自然环境的配角。从唐代敦煌遗留下的绘画中即可发现，早在唐代建筑群的布局就呈现出以庭院为中心，建筑围绕庭院布置，群体建筑呈现绵延而舒展之态势。故宫的整体布局也呈现出这种绵延宽广的景观，而很少呈现高耸入云的建筑主体。无论宫廷式建筑还是民间村落住宅，都是呈现出这种格局。如文学作品中的红楼梦大观园，后人通过文字描述而重现的建筑布局，其展示出来的格局与当今闽南、岭南之传统住宅相似，即以院落为中心，通过左右"抄手护龙"的布置，以显示出平远无限的特点。最重要的是人游走其间，恍如游走于自然山水之间。人于其间以平和而幽雅的生活，正反映中国所特有的自然观。

哲学思想影响到建筑文化，使传统中国建筑必然与西方建筑不同，这是一种建筑生命可延续发展的文化。中国传统建筑体系由自然万物融为一体的生命价值观，产生了模数化、标准化的建造模式与方法体系，使其在历朝历代中不断延续发展，从而使既有建筑的精神意义在不断累积和延续，呈现出完全不同于西方的修复改造模式。日本神社的筑造原型源于中国唐朝，从其每20年拆除再重建一次的交替制度中，即可看出中国传统生命观的原型。

塔身设置可供游人游览的廊道

巍峨耸立的释迦塔

塔身基座

图 3-4　山西应县木构建筑：释迦塔
（作者自摄）

承德普宁寺　　　　　　福建永定下洋镇圆形土楼　　　　承德须弥福寿之庙

图 3-5　中国传统建筑的整体性格局
（图片来源：《中国历代艺术》）

图 3-6　宋代萧照：山居图
（图片来源：《中国历代艺术》）

3. 人与自然的关系对绿色建筑的影响

1）反映人与自然共生关系的筑造

传统中国建筑，其主要建造材料为天然的木材和黏土，其本身就是可循环再生的材料。这种材料在建造使用过程和建筑生命结束后，从未给自然界无法降解的污染源。而建筑物的选址更是讲究因地制宜、依山就势。风水堪舆就是以人的健康、社会的伦理和与环境共生的理念为基础，去安顿人的生与死的场所的方法。故古代中国的城市与建筑是建立在人与自然和谐共生的法则之上。

而就西方而言，自近代文艺复兴以来，工业革命、机械化和电气化生产给人类生存环境带来的破坏后，通过自我的反省与批判性哲学思考，方悟出人与自然环境应共生的可持续发展观念（汤萱，2009）。绿色建筑的内涵在于人、建筑与自然环境的和谐共生，而这恰恰就是中国传统建筑设计的基础和先天性优势。我们在缺少工业革命和反省批判精神的基础上，在学习西方的理论的同时，不可忽视了自身文化的优势与传统。

在近代中国，旧的社会程序已经瓦解，而新的社会伦理制度尚未建构。在师以长技以制夷、东学为体、西学为用的总体思路下，西方新的建造模式与新的建造材料颠覆了五千年的中国传统建筑方式。钢筋混凝土等结构方式被广泛使用，其建造过程及其结果造成自然无法降解的污染材料，给生态环境带来无法弥补的伤害。当前，在自然资源短缺、能源危机以及环境恶化的背景下，2006年出台的绿色建筑评价标准，并未将中国传统的建造理念、人的情感、社会文化和伦理价值等以具体的评价标准给予呈现，忽视了绿色可持续发展之根本。

2）超越人与自然二元对立的关系

美国学者伊恩·伦诺克斯·迈克哈格（2017）提出要重新审视西方的人与自然二元对立的关系，他指出：西方现代规划设计的显著特点是人们对自然的蔑视，以及对地形、覆土、气流、水流、森林与绿野的轻视。迈克哈格还高度评价和推崇东方传统自然观、环境观，以及其面向自然的规划设计意象和造诣。他主张在现有条件（既成事实）下，有节制的改造自然，寻求创造适宜于人类生存与发展的各种有效途径与设计方法。来自西方的学者之所以对人与自然对立的观点持批判的态度，就在于西方传统哲学观是反自然的。受其影响下的现代主义建筑理论，曾使人们的生活远离自然。无论是"天人合一"，还是"天人相分"，人与自然的关系既不是二元对立的，也不可能是合而为一的，两者关系应该是让自然与人的和谐共生，迈克哈格（2017）还认为：西方的傲慢与优越感是以牺牲自然为代价的，东方人与自然的和谐则以牺牲人的个性而取得。通过把人看作是自然中的具有独特个性而非一般的物种，就一定能达到尊重人和自然。

据统计，人类从自然界中所获得50%以上的物质原料，以此用来建造满足人们生产、生活的各种类型的建筑及其附属设施，这些建筑又消耗了人类从自然界所获得能源的40%（江亿，2011）。日本学者研究的成果显示，与建筑业有关的环境污染占环境总体污染的40%，包括空气污染、光污染、电磁污染等。作为当今现代支柱产业的建筑业是污染环境的大户，对自然生态平衡起着较大的破坏作用。然而，这不是建筑技术本身的问题，而在于背后支撑现代建筑科学和技术的思想理念，即人与自然"二元对立"的思想。不改变这种世界观，建筑业的筑造方法论就很难走上绿色的道路。

4. 人与自然和谐共生的人文绿色理念对绿色建筑的启示

当《易经》被翻译成拉丁文传到欧洲之后，莱布尼兹（Gottfried Wilhelm Leibniz，1646 — 1716）受阴阳、爻卦启发后，在 1703 年写了一篇二进制算术的阐述论文，并发表在法国皇家科学院的院刊后。这成为现代计算器诞生的原理（哲学大辞典编辑委员会，2007）。不少人认为这是传统中国哲学智慧运用在当代科技的证明，那可否运用在绿色建筑领域呢？

通过上述古希腊与先秦时期关于万物起源思想异同的论述，以及对东西方社会、科技、文化和建筑的影响，可得到以下启示：

1）先秦道家哲学思想的核心是自然世界中的人与自然的和谐关系，其教育、宗教、伦理最后均演变成处世伦理学与政治学。绿色可持续发展思想观念是西方在人定胜天的理念下，在疯狂掠夺自然资源，使自然生态环境恶化后的思辨结果。当我们从千年以前的中国古代先秦儒道哲学中去汲取智慧时，不可忽视西方哲学思辨精神的养成。中国古代先秦儒道哲学的天人合一思想作为一种社会伦理，为维系一个和平稳定发展的社会提供了思想保证，其人文思想是绿色建筑对于社会可持续发展内涵的补充。

2）人文绿色理念的哲学基础在于天、人、地三才的和谐与共生。当前绿色建筑被视为节地、节能、节水、节材及环保地筑造，主要是从建筑的环境及经济等物质面向去考虑。而建筑空间的使用者——人的心灵感受，以及人与社会间的关系却遭到忽视或重视不足。绿色建筑作为可持续发展理论在人类赖以生存的环境空间的实践，其核心宗旨不仅仅包括人与自然的环境与经济面向，还应彰显人、社会与自然环境的和谐共生。

综上所述，绿色建筑作为可持续发展理论于城市建设中的实践，包括了环境、经济和社会等层面的意义。它应当具有以下内涵：一是尊重环境、延续地方文化；二是满足用户功能性需求；三是关心使用者舒适与安全、健康；四是节约能源、资源与保护环境。而如何在筑造过程中尊重环境、延续地方文化，以及关怀使用者的身心健康，近现代哲学中的现象学、人文地理学与空间文化哲学则分别从人及社会间的关系，以及人的心灵与情感方面提供了哲学思想和理论方法，为在文化精神层面深入探究人、社会与自然的关系，提供了建构人文绿色理念的契机。

3.2 近现代哲学中的现象学

公元 15 世纪中叶到 19 世纪中叶为近代哲学时期。这 400 年之内出现了四大社会思潮，分别是文艺复兴、宗教改革、科学革命以及启蒙运动。而启蒙运动直接引发了 1789 年的法国大革命，开创了欧洲全新的局面。在 17 世纪，随着科学革命引发的思想解放，哲学也取得突破性发展，其结果是分为泾渭分明的两大阵营，一边是欧洲大陆，是以法国笛卡儿（René Descartes，1596—1650）为代表的理性论；另一边是英伦三岛，是以英国的培根（Francis Bacon，1561—1626）为代表，后经洛克（John Locke，1632—1704）发展而成的经验论。理性论和经验论的争执焦点在于：知识来源是先天的还是在后天的。这两大派别从古希腊的柏拉图、亚里士多德时代就开始争辩，其争辩的焦点在于：知识的来源及其可靠性。直至近代，受笛卡儿影响，康德（Immanuel Kant，1724—1804）建构了完整的唯心论系统，之后的黑格尔（Georg Wilhelm Friedrich Hegel，1770—1831）建构了绝对唯心论，在遭费尔巴哈（Ludwig Andreas von Feuerbach，1804—1872）批判后而发展成唯物论，加上马克思（Karl Marx，1818—1883）在此基础上进一步发展而提出的辩证唯物主义，使得西方近代哲学呈现出以自然科学取代中世纪宗教、以人的经验与理性取代神学的景象。由此，人类开始进一步深层次地探索宇宙与人生。

西方现代哲学是指从公元 19 世纪至今。其间，现代哲学从重视形而上学的知识论，转到重视人与人之间关系的伦理学。在形而上学的思辨中，从思考存在本身、上帝的存在、人性的本质，开始转到关注人自身的状况。在知识论上，由讨论我们能够认识什么？我们的观念是先天还是后天的？我们所认识的是否能够经得起验证？开始转到探究人的具体的生命。

此前，人们通过宗教以求心灵的慰藉和依靠，但 20 世纪的尼采却说上帝死了。宗教与现代人的隔阂，使现代人无法靠宗教来解决人的存在的问题。人们也曾经寄希望于科学文明的发展，然而科技进步却引发环境污染，使科学文明与人类的隔阂更深。故哲学家们在此前思辨人与自然的关系基础上，进一步探寻人与人，以及人与社会的关系，使之成为现代哲学家们探寻未来人类出路的重要领域。

傅佩荣（2011）认为近现代哲学内容通常可分为四个领域：一是方法论，以现象学与诠释学为理论基础的研究方法；二是关心社会，以空间文化批判与正义理论为基础的社会分析；三是寻找根源，以结构主义与原始部落或是少数民族的存有学理论为基础，探究地方民族的生活方式；四是强调人与他者的关系，以生命哲学与存在主义理论为基础，探究人与人及人与物之间的关系。为探究既有建筑绿色改造的人文途径，本书尝试运用现代哲学中的现象学，结合文化地理学、聚落学和空间文化理论，从人的心灵情感角度，去探究由既有建筑所构成场所中的人与人及人与物的关系，以及对场所空间改造的影响。主要参考了《现象学导论》《建筑现象学导论》《现象学的方法》《存在·空间·建筑》《场所精神：迈向建筑现象学》等理论著作。书中对建筑现象学与场所精神理论进行剖析，探讨以建筑现象学的方法，进入到城市既有建筑空间领域的研究。相关理论的代表人物及其专著的主要内容详见附表 C-3。本书还借鉴《文化模式》《住屋形式与文化》《居住的概念》等理论著作，探究既有建筑于城市中的文化意涵及其文化价值意义等。

3.2.1　现象学

1. 从现象学到建筑现象学

现象学这个名词，早在 18 世纪已经出现。随后在深入探究主客体关系的认识论背景下，才获得哲学家的重视。19 世纪的胡塞尔，分别于 1907 年发表《现象学观念》、1913 年发表《纯粹现象和现象学哲学的观念》，使胡塞尔成为现象学哲学的宗师（季铁男，1992）。现象学的核心思想是"还原"与体验，其目的在于将形而上的心灵世界，还原到人们可直接体验的日常生活世界（蒋涛与陈军，2008）。

作为方法论，现象学被运用在多个领域，发展出许多相关理论，如知觉现象学、存在现象学、建筑现象学等。存在现象学和知觉现象学为建筑现象学的两大源头，促使了场所理论和空间知觉理论的形成（史靖塬，2014）。主要内容见附表 C-4。

哲学家、社会学家、地理学家、心理学家以及其他一些相关学科的学者，均从不同的角度，自觉和不自觉地在应用现象学方法。在结合跨领域学科知识的基础上，他们对人、社会及环境之间的相互关系做出深入研究并取得丰硕成果。现象学探究的是人的存在及其意义，围绕"在世存有"（being-in-the world）、直观体验、真实世界、重返于物、时间性等与我们日常生活行为和环境密切的核心理念进行探讨（刘全，2007；罗伯特·索科拉夫斯基，2009）。尤其是对于最简单平凡的概念，胡塞尔、海德格尔等哲学家们均从词源进行深入的探究与反思，其目的在于从传播人类文明的文字符号的源头，获取真实可靠的知识。索科拉夫斯基（Robert Sokolowski，2009）认为：现象学使我们得以重新认识到那个曾经被遗忘的内心世界。此前，人的心灵一直被认为仅仅是心理学的范畴，而现在，它则被现象学视为是事物存在的一部分。图像、词语、象征、知觉、事态、心灵和社会习俗都被视为真实地存在，并且以它们特有的方式显现。

海德格尔在批判胡塞尔观点的基础上进一步发展了现象学。他并不认同胡塞尔的"存而不论"，他认为现象学必须注意到历史性以及人类生存的事实，必须注意到时间性及在时间内的具体生活（蒋涛与陈军，2008）。海德格尔在著作《存在与时间》（Being and Time）及论文《建·居·思》（Building Dwelling Thinking）中把存在本身的研究奠定在现象学的基础上，使现象以其原初和本真的面貌呈现在人们面前（沈克宁，1998）。海德格尔关于人的存在的研究，为探究人类和环境关系提供了全新的研究方法。挪威建筑史学家诺伯舒兹（Christian Norberg-Schulz，1926—2000）则把现象学导向建筑。他将存在于世以场所精神的方式呈现于建筑模式之中（诺伯舒兹，2017）。从人的存在于世的模式研究到建筑的场所精神的挖掘与认识，其过程如图 3-7 所示。

因此，海德格尔、诺伯舒兹是在胡塞尔现象学基础上，进一步发展成建筑现象学。他们将现象学思想引入城市、建筑、居住和环境空间领域。首先，与充满隐喻、暗示或象征的后现代

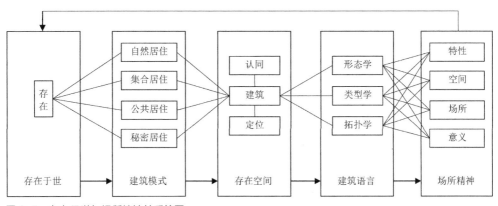

图 3-7　存在于世与场所精神关系简图
（资料来源：《建筑形式论：迈向图像思维》。作者改绘）

主义或符号学等理论不同，建筑现象学认为建筑应是一种不被意义所干扰的对象，主张以还原为基础，直接体验空间环境氛围以获得知识。其次，建筑现象学也不同于人文学科的具体研究内容，但和人的心理意识有关，也都具有共同的研究对象——人与环境，建筑现象学强调的是人类获取具有内在反省意识特点的经验知识。最后，与文化人类学家关注的是具体的人群在环境中的行为方式不同，建筑现象学是从社会和文化的角度来揭示影响人们心理行为的环境因素和意义。沈克宁也认为建筑现象学并不赞同赋予建筑太多的历史价值和内涵意义，他强调只有人们对原真建筑环境的场所理解、身心投入和真实经历，才能达到认识和改造环境的目的（沈克宁，1998；史靖源，2014）。总之，社会学家致力于研究人的个性与社会属性的形成和发展，及其与特定空间环境形式的关系；心理学家研究的是人们的意识是如何认识理解空间环境的，以及认识的基本模式和分析评价环境质量的基本要素。

刘先觉（2008）还指出，建筑现象学具有广义和狭义两层含义。其中广义的建筑现象学是指人们自觉或不自觉地运用现象学的方法，对人与环境关系进行研究，其中心议题涉及人、环境、场所、建筑等内容。这种广义的建筑现象学被他称为场所现象学、环境现象学或人居现象学；而狭义的建筑现象学则特指由诺伯舒兹所创立的一种建筑理论。

由此，建筑现象学丰富了城市、建筑、聚落和小区等实体空间的研究方法。它使建筑学从建筑物自身构图比例的美学研究，拓展到从人、社会以及环境出发，去探究实体空间领域中人的舒适感、方位感以及地方认同感，也使建筑学的研究内容几乎涉及环境的各个层次，包括自然环境和社会文化环境。

综上，胡塞尔的现象学弥补了科学理性主义的不足，为反思及获取知识的可靠性奠定了哲学基础。海德格尔的存在现象学则构建了建筑现象学的理论基础，诺伯舒兹则为现象学应用于建筑领域中做出较突出的贡献，他们不仅使现象学成为反思建筑学的重要方法，而且还促使文化地理学与聚落学等理论的形成。

2. 现象学概念

现象学（Phenomenology）一词是由希腊词语 phainomenon（现象）和 logis（罗各斯）构成的复合词，意指对各种现象及其显现方式给予说明。罗伯特·索科拉夫斯基（2009）认为现象（phenomena）这个词表示的是图像、回忆和想象，包括简单对象所对应的图像，预期的事件所对应的回忆和知觉所对应的想象等。

面对事物本身是由胡塞尔于19世纪提出的现象学的核心理念（埃德蒙德·胡塞尔，2005）。现象学认为首先应避免先于实践经验而形成错误的观念，其次，现象学要求回到活生生的人类主体生命中。因此，不论认知是来自宗教、文化、传统还是科学，任何知识都不能在了解现象自身之前就被提出（蒋涛 等，2008）。现象学作为一种从事哲学的严格方式，被视为一种实践而非一套体系。它被理解为一种严格的、反传统方式的哲学思维，强调通过描述现象的本身，向意识、经验者展示自己。黄承令也认为现象学并非一种学说，而是一种人与真实生活、真实环境和世界共存、共处的思维和态度（黄承令，2018）。

因此，现象学的概念使我们认识到意识是关于某事物的意识，而非故步自封的知识。与笛卡儿、洛克认为知识所具有的狭隘性相比，现象学通过关于意识的意向性学说，昭示了心灵的公开性和事物显象所具有的实在性，从而克服了笛卡儿和洛克关于知识来源可靠性的偏见（罗伯特·索科拉夫斯基，2009）。

3. 现象学的方法

胡塞尔以反对理性科学作为起始点，将现象学视为一种描述的心理学（季铁男，1992）。关于现象学的方法，胡塞尔提供的研究步骤是把现象学视为在纯然直观范围内的科学（eien Wissenschaft im Rahmen bloβerunmittelbarer Intution）和一种纯属描述性（deskriptive）的科学。梅洛庞蒂（Maurice Merleau-Ponty，1908—1961）也认为现象学是一种描述而非解释或分析（莫里斯·梅洛-庞蒂，2019）。季铁男（1992）认为：现象学要求观察某些纯粹意识直至完全清晰的地步，在这个清楚的领域内进行分析，同时掌握其本质及其本质连接，并用忠实的概念表达方式来向其所观者呈现，再由观察者将它们的意义描述出来。由此可见，胡塞尔是从生活的世界发展出一个描述直接存在的现实世界，诺伯舒兹甚至认为"当我们在预知的存在中去体验它时，则被视为是它允许我们体验它"（Norberg-Schulz，2013）。他还认为：现象学是一种方法而不是一种典型的哲学形态……现象学与其说是一种理论，不如说是一种有目的的方法，一条通向生活世界的结构与意义的道路。因此，现象学不是期待替代自然科学，而是替代那些科学原理的关系和整体（克里斯蒂安·诺伯格·舒尔茨，1990）。

早在1930年代，沙特（Jean-Paul Sartre，1905—1980）就把现象学视为一种方法。他认为现象学超越了狭隘经验论和心理学对人文经验的假定，因此现象学的视野应被视为无所不包的对生命现象的捕捉。沙特的现象学让人能够细腻地描绘自身感觉、情感与想象，而不是心理学所看到的一系列静态的客观研究。包括布什亚（Jean Baudrillard，1929—2007）、梅洛庞帝等知名哲学家都有涉及现象学，但诠释内涵却不同。他们基本上都认同基于理性主义基础上的、比较严谨和逻辑缜密的自然科学研究方法，但认为这种研究方法无法运用在人文、历史、文化之上，更无法解释人的感觉、情感、欢愉、归属、自在和认同等精神上的感受和经验（黄承令，2018）。现象学回归到人类生命主体，关注的是生命实践所经验到的认知，而不是常识或传统所固化的知识，它着重于重现人类与现实生活、真实世界、人文经验之间的关系。

3.2.2 海德格尔的存在现象学

海德格尔最早提出存在是空间性的，他侧重于人与物的关系去分析空间。海德格尔认为人与物是互为依存的关系。原因在于：物本身的显现需要人的关注，而物自身必须具备显现的功能，这样才能够使人关注。人作为物中一元，除了以居住的状态而存在外，作为个体也与自然环境联系紧密。因此，空间则成为人与物相互关系的显现。海德格尔在《存在与时间》中提出"存在于世"和"诗意地栖居"，从语言和诗学的角度揭示人与空间的依存关系，并指出人以居住的状态存在于世。

与海德格尔不同，布什亚则着重于从物的联结关系中着手分析空间。他认为物的相互关系显现于空间。缺少关系，物只是一个抽象独立的存在。物与物之间的距离及其联系超越了其自身与功能叠加的意义（马丁·海德格尔，2014），正是空间的连接才使物得以真正的存在。而梅洛庞蒂则专注在透过人的身体感官而获取空间感知的研究上（Merleau-Ponty，1990）。不过，他也认为应该把空间视为连接物的结构，也是我们存在于世的证明之一。同样，将身体感知作为研究对象的还有布鲁姆（Kent C. Bloomer，1935—）。他认为空间的存在有两种解读（布鲁姆 等，2008）：一是以人体感知发展出来的感觉空间；二是以数学及绘图描绘出来的客体空间。两者之间的区别在于：客体空间不需要中心地点的存在，而人体的感觉空间不仅有别于存在于外的客体空间，而且还在于其内在的精神世界，也就是人体记忆，记忆会将身体边界以外的经历呈现出来。因此，海德格尔的存在于世及人与物的依存关系最终将现象学发展成存在主义现象学。而梅洛庞帝、布西亚和布鲁摩以人体感知而获取空间感的研究，使现象学发展成知觉现象学，两者最终均拓展了建筑学的研究领域和方法。

1. 存在本身与物及对象

为思考存在本身的问题，海德格尔从笛卡儿的理性论追溯，回到以古希腊亚里士多德和柏拉图为代表的属于形而上的存在主义，回到古希腊哲学关于万物起源的根本性问题，由人的角度去思考存在本身（奎纳尔·希尔贝克 等，2016）。

海德格尔（2014）将存在者称为"此在"（Dasein）。其存有的方式称为存在（Existence），蕴含走出自身的特性。Dasein的存在方式称为"在世存有"（Being-in-the-world）。然而，物的存在真相并非如此，其不确定乃因变动而造成。而变动的起点又是因为人与自然两者是活物。那么应该如何理解存在本身呢？并如何在此基础上去诠释筑造、栖居呢？

海德格尔通过掌握古希腊文字的字根，从根源上说明它本来的意思，以及后来产生的偏差，从而回到语言的本源并纠正这些偏差。关于存在本身的概念，他就引用了希腊文的physis的概念。physis本意是指自然界，是物理学physics的词根，原指生生不已。海德格尔用生生不息的这种力量来说明存在本身。他认为存在本身不是静态的，而是使万物可以继续存在、发展的动力根源。当海德格尔在诠释客观对象的存在本身时，他的方法是透过区别物（thing）与对象（object）来诠释物存在的本质与意义。他认为物不同于对象，人们通常会沉迷在科学实验中的对象中而遗忘物的本质。只有当我们思考物的本质时，我们才能理解物自身的意义，也就是物是动态的。它涵盖的内涵非常广泛，不仅是对象本身，还包括凝聚在对象形成过程中的各种行为、观念和心灵感悟。而对象是静态的、孤立的，所能引发的关联有限。

因此，存在本身既是人也是神。两者的共通性是活物与变化之物，故存在本身是确定的又是不确定的（黄信二，2018）。每个生命都是面向死亡的存有（Bing-toward-death），向死存在，此在才可能整体存在（马丁·海德格尔，2014）。海德格尔指出存有的特性在于空间性和时间性，正因为时间和空间的超越性与普遍性，才使存有具有不确定的属性。

2. 存在本身与空间

海德格尔以壶为例来诠释壶的存在本身及其本质。壶是对象，当我们将壶视为透过空而完成盛装其他物体的器皿时，作为对象的壶也就被挖掘出其固有的物的本质。正是壶的空的本身决定了制作容器的过程。创作者不是塑造陶土的形状，而是在塑造空的形式。壶的本质不在壶的组成材料，而是在于空。海德格尔还进一步通过壶所盛装的内容来诠释壶的本质。当壶装的是酒时，我们会由酒的概念意识到酒本身是天（sky）、地（earth）、神（divinities）、人（mortals）

（无法永生）合而为一的蕴含，也就是酒本身的四体合一属性。

以此类推，从物与对象的角度来看，建筑可以是物，也可以是对象。当我们将建筑物视为透过空而成为盛装人的活动时，作为对象的建筑物也就被挖掘出其固有的物的本质，是建筑物的空决定了建造的全部。匠人并非在塑造建材的形状，而是透过塑造空的形状完成筑造的过程。而空的形状来自人的具体活动的性质、内容、步骤、流程等要求，再透过匠人的具体手作得以实现。例如，我们要懂得如何制作食物才能安排好厨房与餐厅的空间设置，才能布置好具体的炉灶、切、洗、储存及用餐的空间，甚至组织好通风、采光、厨余垃圾、清洁食品的进出流线。而不是将厨房餐厅筑造完毕后，再将厨具与人塞进去，那将导致不适合人的活动，从而使居住空间不适合人的栖居。因此，作为建筑师要基于人的使用需求，去研究适合的空间尺度、人的动线，以及环境的友好等，而不再仅仅是依赖任务书、法规和过往的经验，在有限的时间内完成设计合同的筑造任务本身。

无独有偶，老子的《道德经》记载："埏埴以为器，当其无，有器之用。凿户牖以为室，当其无，有室之用。故有之以为利，无之以为用。"也就是说：人通过糅合黏土制作陶器，正是因为它的中心是空的，才成就了容器的用途。开凿门窗建造房屋，也正是因为它的中间是空的，才成就了房屋的用途。总而言之，有可得利，无可为用。老子说明这样一个道理：任何一个物体，它有形的地方只是为了实现某一目的而设置的方便而已，而真正起作用的正是它虚无的地方（孙以楷 等，2018）。无和有，并无矛盾，他们相互依存而统一，不可分离。可见，海德格尔关于空间本质的论述与老子的观念有异曲同工之妙。

3. 筑造与栖居

匠人的具体手作被视为筑造。而人的空间活动需求可视为栖居，栖居与筑造相互依存，它们处于目的与手段的关系之中。海德格尔认为，如此将掩盖了筑造的本质。筑造不仅是栖居的手段，筑造本身已经是栖居了。原因在于人的筑造活动本身就属于人的日常生活的实作领域（季铁男，1992）。匠人唯有懂得如何栖居，才能进行筑造活动。

海德格尔还以语言为本体诠释筑造和栖居的本质。古高地德语中筑造即 buan，也就是持留、逗留的含义，意味着栖居，因此，筑造本身即意味着栖居。而古萨克森语中的 wunian 也表示持留、逗留，意味着：满足、被带向和平，在和平（Friede）中持留（黄信二，2018）。和平意指自由（Frye），意指防止损害和危险，也就是保护。因此，栖居即被带向和平，意味着处于自由之中（贺玮玲 等，2008），其基本特征就是保护。当今筑造的真正含义已经失落，栖居的语言概念是源于空间欠缺了它的使用者的主体——人。当设计师遗忘了建筑空间使用者的主体后，他也就忽视了人的空间需求和心理需求，因此，忽视了筑造的本意以及栖居的保护内涵也就不足为奇。

因此，人的存有对世界的理解是一种形诸作品的过程，此为存有论的重要基础（曾旭正，2010）。而作为作品呈现形式之一，即为建筑创作或场所建构，一般人对于建筑的想象是实体性的。而海德格尔将其视为一种活动，而且是存有性的活动，此为海德格尔突破传统建筑学理念的重要的观点。

3.2.3　诺伯舒兹的建筑现象学

现代主义理论满足了建筑物批量生产的战后需求，但却导致人的地方感缺失和沦丧。诺伯舒兹认为：其原因在于现代主义建筑理论在空间的概念上过于理想化，忽视了建筑的地域性与气候性而使现代建筑单调乏味。

基于批判反思现代主义理论的基础上，诺伯舒兹把现象学带入建筑领域。他在《建筑中的意图》（Intentions in Architecture）、《西方建筑的意义》（Meaning in Wester）都是以建筑赋予人存在的立足点为讨论的前提。《场所精神》则以场所与场所精神、聚落与图形来探究人于场所中的方位感与认同感、地方归属感（Norberg-Schulz，1979）。诺伯舒兹研究场所的方法是将场所分为自然场所与人为场所。两者就像是"底"与"图"的关系，通过分析日常生活世界的具体事实是如何于"底"与"图"中产生气氛的，再以此寻找人们对场所的方向感和归属感。Kevin Lynch（1919—1984）也认为环境的意象可以从通道（Paths）、边缘（Edges）、地域（Districts）、节点（Nodes）和地上标识（Land Mark）去分析寻找方向感（Lynch，1959）。

1. 场所与场所精神

1）不知身在何处的现代建筑

诺伯舒兹沿用海德格尔"物集结世界"（A thing gathers world）的概念，他认为场所是由物的集结而构成的整体，场所的意义在于联结物的方式。这也是源于胡塞尔现象学的理念，即场所是人立足于空间的场域。诺伯舒兹把空间视为比较稳定的知觉形象（Image）（Norberg-Schulz，1971），以空间和特性作为场所分析的方法（Norberg-Schulz，1979）。空间是指由三维尺度构成一个场所；特性指的是场所特定的气氛，场所的空间与特性是场所精神的形成基础。

场所精神理论是诺伯舒兹于1980年提出的。场所精神（genius loci）源自为罗马人的古老信仰，即每一种独立的个体都有自己的守护神灵，神灵赋予人和场所生命，也决定了他的特性和本质。场所精神通过建筑空间的区位、形态和特性而表达成人的方向感（orientation）和认同感（identification）（Norberg-Schulz，1979）。但符号学家苏珊（Susanne Langer，1895—1985）却认为场所是由文化定义的，是文化奠定了场所氛围的基础。故场所精神聚焦于空间形式所代表的文化意义，以及人对地方的方位感、认同感和归属感。正是因为大量现代建筑忽视了人的情感及其所在场所的文化意涵，才导致现代建筑不知身在何处。

2）自然场所与结构

在诺伯舒兹看来，场所是自然和人为元素所形成的一个综合体（克里斯蒂安·诺伯格·舒尔茨，2013）。场所结构（The structure of place）不是一种固定状态，一般而言场所一直处于变迁状态，但这并不意味场所精神一定会改变或丧失。诚如瑞尔夫（Edward Relph，1944-）所言：我们的场所经验，特别是有关家的经验是辩证的，在要留下却又希望逃脱之间达到平衡（季铁男，1992）。

诺伯舒兹是通过物（Thing）、秩序（Order）、性格（Character）、光线（Lighting）、时间（Time）来理解自然现象的。他认为：人在场所中体验现象而后产生个人的理解与诠释，进而通过语言与文字演化成各种地方的故事和传说，最后形成地方文化。当诺伯舒兹以空间和特

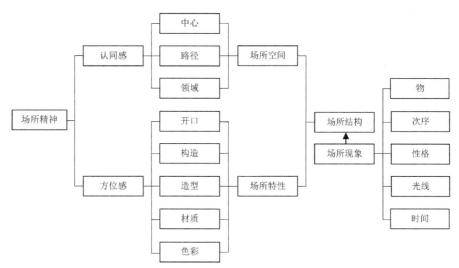

图 3-8　场所精神之研究简图
（资料来源：《场所精神》。作者绘制）

性去探讨自然场所结构（Norberg-Schulz，1979）时，空间被分为空间结构与空间尺度。空间结构又以节点、路径、区域呈现；空间尺度则以微小、中等、巨大来区分。因此，通过空间结构的分析可获得场所的认同感。场所特性是受自然环境的地标元素影响的，主要包括场所的开口、构造、造型、材质和色彩。通过场所特性的分析可获得场所的方位感，这也是人们获得具体感受的主要影响因素。其关系如图 3-8 所示。在人们对自然场所现象的表征与结构进行空间与特性分析后（Norberg-Schulz，1971），就可以获得自然场所的整体感知，从而建立起人从感性与理性上对场所的认识。

3）人为场所与结构

诺伯舒兹认为人们于自然环境中选择适合的场所聚居，过程中将自然环境的认识、理解反映在人为场所之中。对大自然力量的表现以及对当下世界的理解，成为人为场所反映自然的模式。因此，人为场所中的各种元素展现的是人对自然环境的印象与理解。

人为场所特性会随着时间、气候和光线的因素而改变，其特性由场所的材料和造型所决定。诺伯舒兹（Norberg-Schulz，1979）还提出存在于空间要素中的中心与场所、方向与路径、区域与领域等场所定位的基本图式。凯文·林奇（1981）也将地标、通道、边界、区域、节点列为辨识城市空间意向的要素，并且认为环境的清晰结构和自明性是发展强烈象征的重要步骤，以此成为具有意义的地方，增加人们在该场所的活动聚集能力，也可增加往事的回忆。由此可见，诺伯舒兹和凯文·林奇在给予场所的意义和特征方面存在着比较接近的论述。

人为场所与自然场所的关系主要有三种。首先人将自己对自然的了解加以形象化，以此表达其所获得的立足点；其次，人会对既有的场景加以补充，补足其所欠缺；最后，人会将对自然的理解抽象化，将经验意义转换成实体空间。这三种关系意味着人将经验意义创造出适合其自身的一个宇宙意象（imago mundi）。人为场所对自然场所的关系还可以在建筑物与文化地景上得到体现（Norberg-Schulz，1979）。

2. 聚落及其结构图形

1）聚落的概念

郭肇立把聚落定义为一种没有尺度大小差异的人类生活共同体，它可以是城市，也可以是乡镇，或更简单的邻里小区（郭肇立，1998）。因此，作为人类日常生活共同体的聚落是须结合环境进行描述。聚落不仅要反映社会的状况，而且要在环境的设计中表现人们对生活环境的理解，使人造空间形式更为贴近人们的生活。诺伯舒兹认为聚落隐含着人与环境之间有意义的关系，他在《场所精神》则更进一步将聚落与地景解释为一种图案与背景的关系。地理学家也将聚落与地景的关系连接起来。如考古人类学家张光直引述英国地理学家 Peter Haggett 对聚落的解释时说：聚落是人类占据地表的一种具体的表现，因此它们是地形的重要组成部分（张光直，1986）。

2）聚落的空间形态研究

关于聚落形态的研究，郭肇立（1998）在《传统聚落研究方法》分析了传统建筑学、人文历史与社会结构、都市计划或都市体系、聚落历史、人文地理学、社会人类学等五个方向对聚落研究的影响。他总结出聚落空间研究方法必须是整体性的，提出聚落研究的五点方法：一是以空间为主题；二是聚焦空间的转化，兼顾共时性与贯时性分析；三是重视聚落的空间组织与社会结构、实质空间的秩序性和社会空间的规律性，同时兼顾秩序的中心与边缘，他认为聚落边缘往往是秩序松散、空间规律异化或转化的开端；四是通过引入建筑形态学与社会空间关系学的方法，以解决建筑理论与社会实践之间的断层问题；五是结合基地环境修正发展出适合的操作方法。

3）聚落空间的影响因素

阿摩斯·拉普卜特（Amos Rapoport，2016）将构成聚落的住屋分类为原始建筑、乡土建筑和现代建筑。为便于分析住屋形式演进的过程及其原因，拉普卜特从物理与社会的角度进行分析。物理层面上是分析场所的气候、庇护、材料、技术和基地；社会层面上是分析地方的经济、防御和宗教。他的结论是：拥有不同文化背景的人，在不同环境下生活，对住屋的需求会因为复杂的原因而产生不同的结果，故无法用单一因子归纳聚落的成因。其聚落的成因是不同因子的共同作用的结果。原广司（1998）也认为：聚落要在地理学上达到安定平衡状态，前提是影响聚落的生产和居住性原因的稳定。拉普卜特还认为：对于因子的重要性而言，有先后之分，且以文化为先。文化地理学家卡尔（Carl Sauer）也有相似的观点，他对于以环境决定论为基础，把文化的发展看作是人类适应气候的观念，做出深刻批判。

拉普卜特（2016）认为：建造住屋是个文化现象。实质的物理因素和社会文化因素同时影响着住屋的形式，而社会文化的影响因素最大。通过深入了解并掌握文化特质，文化因素对住屋的影响便清晰可辨。实质环境对住屋形式的影响都受到文化条件的制约，而住屋和聚落的形式也反映了文化的象征。最后，在影响聚落居住的因子上，他认为社会文化对于住屋形式的影响力是主要的，气候条件为次，最后才是材料和技术。因此，影响既有建筑绿色改造的诸多因素也是如此，社会文化和物理技术均同时对既有建筑产生影响，因此绿色改造过程中就不能偏颇物理技术和地方气候因素，而忽视社会文化因素。

拉普卜特（2016）还列举了一系列不同尺度的聚落空间所具有的象征性及其蕴含的意义。如宇宙观就反映在不同尺度的聚落空间中、乡土建筑被移民在新土地上兴建、社会宗教与伦理禁忌决定了聚落空间的分割、仪式感强调并确保着聚落的向心力、社会层级划分暗示了室内布置等。此外，他还检视了其他社会文化对住屋的影响与表现，如家庭结构、亲属关系、社会阶层等。

4）聚落的图形

诺伯舒兹在《居住的概念》中提出，人要停止漂泊的脚步，就需要一个能从远方就清晰辨识地方形态的歇脚点，进而聚集繁衍演化成聚落。人们在此安居，并与环境建立一种友好关系（克里斯蒂安·诺伯格·舒尔茨，2012），这意味着人们要尊重和关心环境。人的聚集意味着生活发生在经过适当组织的空间之中。为让人们清晰辨识这个聚集点，诺伯舒兹认为具有三种特征的自然中心地才能成为人们的聚居地点。一是山峰和山脊；二是盆地；三是水面。建筑物既可依山而建，也可于盆地中心或湖泊港湾而建，人们通过建筑，以加强安居之地于自然中心的特征，被诺伯舒兹称为视觉呈现（visualization）。但在沙漠或平原等非自然中心的环境下，建筑物便成为中心的视觉补充（complementation），从而通过筑造聚落而在自然中建立起人与天地之间的关系（Norberg-Schulz，1985）。作为自然环境中的人为目标，聚落以建筑物的密集排列和明确边界使之与周围环境共同形成图形质量（figural quality）。

（1）空间印象

当人们接近一个聚落时，聚落的总体印象通过其轮廓显现出来。地方总是通过人造形式和经过组织的空间来表现的，地方的特征取决于主要建筑形式中突出的竖向元素。例如塔楼和圆顶，这些主要的图形代表了聚落与边缘环境的关系，形成一个人造的中心。地方、文化和历史的价值被聚集在重要的建筑形式之中，而且总是被聚集在教堂的塔楼、市政厅、城墙等建筑形式中。

（2）空间组织

聚落的形象特征取决于限定范围、构成天际线的独特元素和元素的组合，这种空间组织会受到地形和社会结构的影响。空间组织类型可以分为三种，即组团、排列和围合。人们选择不同的空间组织类型，对自然场所进行显现或补充，目标是在地形与建筑之间建立一种有意义的关系。空间组织的结构概括为拓扑结构与几何结构。几何概念是拓扑概念的一种特例，又可分为方格网群，行列呈轴对称，围合成圆形等。在拓扑结构中，各元素保持一定的自由度。几何结构意味着统治和超级秩序，通过几何图形人们很容易就会察觉到人造形式的性质和含义，但要理解一个复杂的结构组织却需要熟悉地方。可以认为，具有拓扑或几何结构的空间组织是形成聚落形象特征的前提条件（Norberg-Schulz，1979）。

（3）图形质量

聚落的图形质量是由人造形式和以中心、信道、领域为元素的空间组织共同组成。人造形式赋予空间组织以特征的同时，也是构成空间组织的重要元素。人造形式与空间组织共同决定了图形的质量。对于聚落的形态研究通常只关注空间组织，因而忽略了它们具体的图形质量。图形并非抽象的空间术语，而是由具体元素所形成的构图，它的基本图形质量影响着人们对安居之地的认同。许多地名就反映了不同环境特征的普遍类型，如浅滩、码头。人们通常会选择有特点的地方作为安居之地，反映了人们对安居之地的地方认同。

3.2.4　建筑现象学对既有建筑绿色改造的启示

建筑现象学理论对建筑学的影响主要有两个方面，一是方法论，二是人的存在与环境的联系。包括海德格尔、布什亚、梅洛庞帝、布鲁摩（Kent C. Bloomer，1935—）等知名哲学家都以现象学方式诠释人、物与自然环境的相互依存，但诠释的内涵与侧重点却有所不同。建筑现象学对建筑的影响意义深远。

1. 从理性到感性的人文思想飞跃

现象学挑战了 19 世纪以来以理性逻辑分析为基础获取真实性知识的自然科学方法。由于人文等社会文化因素的复杂性，理性主义难以全面深入到人的心灵层面去研究人文思想。正因如此，针对理性主义所形成的人类价值体系的断层，现象学成为一次深刻反思的方法（张群 等，2008）。

理性主义获取知识的方法是把经验中所包含人的情感、记忆、直觉和意义排除在外。而现象学则是以人的直观体验为核心去获取知识（白晓 等，2012），将人参与的活动同人在生活中的价值和意义联系在一起，因此，现象学弥补了理性主义的限制与不足。

黄承令（2018）也认为理性主义作为自 18 世纪工业革命以后西方社会发展的重要思想，颠覆了影响西方生活与价值观近千年的属于唯心论的宗教信仰和教会束缚。理性主义反对未经证实的、由个人主观所感知的认知，而是主张以科学分析为基础，以实证为依据而获得经验。但理性主义拒绝一切玄学、美学、心理感知以及情感，其结果是否定了人文主义的意义和价值。

由此可见，面对环境危机引发的人与自然关系的困境，借鉴现象学方法，可以拓展以人的情感、心灵为研究主体的探究人与环境关系的方法，弥补了以逻辑分析为基础的理性主义的认识论。对既有建筑绿色改造而言，不仅要关注物质实体本身的功能性、节能环保为特征的改造，还可运用现象建筑学理论，关注既有建筑所在场所精神的再现和延续。现象建筑学是从整体环境而非个体建筑物去考虑场所的地方感和归属感的氛围营造，关注的是使用者本身在既有建筑改造过程中和改造后的记忆及心灵感受。

2. 回归生活本质的"栖居"

海德格尔的存在主义批判了建筑设计忽略了建筑本身应该让人居住生活的本质，他是从"存在"的向度揭示了筑造、栖居与存在之间的一种本源性的内在关系。勒·柯布西耶（1991）曾经认为工程师以他们的计算压倒了垂死的建筑艺术。然而他所倡导的源于数据的规划设计与筑造却忽视了人居的本质，即人的存在需要庇护。人有了立足点，才能在纯粹的空间中与其他生活维度相联结。因此，既有建筑的改造过程中，需要仔细分析与其相关的各种环境联结。这种联结既包括物质环境的联系，也包括与人及社会相关的精神文化层面的联系。唯有找到相关联结点并维护延续好，才能使联结后的关系达到"天地人神"的四位一体，人对场所才能产生依赖感。

3. 情感联结延续场所精神

诺伯舒兹的建筑现象学所提出的"场所"不只是要抽象地表达地理空间存在的区位（location），而且表达了"场所"概念的本质是要由形态、气味、颜色、情绪等要素构成。人在场所中要获得一个存在的立足点，则需要辨别方向。而这个辨别方向的能力来自他和场所的关联性，关联性所产生的场所意义使地方能够被人所认同（张丽娜，2006）。当人的记忆、想象及场所活动中所发生的情感使人与环境产生依赖，从而以非物质属性的心灵感受呈现时，场所就会显现出文化联系和环境氛围，其内涵的变迁只是呈现新的诠释而已。因此，当既有建筑的改造使场所失去了人的活动以及建筑的环境依托，原来的场所精神也就不复存在。由此，也显现出场所精神的脆弱性的一面。

当前既有建筑的绿色改造过程中往往关注的是物质技术领域的节能、环保与功能提升，却忽视了作为改造后既有建筑用户的情感记忆。当建筑作为体现人类知觉的非物质属性不复存在的时候（周凌，2003），大部分改造后的既有建筑也就置身于不知何处的地方。缺乏与地方联结的建筑也与地景毫不相干，因此成为一种另类的非物质性的环境危机。

城市的既有建筑群也是一个社会的、空间的与拥有文化自明性的聚落形式之一。郭肇立对此的研究认为：一是人的活动交往关系；二是共同体具备的实质空间；三是实质空间与环境的共生；四是价值观和文化意义（郭肇立，1998）。因此，旧城中的既有建筑反映的是当前社会的状况。通过对既有建筑中的人的活动方式、价值观及文化意义的观察、分析与诠释，才能在改造中加深对人们生活环境的理解，使改造后的空间形式更为贴近人们的生活。因此，以整体的角度去看待既有建筑及其环境，尊重组成既有建筑文化中的各个要素，才能在既有建筑的场所及其城市文化地景的观察中，透过现象挖掘其隐含着的内涵，才可以发掘时间脉络中留下的各种痕迹。

3.3 现代哲学中的空间文化哲学

始于19世纪中叶的文化哲学是以文化现象和文化体系为研究对象。自此，学者们将目光投向人类和人类社会生活的深层结构，即文化研究层面。随着文化学、人类学、民俗学、民族学、文化人类学等学科的相继成立，包括人文传统和实证传统的文化研究取得丰硕学术成果。人文传统的文化研究是以迪尔泰（Wilhelm Dilthey，1833—1911）、斯宾格勒（Oswald Arnold Gottfried Spengler，1880—1936）、汤因比（Arnold Joseph Toynbee，1889—1975）等人为代表。实证传统的文化学研究包括有马林诺夫斯基（Bronislaw Kasper Malinowski，1884—1942）、博厄斯（Franz Boas，1858—1942）、本尼迪克特（Ruth Benedict，1887—1948）等为代表，其中较有影响的论著有《西方的没落》《文化模式》《菊花与刀》《历史研究》等。

3.3.1 文化哲学

关于文化的定义非常多。迈克·克朗（Mike Crang，1998）提出两点关于文化的概念：一是将文化视为一套思想观念和价值观念，赋予生活方式以意义，以此衍生出文化的物质呈现形式或象征；二是提出了生活方式的概念，而生活方式的变化与时间息息有关。此外，人类学家阿尔弗莱德（Alfred Louis Kroeber，1876—1960）则认为文化是由明确的和含糊的行为模式组成，并通过符号来获取并传递。他认为文化的本质核心源自传统思想，一方面文化被视为活动的产物，另一方面文化被视为进一步活动的基础。

当文化作为人类历史与人类社会最重要的内涵因素而为人们所关注时，文化学开始与哲学研究交汇，形成文化哲学。在近代哲学各学派演进中，哲学家和人类社会学家们都从不同的角度和不同的层面揭示了文化哲学的主题意涵。典型的有斯宾格勒和汤因比等人的历史哲学理论、本尼迪克特等人的文化人类学理论、韦伯等人为代表的现代社会学理论、胡塞尔与海德格尔为代表的存在主义理论、法兰克福学派为代表的新马克思主义的文化批评理论等。

前文所述的中国古代哲学虽然也关注人文要素，但是我国关于文化哲学的研究是始于20世纪的人类文化演进的大背景，更确切地说它是全球现代化背景下中国社会转型的文化显现（黄捷 等，2015）。自1980年代起，涉及建筑文化研究的论著和译著也不断涌现，对既有建筑的文化哲学思考和研究，成为当代人在寻求自身发展的战略性思考。既有建筑将在这种关注人类自身的存在价值、意义和方式的文化氛围中获得新的发展契机。

3.3.2　空间文化形式

空间文化形式透过关注人及其身体、行为、感知、表达等抽象意识而获取空间感，弥补完善了传统建筑学于身体空间的研究领域的缺失。这也是梅洛庞帝、布西亚和布鲁摩等知觉现象学理论的衍生与运用，其结果使知觉现象学发展成建筑现象学的组成部分，最终与存在主义现象学共同拓展了建筑学的研究领域和方法。夏铸九等（1993）认为：假如一个专业者不能洞察问题的根源，也就是以经济、政治和文化的元素来解释空间的形式，那他将不能真正地改变他在空间中所观察到的倾向。

近年来，文化哲学已经有许多观念被运用于空间文化研究领域。陈其澎（2011）认为：过往多是着重于空间本体的研究，停留在只讨论空间形式的问题而已。原有空间的专业技术与理论，也显现出不敷使用的困状。

综上所述，文化大致有两种表达形式，一是形象表达形式，包括风格、谈吐、仪态等方式；二是物质实体形式，指的是书籍、器物、建筑、文聘、资格证书等式内容。而空间的文化形式主要集中在四个领域，一是身体体验的空间文化，二是符号学的空间文化，三是移动的空间文化，四是公共领域的空间文化（陈其澎，2018）。各种空间文化形式的代表人物及其简介、主要思想内容详见附表C-5。

1. 身体体验的空间文化

身体体验的空间文化形式是以沃尔特·本杰明（Walter Benjamin，1892—1940）、德塞尔托（Michel de Certeau，1925—1986）、巴希拉赫（Gaston Bachelard，1884—1962）和亨利·列斐伏尔（Henri Lefebvre，1901—1991）的论述为代表。本杰明认为城市一定具有一种由建筑环境、个人与集体记忆、历史交织而成的关系网络。任何物体都有其特殊的时空关系，从而形成独特的物品，重复再制反而失去原有氛围。如机械复制的快餐店、道路、机场、旅馆等产品，均使城市地方丧失了从前属于人们记忆深处的经验。而城市漫游者的无目标式的闲逛，才能揭示城市空间的关系网络。

德塞尔托与列斐伏尔的观念也与此接近。他认为阅读城市的最好办法就是透过居住、游梭、凝视，也就是视觉经验，居高临下才便于阅读城市的复杂性。列斐伏尔也呼吁回到身体经验的重视，通过身体感官而认识空间，避免受符号学的符码取向影响。巴希拉赫则认为身体才是解读空间的主体，借由时间与空间而显露身体的韵律性行为，就会呈现出人文主义地理学家戴维·西蒙（David Seamon）所谓的场所芭蕾特性。

2. 符号学的空间文化

符号学的空间文化则以索绪尔、罗兰·巴特，和波迪尔（Pierre Bourdieu，1930— ）论述为代表。他们认为都市意象的"符旨"非常不明确，而且不断转换为新的"符征"，"符旨"瞬间消失而"符征"则保留。波迪尔甚至认为：文化存在符号暴力，文化资源、文化体制或文化实践成为此类统治合法化的主要工具，教育系统则强化了社会不平等关系的再生产。

3. 移动的空间文化

移动的空间文化则以德勒兹（Gliies Deleuze，1925—1995）、爱德华·扎伊尔德（Edward Said）的论述为代表。扎伊尔德认为：应采用流离者、移民、游牧者的概念取代旅行者和探险家的概念。移动代表着跨越理智、戒律、文化的界限；移动代表着反对教条与陈腔滥调；移动代表着在复杂与混沌中发现新的事实。德勒兹也反对传统机械、固化、静止的理论，提倡重复、扩散与差异的再现观念。

4. 公共属性的空间文化

公共属性的空间文化是以哈勃玛斯（Jurgen Habermas，1925— ）和戴维·哈维（David Harvey，1935— ）的论述为代表。哈勃玛斯认为：地方认同的解体，以及社会进入政治文化是造成区域公共领域产生的主要原因。公共领域是种辩论性质的公共空间，由包括公民、商人、平民等市民针对所关心的议题，透过公开与理性商议以消弭偏差，从而摆脱宗教与习俗的束缚。这种空间包括类似俱乐部、咖啡馆、报纸、德国的圆桌社团和法国的文艺沙龙等。戴维·哈维则认为：资本产生权利，新自由主义化的空间理论拓宽了社会学和政治学的讨论。他在资本主义全球化批判中重构了社会阶级和马克思主义方法，并将其作为完整的方法论。

3.3.3　文化地景

文化地理学主要研究的是经历了不同形成过程的文化，它是如何汇集到一个特定的地方，这些地方又是怎样对其居民产生意义的。其内容包括了人类生活的多样性和差异性、人们如何阐述和利用地理空间。阿摩斯·拉普卜特（2016）在研究建筑环境的意义时，特别强调了文化对建筑环境影响的因素，并利用大量案例证明环境因素会影响人的行为。但环境以外的人会无法理解内部环境的意义，因此，环境容易被人们以主观的方式做出判断而忽略地方文化内涵。

1. 文化地理学

据迈克·克朗（1998）研究，文化地理学可以追溯到16世纪拉菲托（Lafitlau）或莱里（Lery）对新大陆上的不同种族、民族和风俗进行描述的人种学说。到19世纪末，德国政治理论学家拉德尔（Friedrich Ratzel，1844—1904）的作品《人类地理学》（Anthropogeoraphie）认为：人是地理环境的产物，地理环境是人地关系的主导因素。他强调地理环境决定人的生理、心理以及人类分布、社会现象及其发展进程，从而造成文化差异。而文化差异也包含着不同民族的伦理上的差异，这种差异造成的文化之间的互相竞争，其结果与达尔文关于生物圈的"物竞天择"相似，弱小的文化最后被取代。

1920年代，美国地理学家协会主席塞坡尔（Ellen Churchill Semple，1863—1932）也认为：各种文化的形式是不同地区适应不同的自然环境的行为结果。此理论受到美国文化地理学家索尔（Carl Ortwin Sauer，1889—1975）的批判，他认为将影响文化发展的因素简化成地方适应气候的结果，将会使文化产生的多样性被磨灭。

美国人类学家本尼迪克特（2008）并不认同物竞天择适用于文化竞争，她在《文化模式》中提出：人之本性是由文化即习俗塑造的，而文化不是一种生理遗传的综合体。因此，对那些不适应的个体应采取一种宽容的态度，如此文化才能不断吸收新的东西保持其生命力。

2. 文化与地景

由文化衍生而成的符号，其载体可以是有形的物质实体，也可以是无形的抽象思想，而其表现形式深受地方传统的影响。因此，文化与人们日常生活之间的紧密关系，对文化的研究须置于特定的时间和具体的空间里，须从日常活动去探寻。

迈克·克朗（1998）认为地景呈现的是自古至今人类于大地的集体塑造，反映的是某个社会文化的信仰、时间和技术。而文化只能够在社会中存在，这意味着，地景是大地聚集物长时间的反映，地景只能存在于集体社会中。此外，索尔也反对环境决定论，因为将地景视为受单一因素的影响结果，将导致地区之间联系性与复杂性的忽视。故无论是文化还是地景都应该以整体的角度探讨，各因子之间是紧密联系且相互影响的。

3. 文化地景的解读

文化地景应从个体与整体的角度去解读，须尊重个体与整体之间的关联性，及其组合后在历经时间变迁后的文化表现。而其中文化的变迁原因并非只是系统地创造，而可能是受创新、扩张或受外来文化影响。文化在历经时间上的变迁后将会在地景中留下痕迹，而从痕迹分析中即可解读文化变迁的脉络，故地理景观被学者们视为可解读的文本。

当我们从地景中解读过去人们的生活时，时间距离当代越近，地景上的痕迹越明显，反之，其痕迹可能已经模糊消失，或者也难与当代生活发生联系。故文化地景阅读应结合文献对其进行分析探讨。迈克·克朗曾以palimpsest（重写本）形容文化地景阅读。重写本是一种源自中世纪书写用的印模，在印模上可反复刻写文字，但是每次都不能完全抹去之前的痕迹。一个地区的文化景观也是如此，其综合呈现的是时间的累积与文化痕迹。

此外，关于文化变迁，瑞典地理学家海格斯特朗（Torsten Hägerstrand，1916—2004）会着重于对固定人口中发生的创新而导致的文化变迁进行研究；而以索尔为代表的伯克利学派则着重于为适应群体的文化移动后而产生的文化变迁进行研究。

3.3.4 空间文化哲学对既有建筑绿色改造的启示

肯尼亚有句谚语：“土地不是父辈传给我们的，而是子孙借给我们的。”当今物欲世界，无论是手机还是建筑物，替换重置往往比维修改造这些商品，要显得更加容易，费用更低廉。然而，新建筑并不能解决我们所遇到的困难，正如卡罗恩（2013）所述：我们必须重塑一种尊重现有资源和建筑物再利用、修缮和更新的文化理念，尽管不能显著减少建筑物的碳排放，但是通过既有建筑的拥有者，要求使用者不再伤害其现存的文化资源。

上述空间文化形式是以人的心灵与身体感受为主体，将人的身体体验、文化符号、移动空间和公共空间等社会关系上升到人的记忆与社会公共关系的重构，进而影响建筑和城市空间。这种空间文化形式弥补了现代建筑师和规划师的职业缺陷，也就是他们无法主动地将人的身体与他们的设计结合在一起（Sennett，1994）。空间文化形式的研究跳脱了局限于传统实体建筑空间领域研究的羁绊，深入到更加广阔的人的心灵与精神的研究领域。

因此，既有建筑的绿色改造则须关注到人与社会。如何在改造过程中让既有建筑所在场所的人参与其中，并留住其记忆，延续和创造出新的场所精神，空间文化哲学理论提供了很好的途径和思路，值得进一步深入思考。文化地景是在明晰人类文化概念的基础上，力求明确文化与自然环境的关系。无论是地域气候决定文化论，还是认为将文化简单归咎于气候，将会使其多样性被磨灭，也都不会否认文化本身与日常生活的紧密关系。而文化在历经时间上的生活变迁后，将会在既有建筑中留下痕迹，当新与旧的内容混合在一起，从痕迹叠加的分析中即可解读城市文化变迁的脉络。由此，在既有建筑的绿色改造中须特别关注这些信息痕迹的解读与保存，才能有利于传承地方建筑与城市文化。

综上所述，现象学颠覆了现代主义唯物质论的机械的、静止的、单调的理性主义思考模式，而是提出模糊的、知觉的、感觉的、记忆的、想象的属于生活世界的意识呈现。与其说现象学是认识领域的方法论，还不如说是关于从灵魂深处反省批判的理论。现象学应用于既有建筑绿色改造研究领域，不仅产生了一套完整的基于人的知觉和情感的城市和建筑空间的研究理论，还在更广阔的领域延伸出属于自然场所的人文地理学和属于人为场所的聚落空间理论，以及属于人的身体情感的空间文化哲学。由文化所衍生而成的符号，其载体是有形的既有建筑实体，以日常生活的活动方式存在于既有建造所营造的空间中，因此，文化与人们日常生活关系紧密。而对于文化的动态变化，只有通过了解文化的历史发展脉络，才能够发掘地方本身的特质。

3.4 小结

本章在上章系统性回顾既有建筑绿色改造文献的基础上，分别从古代哲学和近现代哲学探究人文绿色理念。古代哲学主要是比较古希腊和先秦时期的哲学家们关于万物起源思想的异同，偏向于从物质层面探究人与自然的关系。近现代哲学部分主要是剖析西方现象学、文化哲学和文化地理学等理论，主要于精神层面探究人与人、人与场所的情感联结。此两者共同构筑了人文绿色理念的基础。本章小结如下：

（1）对比东西方关于万物起源的思想异同，殊途同归，人与自然的关系在于天、人、地三才的和谐。反映在筑造上就是人与自然的共生。人文绿色理念下的既有建筑改造要从以物质技术为特征的建筑物理环境改造为基础，拓展到人与自然共生的社会文化层面。

（2）建筑现象学批判了现代建筑以抽象、中性、孤立的观点来看待建筑环境的不足，为我们带来了从理性到感性的思想飞跃。它促使我们回归到生活本质去探索"栖居"的意义，使建筑研究上升到空间与意义相结合的文化层面，重新确立了人们在心理和精神上与复杂世界的联系。因此，重新审视既有建筑价值，发掘出被现代主义所忽视或排斥的场所精神，确立超越物质功能之外的文化价值，才能形成契合人文绿色思想的既有建筑改造模式。

（3）知觉现象学衍生而成的空间文化哲学，形成以身体感知建构场所情感联结的方法。建筑现象学所激发出的文化地理学，则以地景诠释地方特色的方法，通过对文化变迁的解读，于既有建筑的形式上发现其地方特色的显现。因此，既有建筑作为日常生活下的人类文化结晶，可从不同历史时期并存的形式中，了解到不同时期人们的价值观、意象和生活方式，从而在既有建筑绿色改造过程中能够以拼贴的方式显现不同时期的人文特色。

综上所述，可将人文绿色理念概括为三方面内容：一是以理性为原则从建筑的物质科学技术层面去寻求既有建筑与自然环境的共生；二是以感性为基础重新审视既有建筑价值，以人们对场所环境的认同感与归属感，建构超越物质功能之外的精神意义；三是以身体感知为方法强化人对地方场所的情感记忆的联结，发现被忽视的既有建筑文化特征。

现象学、空间文化哲学所关注的时间和空间要素，反映了旧城中的既有建筑存在着整体、动态变化的特点。因此，为充分发挥既有建筑的文化延展性，须以跨专业的视角建立起既有建筑适应旧城城市更新的体系。

通过本章东西方古代哲学关于万物起源的比较，印证了绿色是人类社会发展之趋势。而近现代哲学中的建筑现象学理论，也为既有建筑绿色改造的人文途径提供了解决问题的思路。后续研究将从广州旧城既有建筑改造的现场调查着手，在分析广州湿热气候和地方传统建筑文化的基础上，在人文绿色理念下探究影响其绿色改造的关键设计因素。

第4章 广州旧城既有建筑绿色改造之关键设计要素

本章在前文所建构的人文绿色理念基础上，先分析广州地区特有的湿热气候和地域性文化差异，阐述了广州旧城中的传统建筑文化特征。然后，回顾了广州旧城中既有建筑的改造历程，以参与式观察方式对广州旧城区的既有大型公共建筑进行现场调查，从中获取这些既有建筑在改造后的客观信息和数据材料。

这些既有大型公共建筑主要是位于广州旧城，分别于1978—2006年期间所建造的。本书先从它们的主体结构、功能布局、建筑立面和整体环境等多个维度分析其改造后的现状，再与广州传统建筑文化特征进行比较，以获得既有建筑的改造对广州旧城传统建筑文化所造成的影响。通过对旧城中既有建筑的价值分析、评估以及专家访谈，建构绿色改造的构面和准则，然后通过决策实验室分析法获取影响广州旧城既有建筑绿色改造的关键设计要素。

这个过程中，本书采用了管理学中的决策实验室分析法，透过DEMATEL与ANP方法共同汇整信息，以此获得绿色改造中的关键设计要素，并绘制关键要素间之因果图，再进一步使用重要度－绩效值（IPA）分析法。书中分析了各个关键设计要素于既有建筑绿色改造中的绩效，然后根据绩效分析绿色改造过程中所忽视或者需要重点提升的要素。

4.1 广州旧城的既有建筑

不同的生活环境给天赋优异的种族盖上不同的印记（丹纳，2017）。正如同一植物的几颗种子，种在气候不同、土壤有别的地方，它们会各自去抽芽、长大、结果、繁殖；它们将适应各自领域，生成好几个变种；气候的差别越大，种类的保护也就越显著。广州传统建筑文化正是如此。自北方战乱及各种原因而南迁的华夏民族，在带来先进中原文化的同时，在岭南繁衍了二十几个世纪后，受地方环境、气候的影响，岭南文化不仅保留了先天的中华文化特征，还发展了属于岭南地方的后天特性，形成独具特色的广州传统建筑文化。

4.1.1 地域性气候孕育的广州传统建筑文化

我国幅员辽阔，悠久的历史产生了适应地方气候的地域性建筑文化。作为文化的重要载体，地域性建筑往往也带有独特的地方特色。不同地域的建筑受到自然环境、气候、地理区位以及社会文化要素的影响，而呈现出不同的面貌（杨经文，2004）。如严寒地区的蒙古包，寒冷地区的北京四合院，夏热冬冷地区的窑洞，夏热冬暖温和地区的干栏式民居等。作为一个物质和精神结合的产物，建筑是由包括自然要素和人文要素长期相互作用、渗透和结合而产生的，不同的自然和人文差异是产生不同区域建筑风格差异的主要原因（阿尔多·罗西，1966）。美国文化地理学家索尔（Carl Ortwin Sauer，1889—1975）批判了将影响文化发展的因素简化成地方适应气候的观点，他认为如此将会使文化产生的多样性被磨灭。但于建筑文化影响力而言，印度著名地域建筑师查尔斯·柯里亚还是认为气候决定了文化及其表达形式，客观存在的地域条件、地理环境以及自然气候造就了建筑的地域特色（汪芳，2003）。岭南建筑学派的代表何镜堂院士也认为，位于亚热带地区的地域特征，是孕育岭南建筑风格的主要依托。广州所处地理位置及其自然气候的特殊性，使得广州的传统建筑显现出不同的特色，有着自己鲜明的地域特点（《当代中国建筑师》丛书编委会，2000）。

1. 广州的自然人文环境

广州是具备 2200 多年历史的文化名城，既绵延着地方百越文化，也融合了汉文化，还交汇着西方文化（林树森，2013）。历史上广州是以商业贸易口岸和丝绸之路的起点著称，在近现代则以思想开放、精明务实和兼容并蓄为其主要文化特征。

广州位于广东省中部，与香港、澳门特别行政区隔海相望，素有中国南大门之称。自 1978 年以来，广州凭着其优越的地理区位和丰厚的文化底蕴，城市迅猛扩张。由旧城区的越秀区、荔湾区、海珠区（部分），迅速扩展兼并周边县市，形成包括天河、白云、花都、黄埔、番禺、南沙、从化和增城共 11 个行政区的特大城市，与此同时，带来了城市环境生态和旧城局部衰败的问题，也给城市可持续发展带来了巨大的压力（朱名宏，2015）。

1）广州的历史地理背景

广州地处岭南。岭南一词较早见于《史记》，据称：领南、沙北固往往出盐（王培华，2001）。所谓领南即岭南。岭指五岭，岭南便指五岭之南。岭南建筑创作的代表人物夏昌世曾经在《漫谈岭南庭园》一文中，把广东、闽南和广西南部这一广大地带称为岭南地区（夏昌世与莫伯治，1963）。故考证多种说法，岭南大体是指分布在广西东部至广东东部与湖南、江西交界的地方。

先秦时代，岭南原住民为越人，俗称百越。从第一个中央集权帝国秦朝开始，秦始皇以设郡的方式，即设桂林、南海、象郡三郡，将百越之地纳入秦帝国之统辖范围。岭南地区历史上还是海上丝绸之路的起点。

在地理环境方面，岭南地区在五岭之南，面向南海。北部为连绵的山地丘陵，东南部为九连山脉和莲花山脉，南部为平原、低丘陵和台地，其地理环境整体特点是襟山带海。城市主要分布于河流的冲积平原，其中的珠江三角洲平原位于广东的中部，区域内的河流构成了河网密布的水系。得天独厚的地理优势使珠江三角洲孕育出了广州、深圳、东莞、中山、珠海、惠州等城市。其中的广州位于珠江三角洲核心位置，其地貌在历次地壳运动中形成类型复杂多样的特点（廖幼华，2004），扩张之后的广州城呈现了以山、城、水、田、海的空间特色。

在气候环境方面，岭南的地理位置决定了广州的气候特点。广州介于南亚热带至热带气候区间，北回归线横贯广州地区北部，因此广州具有热带、亚热带季风海洋性湿润气候特点。其特征为长夏无冬，温高湿重，降水集中在每年 4 月至 9 月的雨季，形成了干湿季节分明的气候状况。主导风向是冬季盛行偏北风、东北风，夏季盛行东南、偏南和西南风。

综上所述，湿、热、风、雨可概括岭南地区的主要气候特征。根据《建筑气候区划标准》GB 50178—1993 和《民用建筑热工设计规范》GB 50176—1993，广州地区以北的小部分还处在夏热冬冷地区，大部分则处于夏热冬暖地区，归属于第 IV 建筑气候区。因此，针对广州不同地

檐口山花	锅耳墙	武术南拳	岭南醒狮

锅耳山墙与石造斗栱牌坊　　　　　　　　　低矮平缓的屋顶

图 4-1　独具特色的岭南传统建筑与多元文化
（图片来源：自摄）

区的建筑设计，既要考虑夏季隔热，还要考虑冬季保温。

在资源环境方面，复杂多样的地质使广州地区拥有较多的天然建筑资源。如红砂岩，因其所含丰富的氧化物，呈红色、深红色或褐色，防潮性能好，被广泛应用于传统建筑物的柱础和墙体。又如丰富的高岭土资源，便于烧制，是天然的建筑材料。此外，濒临大海的地理优势，使海洋生物资源也被用作建筑材料。如蚝壳，拌上黄泥、红糖、蒸熟的糯米后堆砌成墙，不仅具有隔声效果，而且蚝壳墙特有的纹理很有质感，体现了广州地区海洋文化特色（公晓莺，2013）。

因此，从地理环境的角度来讲，广州是海洋文明和陆地文明的交汇地区，在整个中国内是非常具有特色的区域。这种复杂而有特色的自然地理条件，孕育了广州独特而多样的社会文化，并以岭南建筑的形制和风格予以呈现。

2）广州的人文环境

岭南的气候和地理环境还影响造就了广州人独特的生活习惯、文化风俗。在华夏文明的影响下，岭南文化形成了多元性和民俗性的特点，并反映在语言、文学、绘画、粤剧、粤曲、粤绣、饮食、陶瓷以及建筑等领域（龚伯洪，1999）。其中，岭南传统建筑的青砖灰瓦、锅耳山墙、彩绘、民间武术及醒狮活动又独具特色，如图4-1所示。一方面岭南文化是土著的古南越文化与华夏文化融会贯通的结果（许倬云，2006），包括受到中原文化、海洋文化及吴、闽、越、荆楚文化的长期影响；另一方面，地方土著文化的特征还存留在岭南人的日常生活中，反映着南越人的思想、观念以及礼仪等。因此，岭南文化又具有显著的民俗性特点。近代以来，岭南传统文化深受西方文化的冲击和影响，广州在对外来文化加以消化吸收的基础上，传承了岭南文化的多元性和民俗性的特点，促进了岭南文化在当代的繁荣发展。按照广州历史文化名城保护规划，岭南地区文化分为粤东北及粤北客家文化区、粤东南及沿海潮汕文化区和粤中广府文化区。

2. 广州的传统建筑文化

建筑作为自然环境和历史人文环境影响下的产物，它所承载的人文要素是理解地方文化的一个重要层面（Eckstein et al.，2016）。广州传统建筑在漫长的发展过程中，受湿热气候和地理环境的影响，使其产生了通风、采光、遮阳、防潮、隔热、排水、防雷、防虫害等充满地域性的建筑特色。这种其传统建筑文化特色源于岭南人所生活的场所，作为人们的日常生活的一部分体现在其居住的建筑空间中。正如罗西（1966）所言：建筑的重大价值在于它是塑造现实，和根据美学概念组织材料的人类产品……这种意义上的建筑不仅是人们生活的场所，而且也是人们生活的一部分，它体现在城市及其纪念物中，体现在区域和住房中，体现在所有城市空间中。

这种特色有别于传统中原建筑的规划、布局、功能、造型、构造和材料等内容，展现出以适宜性和开放性为特征的建筑文化。

1）适宜性

在建筑文化的适宜性方面，地理气候环境是广州传统建筑文化形成和发展的重要因素。在华夏文化、海外文化的影响下，广州传统建筑的筑造形成了务实的特点。其务实性表现在它的适宜性上，也就是广州传统建筑无论从建筑平面布局到立面造型，还是从建筑空间组织到细部处理等方面，都体现出对客观自然与人文环境的适应性和宜人性。

首先，在建筑规划布局方面，广州传统建筑物结合地形、地势等环境特点，因地制宜，随形就势，力求与周围环境融为一体，以适应岭南地区地形复杂和河网密布的特点。岭南地区夏热冬暖，气温高，湿度大，气温日较差小，故广州传统建筑的规划布局特别注重建筑的朝向、通风、隔热等降温措施。其建筑物面向夏季的主导风向，利用巷道和庭院、中庭等组织建筑空间，构筑成独具特色的竹筒式西关大屋，形成庭院式、外廊式和骑楼式的建筑群体布局方式，如图4-2所示。为通风降温而形成冷巷，建筑群呈"梳式布局"的平面形式（冯江，2010），反映了广州民居的自然适应性。其次，在建筑空间与构造处理上，广州传统建筑特别注重空间的开敞通透。通过敞厅、连廊、庭院、天井、水池等方式组织自然通风，尽可能让建筑物处于阴影中。利用自然通风加快人体汗液的蒸发以降温，建筑物通过设置各种形式的遮阳构造，或采取水平和垂直绿化等遮阳措施，以减少热辐射。

传统广州建筑的屋顶采用的是陶瓦坡顶形式，以歇山屋顶和穿斗式、抬梁式等大木作方式，延续着华夏建筑文化特色，还独创岭南地区特有的锅耳山墙（图4-1）。屋顶与天花之间的空间设置多处散热孔，以加强对流散热，满足建筑物在夜间加速降温的目的。此外，传统建筑的门窗多安装有外开的百页门窗，如趟栊门，设置可拆卸的遮阳幕帘以遮阳隔热。

广州陈家祠书院：庭院、连廊、外廊（骑楼的原型）

陈家祠书院正立面，以石雕、砖雕、彩绘、灰塑、青砖灰瓦为典型特征

图4-2 广州陈家祠建筑特色（一）

（图片来源：自摄）

由于岭南地区降雨量大，相对湿度高，雷暴强度大，雷暴日数多，因此建筑物特别注意防暴雨、防潮、防洪、防雷击等要求。在道路两旁设置骑楼即为有效应对做法，通过采用大阶砖地面，或是采用首层（或建筑基座）架空的方式，以满足通风和防潮的需求，同时有效避免白蚁、老鼠等虫害。对于墙体，多采用地方石材或卵石砌筑墙体基座，在此基础上再砌筑空斗墙或夯土。而防雨的重点在屋顶和外墙，多采用容易修缮的直坡屋面，为不让雨水袭击外门窗，常利用飘檐以遮阳、避雨。

再者，在建筑装饰方面还反映了时代特点和社会属性，或以在百姓中广为流传的故事、传说、人物等为题材，或以人们日常生活中所喜闻乐见的普通事物等为题材，反映了普通百姓的理想追求与生活情趣，如图4-3所示。在装饰技艺上，广泛采用岭南雕刻、雕塑及彩画等传统工艺，在装饰部位上，重点选择在门、脊、墙、窗、壁等视线集中的地方（郭晓敏 等，2018）。

最后，广州传统建筑的适宜性还体现在如何适应来自中华传统的政治、经济、礼仪制度等社会文化方面。广州地区的家庙、祠堂等传统建筑就是中国古代宗法族权的象征，是中国传统礼制文化的体现，祠堂和家庙建筑为了空间上营造威严、庄重的气氛，在布局上通常采用中轴对称的手法，装饰上采用陶塑、灰塑和木雕、砖雕等地方特色的工艺来表现宗法思想和生活内容，如图4-3所示。

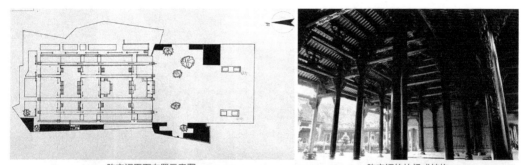

陈家祠平面布置示意图　　　　　　　　　　　陈家祠的抬梁式结构

灰塑，以传统文化故事为题材

图4-3　广州陈家祠建筑特色（二）
（图片来源：作者自摄）

2）开放性

在建筑文化的开放性方面，主要表现在广州长期受外来文化的长期影响，本地建筑文化与外来建筑文化的融合丰富了广州地方传统建筑风格。由于广州的地理位置以及长期作为对外贸易文化交流的窗口优势，使得这里成为多种外来文化交流碰撞激荡的地方，当外来的建筑元素与本土建筑元素相结合就产生出新的建筑风格。

广州历经秦代、南越、三国、唐、宋、明、清等朝代，其城区不断扩张。自隋唐代以来，广州就是中国对外贸易的主要港口（何韶颖，2018），也是中国海上丝绸之路的起点，是与东南亚、西亚和非洲等地进行贸易的主要的港口之一。早在唐代就有阿拉伯商人前来经商，广州城内就建有蕃坊、清真寺和光塔。清代的广州是中国唯一的对外港口，十三行是当时贸易集中区域，往来的商人带来了许多异域的文化风情，为广州地方传统建筑的演变创造了条件。

近代以来，在西方建筑文化的影响下，广州产生了一批以西方建筑风格为特征的近代建筑，如沙面建筑群，如图4-4所示，19世纪末的沙面出现了领事馆、银行、教堂、洋行等建筑，其风格均以新古典式、折中主义等形式呈现，这些建筑引进当时西方的建筑材料和建造技术，标志着广州传统建筑已从材料、施工到建造模式完成了向现代建筑的转型（广州市地方志编撰委员会，2019）。

此后，清末洋务运动所带来西方建造技术和理念，加速了传统建造模式的解体。建筑界尝试将中国传统建筑风格与西方建造技术相结合，创造出一种融合东西方建筑风格的建筑思潮，这种思潮推动了广州传统建筑文化的转型，创造出适应岭南地区气候和文化特征的近现代建筑。

1861 年的英租界基督教堂

1889 年的法租界露德圣母院，
浪漫主义风格仿哥特式建筑

折中主义的新巴洛克建筑细部

1950 年代后的现代主义建筑风格

新古典主义建筑风格

图 4-4 沙面建筑风格
（资料来源：《沙面》）

如留美回国的吕彦直建筑师于 1931 年所完成的中山纪念堂等，他将传统中式风格的屋面造型、色彩与细部，与西方筑造技术的钢及混凝土技术结合，成为近现代中国建造模式转型的标志性建筑物，如图 4-5 所示，正是这种现代化建造模式的转型，体现了广州传统建筑文化开放性的风格。时隔半个世纪后的 1996 年，中山纪念堂由广州市设计院主持改造为大会堂，当时的设计负责人 A 说：中山纪念堂原设计并非作为大会堂使用。由于造型的缘故，位于会堂中部顶端的八角形体，是通过钢结构的升起而成为整个建筑物的制高点，是造成室内会堂声音聚焦的关键，使会堂音质测试的效果并不好。在改造过程中，于八角形钢结构底部处理成平滑的圆形，并喷上来自澳大利亚的新型吸音涂料 K13，在保留空间与结构形式的基础上，很好解决的会堂音质问题。

作为既有建筑的修复再利用，这种于室内空间进行改造，通过声学设计及布局的调整，而外观效果仅做保护性修缮的模式，已取得较好效果。

综上所述，广州传统建筑的文化特征充分体现对自然环境和人文环境的适宜性，以及对海外建筑文化兼收并蓄的开放性，包括对气候、地域环境的适应，以及地方土著文化与中原、海外等多元文化的融合共生。它们集中体现在规划布局、建筑布局与构造、装饰、传承礼仪宗法思想、建造技术以及材料工艺等方面。

改造后的室内天花藻井，增设 K13 涂料以满足会堂吸声效果　　　　　改造后的室内大会堂布置

改造后的传统中式风格与西式建造技术所呈现的外观效果

图 4-5　广州中山纪念堂
（图片来源：作者自摄）

4.1.2　广州旧城既有建筑的绿色改造历程

历经千年的广州商业古城，其现代城市雏形始于 1920 年代的民国时期，如图 4-6 所示。当时主要是受到欧美现代城市规划的影响。1950 年代以后，城市建设主要是受苏俄城市建设的影响，而后，再逐步完善现代工业、商业、交通、办公、居住体系。自 1970 年代末后，广州地处中国改革开放的最前沿，城市化率由 1950 年代的不足 10% 而上升达到 2010 年代的 60% 以上（广东建设年鉴编撰委员会，2019）。当时，以夏昌世、莫伯治、佘畯南等一批前辈建筑师的作品，形成岭南建筑风格，并在中国独树一帜。研究者在访谈过程中，从事建筑与规划设计工作多年设计师 B 就认为：在 1978 年改革开放之前，那个年代的房子，以今天眼光来看会更加"绿色"。如岭南建筑的代表夏昌世前辈，其白云山庄等建筑作品的理念受地方社会、经济和环境影响，广泛采用本土建筑材料，大量运用被动式的自然通风、采光和隔热设计，完成的作品更加轻盈、通透，而更显得"绿色"。

城市走向富裕同时，广州旧城区也一直面临着为适应地方经济、社会、文化发展需求而面

图 4-6　民国时期的广州旧城印象
（图片来源：《沙面》）

1920 年代拆毁旧城墙修筑的太平南路，即现在的人民南路。

临改造的要求。既有建筑作为旧城区重要组成部分，为适应不同时期的旧城改造模式也就面临诸多困扰。

1.1978 年以后的广州旧城改造

自 1978 年以来，广州旧城的城市环境质量随着旧城改造逐步改善，期间的旧城改造大致可以分为三个阶段：

第一阶段是 1978—1998 年，为旧城改造起步期。为迎接第六届全国运动会等重大节事，广州在天河新区，以天河体育中心为重点进行建设，拉开了旧城空间向城区东部拓展的序幕。然而，新区在短时间内不可能满足社会转型的庞大需求，而旧城区作为城市经济、文化、生活的载体，唯有通过改造才能使既有建筑满足市场经济的迫切需求。改造的主要内容不仅包括旧城区中的居住、办公、娱乐和商业等建筑空间，还包括广州旧城区的道路扩建、环城高架路（内环路）、地铁轨道交通的建设。城市通过新兴产业的导入，淘汰、搬迁污染型的化工产业。然而，受限于当时法规的不健全和人们认知的滞后，为满足新的城市定位以及适应产业导入的迫切需求，旧城局部采取的是大拆大建的改造模式（广州市城市规划发展回顾编辑委员会，2006）。旧城区的既有建筑，无论是拆除重建还是原地改建、扩建，并没有相应的节约资源与环境保护的理念，更不会考虑历史名城下的城市街道景观与历史文脉的延续。

第二阶段是 1998—2010 年，为旧城改造的平稳期。为迎接第九届全国运动会和第十六届亚洲运动会等大型盛事活动，广州旧城改造进入以环境整治提升为核心内容的阶段。与此同时，广州旧城既有建筑的改造进入相对平稳的阶段，在吴良镛等专家的提议下（广州市城市规划发展回顾编辑委员会，2006），有机更新的小规模渐进式的改造模式被采纳，大拆大建模式被遏制，以穿衣戴帽为特征的外立面整治模式，成为城市环境景观提升的方式。1998年，广州为迎接第九届全国运动会，专门成立了城市建设管理协调小组，提出以"一年一小变、三年一中变、2010年一大变"为目标的城市环境综合整治工作（林树森，2013）。

当时的广州，伴随着城区扩张，新区道路基础设施等公共配套工程严重滞后，而旧城区设施落后、人满为患等诸多城市发展问题在不断涌现。在政府的干预主导下，为全面提升城市形象，开展了针对重要地区的既有建筑进行穿衣戴帽工程。所谓穿衣戴帽是针对旧城区及城市主干道两侧，对赛事区域周边的既有建筑进行美化，包括采用外墙涂料粉饰外墙，以轻钢斜屋面的结构形式，在这些既有建筑的平顶屋面上加建坡屋顶，以期与旧城区低矮斜坡屋顶的建筑风貌相协调，同时还可起到隔热降温的效果。此外，对既有建筑的外窗生锈的防盗网进行拆除，对后期加建的空调机位进行美化。经过这些重大赛事和大型活动，旧城区的环境与城市面貌得到较大改善。然而，过程中公众并没有参与决策。而改造需要入户安装与拆改，也给市民带来诸多干扰，若干年后还是受到不少质疑。

2002年，在举办第九届全国运动会的经验基础上，广州市政府为2010年举办的亚运会组织编制了城市规划建设纲要和行动计划。目的之一在于通过城市基础设施与环境建设等工程来打造广州城市形象。具体内容包括亚运场馆、交通、市容改变和人文景观，重大节事成为广州实现城市整体发展目标和旧城改造的重要举措（王璐，2008），重大节事与城市建设的关系详见附表K-1。此外，广州在2009年还开始推行"三旧"改造模式，此前大规模拆除旧城既有建筑的做法被遏制（周干峙 等，2005）。

第三阶段是从2011年至今，为旧城改造成熟期。亚运会结束后，广州城市发展进入相对成熟时期。城市更新的概念取代此前旧城改造的理念，历史文化名城的特色传承，和城市的可持续发展被视为广州城市建设重要议题。2012年，广州市推动了人居环境综合整治工作，重点开展既有建筑物的外立面翻新、历史文化与城乡特色风貌景观建设及改造、居住小区整治等八项工作。2015年为国务院提出严格控制城市新增可建设用地，提出城市"双修"，转变经济增长模式。广州随后发布了《广州市城市更新办法》，针对旧村、旧厂、旧城等内容的城市更新方式做出了规定，并首次明确提出了全面改造和微改造两种不同的更新方式。2016年1月1日，广州成立城市更新局（王世福 等，2015），开始探索微改造模式，并将其作为与全面改造并重的城市更新方式。2019年初，因机构改革，城市更新局并入广州市住建局，城市更新的管理、实施、监督等功能就由住建局行使。

2014年，广东省住房和城乡建设厅联合省经济和信息化委员会，编制了酒店等大型公共建筑能耗指标定额，为实施超定额附加费征收和建筑碳排放交易奠定基础（广东建设年鉴编撰委员会，2019），从而为推进合同能源管理、能效监测等制度创新，为探索市场、企业、政府三赢的节能改造模式奠定了制度基础。此前，在公共建筑领域的绿色建筑评价标准尚未健全的情况下，在广州还是以超前的眼观涌现了一批绿色建筑典范，例如广州发展中心大厦，由于在绿色建筑节能领域的优异表现（郭建昌，2011），该项目也被评为节能示范工程，如图4-7所示。而后出台的既有建筑绿色改造标准，针对这些标准而启动节能改造，形成以节能为重点的既有公共建筑专项改造，由点及面在全省展开既有建筑的绿色改造，取得相当大的经济效益。

遮阳板关闭状态以遮阳　　　　　遮阳板开启状态以采光

发展中心大厦外立面　　　　　　遮阳板转轴　　　　　控制遮阳板的传感器

图 4-7　广州发展中心大厦智能遮阳系统
（图片来源：自摄）

综上所述，自 1978 年以来，广州旧城区先后经历了旧城改造、环境改造、"三旧"改造、全面改造与微改造等模式。改造在核心要义上经历了明显的变化。早期完全是市场开放，鼓励开发商主导旧城改造，开发商从中获利。当政府意识到，主要利益在改造过程中流失的时候，后期就发布了《关于加快推进三旧改造工作的补充意见》（穗府〔2012〕20 号），政策风向变成了政府管控为主，市场资本参与为辅，提出对土地应储尽储，由政府来进行更新主导（姚之浩 等，2017）。另一个促使政府做出这种角色转变的原因就是，如果完全交由市场来选择在哪里做既有建筑的改造，难免是只顾局部而不顾整体，会忽视了弱势群体与公共环境。

研究者还就城市更新请教了设计院的资深设计师 C，关于"三旧"改造，他说：2009 年，当时广东省遇到发展瓶颈，城市可建设用地指标有限。几十年的改革开放，造成大量城市低效用地，受制于土地管理制度。为突破瓶颈制约，广东率先采取创新试点，制定了"三旧"改造工作办法，"三旧"改造办法是对城市建设而言具有里程碑式意义的举措。2009 年至 2015 年期间，广州市以"三旧"改造工作为抓手，以提升城市低效用地为目标，取得了很大成就，如广州的琶洲地区、猎德村、杨箕村，以及工矿厂区的 TIT 纺织创业产业园、羊城产业园、太古仓等项目。在"三旧"改造成为常态化工作模式后，临时的"三旧"改造办公室的机构就于2015 年转变成政府职能部门，即广州城市更新局，隶属于城市规划管理部门，并公布了城市更新管理办法，结合旧村庄、旧厂房和旧城区的实施办法，简称为"一加三"政策。随着管理政策的提升，广州城市更新局出台了一批指导性的管理办法，如设计指引、设计导则、工作方法及流程等。由单个项目转向面对城市建成区的整体提升，转向城市质量的提升，以及历史文化区的保护。2016 年初，广州市领导借助于考察工矿厂区的老旧住宅区，发现旧城中还存有大量老旧小区。由此开展全市大规模的整体性改造，不同于北京、天津等城市是以单个项目为改造试点，广州是以城市公共基础设施为改造主体，将存在安全隐患、设施陈旧等小区进行统计，共计 779 个老旧小区。按计划，要求逐步每年完成改造，计划于 2020 年完成所有项目的改造，但受 2020 年疫情影响，完成目标将受到影响。

由此可见，广州的城市更新更加关注城市整体环境质量的高品质提升。其内涵也比"三旧"改造更为丰富，"三旧"改造之所以能够顺利推行，也正是因为在土地政策方面有所突破，兼顾了社会大众层面的利益（邹兵，2013）。同时，广州的旧城改造不仅仅局限于旧城区的居住区，也包括了位于旧城区的旧厂房等基础设施，属于较大城区范围的全面改造，芒福德认为：

> 今天城市文化中最主要的问题是城市这个容器的消化能力，同时又不能让它变成非常庞大的凝聚在一起的大团块。如果不进行区域范围之间的大规模的改造，单单要在大都市核心区进行城市更新是不可能的（刘易斯·芒福德，1989）。

因此，广州旧城从城市改造到城市更新，一路走来，反映出城市建设理念的成熟。这不仅是理念的提升，更重要的是将区域性的整体改造、局部改造和全面整治结合起来后，遏制旧城的大拆大建，为历史文化名城的城市特色延续和城市的可持续发展奠定了基础。

2. 广州旧城的既有建筑改造现状调查

为了分析广州旧城区的既有建筑改造对城市与建筑文化的影响，有必要先对自 1978 年以后建造的既有大型公共建筑现状进行调查。这些既有建筑本身就是早期旧城改造中拆旧建新的产物，此外，近期针对既有建筑的绿色改造，包括节能专项改造、环境整治，以及内部精装修，其改造的结果均对广州旧城风貌和旧城生活产生一定影响。调查的对象是广州旧城区于 1978—2006 年期间兴建的大型既有公共建筑，其于旧城中的分布如图 4-8 所示。之所以限定此调研范围，详见第 1 章绪论部分的相关内容。调查方法为档案文献查询、参与式观察。档案文献查询主要是通过《广州市志（卷三）》和《广东建设年鉴》获取基础信息；参与式观察则是在实地调查中现场观察，将观察所获得的既有建筑立面形象、周边环境特征和平面功能形成田野调查的文字记录。部分项目还结合访谈，将获得既有建筑改造后的评价信息并形成文字，对档案文献的查询进行补充和完善。在此基础上再进行归纳整理，针对总平面环境进行图底关系分析，最后形成广州旧城既有公共建筑调查表，详见附录 J。两种方法同时使用，方能够使调查成果更全面和可靠。

1）实地调查目的与内容

实地调查的目的主要在于了解现阶段广州旧城既有大型公共建筑的分布。通过实地观察了解广州既有建筑改造后的现状，并借助相机、计算器辅助分析和互联网等工具，获得详细的现状资料。实地调查的调查内容可分为两部分，包括建筑本体现状和周边环境现状的调查，以获取既有建筑改造后对城市街道和格局影响的真实印象。建筑现状调查的内容包括建筑的位置规模、主体结构、外立面、平面功能、城市景观特点、改造后对街区和市民生活的影响等。具体而言包括功能用途的延续与转换、内部空间的利用现状、外部空间环境的现状等。过程中，为弥补文献分析和参与式观察的不足，还辅助以采用访谈的方式进行调查。其对象主要是既有建

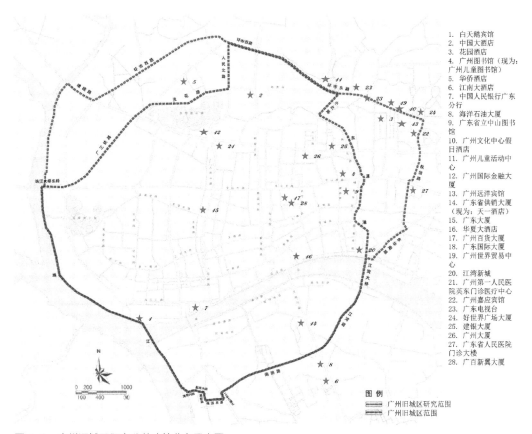

1. 白天鹅宾馆
2. 中国大酒店
3. 花园酒店
4. 广州图书馆（现为：广州儿童图书馆）
5. 华侨酒店
6. 江南大酒店
7. 中国人民银行广东分行
8. 海洋石油大厦
9. 广东省立中山图书馆
10. 广州文化中心假日酒店
11. 广州儿童活动中心
12. 广州国际金融大厦
13. 广州远洋宾馆
14. 广东省供销大厦（现为：天一酒店）
15. 广东大厦
16. 华夏大酒店
17. 广州百货大厦
18. 广东国际大厦
19. 广州世界贸易中心
20. 江湾新城
21. 广州第一人民医院英东门诊医疗中心
22. 广州嘉应宾馆
23. 广东电视台
24. 好世界广场大厦
25. 建银大厦
26. 广州大厦
27. 广东省人民医院门诊大楼
28. 广百新翼大厦

图 例
▨▨▨ 广州旧城区研究范围
▨▨▨ 广州旧城区范围

图 4-8 广州旧城区既有公共建筑分布示意图
（资料来源：广州历史文化名城保护规划文本。作者绘制）

筑绿色改造后的使用者，参与既有建筑绿色改造的设计者和后续参与物业管理的人员（经征询受访者意见，大部分不同意公开身份，故本次访谈的受访者仅以英文字母代替），以及在既有建筑及附近工作的员工与居民。通过对他们的访谈可以更加详细的了解既有建筑使用者的想法与感受，以获得得到比较全面真实的信息。调查成果为以实景图片、表格分析、文字记录、总图分析等为组成内容的调查表。

2）既有建筑现状调查结果

位于广州旧城区的既有公共建筑的名称、信息与改造后的立面景观等详细数据，详见附表 J-1。从此次调查结果来看，调查样本中共 31 栋建筑物，均属于旧城区的大型既有公共建筑。其主体结构多为高层建筑，占了 93.5%，而多层建筑（四层至九层）仅占 6.5%。其中，超高层建筑（超过 100m）的占了 22.6%，没有低层形式（三层以下）的既有建筑，也就是在这一批大型公共建筑物中，还没有能够和广州旧城低矮平缓的空间形态相匹配的建筑形式。此外，按既有建筑的功能形式来分，其中，少年儿童活动中心占 1 栋，医院类建筑有 2 栋，图书馆类建筑为 2 栋，办公类建筑为 10 栋，占总数的 32%，酒店类建筑有 16 栋，占总数的 52%。由此可见，这个时期广州旧城改造的结果是以办公和服务业为主，满足旅游观光的旅游业、餐饮业等配套设施需求。这批既有建筑的整体印象概述如下：

（1）主体结构与墙体砌筑

从调查结果来看，1978—2006 年这个时期完成建造的广州旧城既有建筑，其主体结构为钢筋混凝土框架或框架剪力墙结构体系，墙体采用黏土砖、灰砂岩砖等，晚期建造的会采用加气混凝土砌块等保温节能产品砌筑。这些建筑使用多年后，很多都没有做过房屋安全鉴定，部分存在隐患。例如在广东省立中山图书馆、白天鹅宾馆的改造过程中，均曾发现结构隐患，须在梁柱结构补强的基础上，才能开展后续的节能、节水等绿色改造。这个时期的既有建筑的屋面板多为钢筋混凝土结构的平屋面形式，部分屋顶有过修缮记录，保存尚好，少部分屋面有开裂渗水现象，轻微碱化。为防晒隔热，钢筋混凝土平屋顶设置隔热层，符合广州气候特点，但坐砌大阶砖呈现老化且呈现断裂。如省立中山图书馆的屋面隔热，改造为一体式的屋面绿化材料，并选择部分屋面增设太阳能光伏电接收板。还有些既有建筑在 1980 年代末至 1990 年代初还曾经有不少创新，如广州好世界广场和广州世界贸易中心，项目概述详见附表 J–1。当时还在珠江外资设计院从事该项目设计工作的 D 说："好世界广场是广州市第一家采用钢管混凝土的高层建筑。新工艺的采用不仅使施工周期大大缩短，也大幅减少了高层建筑结构的柱梁体系所占据的商业空间，在占地面积有限的情况下争取到最大化的商业面积。而广州世界贸易中心所采取的措施也是极具挑战性的，它位于当时的广州金融中心环市路，为争取有限的建筑空间面积，设计上大胆采用了在跨街隧道上方布置超高层建筑的方法，复杂的体量和空间关系使结构设计极具挑战性，也开创了广州先例"。

事实上，广州近代以来的建筑结构，大体上经历了 3 个发展阶段：即砖（石）木混合结构，砖（石）和钢筋（钢骨）混凝土混合结构，钢和钢筋混凝土框架结构。1950 年代的广州建筑，基本上是三四层以下的砖木结构房屋，甚至有泥砖、木结构的房屋。1960 年代后出现钢筋混凝土的框架结构建筑，多为 4 ~ 6 层，少数达到 8 ~ 9 层。框架 – 剪力墙结构在 1960 年代中期开始应用于高层建筑，并且在 1980 年代发展到剪力墙结构、框架 – 筒体结构（广州市地方志编撰委员会，2019）。因此，在既有建筑绿色改造过程中，多数会选择 1970 年代后建造的既有建筑，一方面钢筋混凝土结构安全性更高，需要补强的技术可靠，资金成本可控；另一方面这批既有公共建筑，规模大，社会影响力高，通过功能置换和功能衍生的可行性较高，改造后的使用价值提升空间大。

在绿色改造要求越来越高的背景下，不仅要对既有建筑的机电设备、水资源、空调设备和智能化进行改造，而且还须考虑修补当初设计过程中所忽视的城市肌理、延续历史文脉和城市公共空间等要素。由调研结果看，这个时期的既有建筑在建筑设计方面的呈现问题最为突出，当时既未考虑城市景观、城市肌理与文脉的延续，也未有节约能源和可再生资源的绿色环保意识。因此对这些既有建筑的绿色改造显得尤其迫切。而就目前统计的 31 个样本来看，绿色改造的项目多数集中在节能环保领域，或者是在经营使用要求下的室内装修改造等。其中，广东省立中山图书馆和白天鹅宾馆属于佼佼者，分别获得国家级的绿色建筑标识，也成为绿色改造的示范工程。但从整体上看，当前的改造还属于初级阶段，后续绿色改造的空间还很大。

（2）外立面

这些广州旧城的既有建筑外立面设计，大多数是采用外墙砖、陶瓷锦砖、外墙涂料、蜂窝铝板、花岗石等，改造后的立面基本上与改造前的立面形式保持一致。经统计，未改变既有建筑立面形式的占改造项目的87.1%，大多数改造形式仅为原样更新外墙材料。在外立面材料样式与颜色不变的情况下，仅在外墙材料的内部增加满足保温隔热材料层，以满足节能审查报备要求。还有一部分是仅在内部进行装修，或改造机电、水、空调设备，并未涉及外立面。改造后存在以下问题：一方面没有针对既有建筑的价值进行合理评估，而是采取与原立面保持一致的保守设计，而且均未从整体上考虑历史沿革，存在简单化的倾向。如省立中山图书馆主体的外立面改造，仅更换外立面的瓷砖，增设保温材料和节能窗，而未考虑所在地为两广优级师范前身的历史；另一方面则走向极端，完全与原有既有建筑的外立面没有任何关联，例如广州远洋宾馆、华侨宾馆和广州嘉福宾馆的改造，历经多次整体性改造，其外立面与早期立面风格完全没有关联。此外，为满足现在的节能改造要求，部分既有建筑进行了设备更新。外置的冷水塔设备及管道不仅影响了建筑外观，设计上的缺陷也使墙体受到损害，外墙面的不合理改造使既有建筑形象得不到真实、完整的体现。

（3）平面功能

据调查统计表，既有建筑改造后的功能一般可以分为三个方面，即功能延续、功能置换及功能衍生。改造后的功能变化，经统计其结果为：功能延续的占80%，功能置换的占10%，功能衍生的占10%，整体而言，既有建筑改造后的功能变化以功能延续形式为主。

功能延续对既有建筑具有一定的保护作用，这种保护体现在使用强度上。例如使用人数、建筑荷载都没有剧烈的变化的情况下，功能的延续起到了保护建筑结构的作用。只是由于不同时代会有不同的生活需求，室内环境的改造装修是不可避免的。这类改造以酒店、办公类型居多，例如白天鹅宾馆、花园酒店、广东省立中山图书馆、华夏大酒店等。

功能置换主要是指既有建筑的使用性质发生了比较大的变化。表现为科教办公建筑、娱乐餐饮服务设施等功能之间的转换。如天一酒店的前身就是广东省总工会办公楼；1990年代颇受建筑界好评的假日酒店，在20年后也改变成公寓写字楼性质的建筑；广州市少年活动中心为适应城市发展需求，也将临近的登峰宾馆改造成少年活动中心的一部分。因此，既有建筑的用途在不同时代背景下不断调整，才能使既有建造的价值得以延续。

功能衍生则主要是指相似用途之间的转换。相似用途转换主要表现为由于权属关系或者管理部门发生变化，产生的新用途与原用途相似。如广州市图书馆就衍生成少年儿童图书馆。广东省立中山图书馆受限于建设用地，在改造的同时，通过功能衍生，增建档案馆和停车场等配套设施。广百新翼则是在旧城区北京路上属于原广州百货大楼的基础上，扩建为高层大体量的新办公楼和商场。

（4）周边环境

既有建筑外部环境对既有建筑的形象展示起着重要的作用。调查中发现，既有建筑改造过程中，周边环境也是改造重点，一方面有条件的，在既有建筑主体扩建、加建，周边环境会发生较大变化，须从更大范围内对整体环境进行改造；另一方面随着产业升级，相应景观绿化也在升级。改造过程中的扩建包括水平向的扩建，也包括垂直向的加建，多数扩建不仅使区域环境的人口和交通容量增加，而且改造后建筑体量难与周边旧城的城市风貌和肌理呼应与协调，

图 4-9　广州旧城区核心位置的广百大厦及其新翼

（资料来源：广百微信公众号）

对旧城风貌的产生破坏性影响，如广州百货大厦的改扩建工程，如图 4-9 所示。

　　经统计，旧城既有建筑的容积率大致分布在 1 ~ 15 之间，大多数分布在 5 ~ 10，最高容积率可达到 15，详见附表 J-1。在 1980 年代初尚未有历史文化名城的保护法规，更缺乏具体的城市天际线等保护的措施。由于对旧城及其周边建筑物的高度并未给予适当的限制，高层与超高层建筑成了当时旧城改造的不二选择，其结果是破坏了传统城市的天际线。改造过程中，还忽视了旧城街道景观延续，也忽视了所处旧城的城市肌理，环境改造过程中也漠视了在地居民的生活感受。而且，随着旧城人口密度的增加，新的产业形成和城市生活模式的改变也使交通压力大增。既有建筑周边交通拥堵日趋严重。尽管加建内环路、拓展旧城的主要干道和兴建轨道交通，然而始终难以消解汽车拥有量的暴增，新增道路交通面积演化成拥堵的停车场。例如花园酒店的园林改造，也仅仅是满足酒店出入口的需要，并没有从环市路商圈的角度进行整体性设计，缺乏统筹考虑和规划。白天鹅宾馆的改造项目并没有考虑附近沙面公园的临江景观的视野，而广州旧城的标志性海珠广场的改造却值得期待，因为其改造将周边多栋既有建筑整体性考虑，改善了环形交通将中心绿岛与周边人行环境隔离的矛盾。

　　由此可见，广州旧城的既有公共建筑均以高层或超高层的集中式、大体量建筑为主，与广州旧城低矮、密集和平缓的旧城空间格局形成强烈对比。其功能以酒店、办公、图书馆和儿童活动中心为主，建筑主体的公共空间甚少主动融入城市街道等公共空间。调查期间还发现，旧城中很少公众活动。经过历次旧城改造，公共活动的减少一方面由于公共活动空间的锐减，缺乏活动场地；另一方面也体现了传统文化活动的缺失和培育。在既有建筑立面造型方面，无一例外均为现代主义风格特征，缺少地方传统文化的细部和符号特征，既无法融入传统街区的梳式格局，也未将岭南传统建筑的样式特征给予提炼符号化。尽管个别建筑会结合功能属性进行创意设计，但与所在旧城的岭南建筑文化的关联性不大。如广州国际金融中心的外窗，其形式就采用战国时期的货币符号进行创作，立面风格在当时独树一帜，详见附表 J-1。而今看来，却与所在荔湾区的岭南文化特色之间的关联性没那么密切，或者关联性过于遥远。又如广州少年儿童活动中心的设计就抓住了幼儿的特点，采取自由活泼的形体，辅助以绚烂多彩的颜色，打造成颇受儿童欢迎的活动空间。然而大容量的开发，也使儿童活动中心产生高层建筑的体量，难免对旧城区增添了一份压抑。

回首过去，当年兴建的现代主义风格的建筑，反映出当时的建筑师过分沉溺于现代主义或者某种流派风格。这反而成为日后城市可持续发展的杀手，也成了自然与人文环境的破坏者（夏铸九，2016），使城市规划管理者与建筑师的专业性均受到质疑与挑战。因此，在当前的绿色改造过程中，更需要反省、重新认识并修正这些误区。

通过上述调查和反思，对广州旧城区既有建筑的分布、功能、结构形式、造型立面与改造后的现状可以获得较为清晰的认识。不同时期、不同模式、不同主题下的既有建筑改造，整体而言，对广州旧城的城市环境以及城市历史风貌均产生较大的影响。于旧城环境而言，并未解决交通拥堵与旧城公共活动空间的萎缩；于建筑文化而言，既有建筑的改造并未传承或呈现广州的传统建筑文化特色，反而破坏了历史文化名城的风貌。而在其后的既有建筑绿色改造过程中，并未针对这些方面关于修补，或者从延续旧城的历史文脉进行思考创作。即使是广州从2016 年开始推进的微改造，为在短时间取得成效，故也蜕变成更新基础设施、整治小区绿地和环境、美化艺术墙等（姚之浩 等，2017）。缺少时间上的积累和真实公众参与的既有建筑改造，较难满足城市的可持续生长和居民精神文化方面的要求，此外，研究者在访谈过程中从城市规划管理者 E 获悉：既有建筑的节能改造，政府仅补助项目 50 万左右，其费用并不高，改造的真正目的不仅仅是为了绿色节能，而是为了实施项目整体的升级，是为了迎合市场激烈竞争，满足新形势下的产业需求。类似广州友谊、花园酒店、中国大酒店、东方宾馆、白天鹅宾馆等大型商场、酒店、公寓、办公等，在经过近三十年营运后，转变成国有资产的一部分后，由于长期使用，室内外环境和设备陈旧老化，已难以适应市场化激烈竞争的需要。为满足产业升级，在相关政策引导下，各大企业或公司实施战略重组，以此为契机，对室内外环境和设备进行整体性升级改造，以提升竞争力，从而以新的面貌开展经营。因此，节能是整体性升级改造的一部分，更多是以此获得相关主管部门的支持，从而可快速立项并予以实施。

因此，以节能为主要改造内容的项目，其主要目的不仅在于节能减碳，也不在于获取奖励改造资金，而是借此机会能够快速立项，完成企业的升级改造。

3. 广州旧城既有建筑绿色改造的个案

由附表 J-1 广州旧城既有公共建筑调查表可知，广东省立中山图书馆和广州白天鹅宾馆的改造工程均为大型公共建筑。这两个项目均位于历史文化名城——广州的旧城区，且所处的地段都是历史文化街区。其中，广东省立中山图书馆建筑于 1980 年代，其本身为非历史建筑，但其前广场及紧邻的建筑物为文物保护，属于重要的历史保护场所。广州白天鹅宾馆虽建于1980 年代，但却因其重要文化价值和意涵，已被广州市于 2010 年代认定为历史建筑。

两栋建筑物所在场所都蕴含着丰富的历史记忆和痕迹,而既有建筑改造的原因都是因为在历经广州城市化的快速发展后,已未能适应城市生活的需要,迫切要求从功能、形式和环境上结合绿色节能等法规要求对其进行改造。目前,其改造工程均已完成,并取得绿色建筑标识或作为绿色示范工程给予推广。其中广东省立中山图书馆2011年获得住房和城乡建设部低能耗建筑示范工程和2012年获得可再生能源与建筑集成示范工程,而广州白天鹅宾馆的改造设计满足绿色建筑二星设计标识的要求,同时已被评为住房和城乡建设部2014年绿色建筑示范工程。通过剖析这两个案例的绿色改造,从中获得的广州旧城既有建筑绿色改造信息,对总结改善绿色改造措施将显得更具代表意义。

1)广东省立中山图书馆的绿色改造

(1)广东省立中山图书馆历史溯源

广东省立中山图书馆位于广州市越秀区文明路213号,图书馆前面为革命广场,图书馆前身是清代广东贡院,如图4-10所示。张维屏(1780—1859)、戴鸿慈(1853—1910)、康有为(1858—1927)、梁启超(1873—1929)、黄遵宪(1848—1905)都曾在此参加应试,并越过贡院的龙门成为清末民初的国家栋梁。清光绪三十四(1908)年或光绪三十三年(1907),因办新学需要,拆除贡院建筑,改建新式的两广(广东与广西)优级师范学堂(刘丹,2016),学堂由大钟楼、东堂、西堂组成,如图4-12所示,形成较大规模的建筑群,为当时两广新学的主要场所。两广优级师范学堂曾经更名为广东高等师范学校,附设初级师范学校、中学、小学等。其后,广东高等师范学校改名为广东大学,在1930年代则更名为国立中山大学,也就是现在的中山大学。

当前,原两广优级师范学堂的大钟楼部分还完好保存,民国时期建造的钟楼部分还曾经为国民党第一次代表大会的会址,如图4-11所示,建筑的主体、内部空间以及建筑细部还保存完整,只是功能上改为广州鲁迅纪念馆,以及清末科举考试时的贡院遗址展示,以供游人参观。虽然建筑主体基本维持原状,然而作为文物保护单位,由于前期修缮不当,造成所涂刷的外墙涂料颜色饱和度过高,色彩过于鲜艳。材料的选用不当,现已难寻两广优级师范学堂的痕迹。两广优级师范学堂的东堂,在抗日战争时期被日军炸毁,后于1980年代末期于原址新建广东省博物馆。两广师范学堂的西堂于1980年代的改革开放初期被拆重建,原址重建为广东省立中山图书馆新馆。因当时图书馆建设的迫切需要,也由于对历史场所的保育认识不足,故在原西堂的旧址进行重建时并未认识到西堂的重要价值。清末贡院的旧址随着社会变迁而演变成为民国的新式教育、集会场所,以及当今的纪念馆、图书馆和博物馆,如图4-12所示。总之,广东省立中山图书馆及其周边建筑物与场地蕴含着丰富而独特的历史人文价值。

(2)省立中山图书馆的绿色改造历程

作为新式学堂的钟楼和群众集会的革命广场等场所,被视为具有重要历史意义的场所。多年后又被新增建的图书馆、博物馆、居住区及市政交通街道环绕。而今,广场周边已然绿树成荫,包括木棉、高山榕等岭南特有的植物使广场绿地生机盎然,参天大树掩映下的精致钟楼已成为极具特色的建筑景观。广场周边保留着广州近代时期装饰风格的围墙和铸铁护栏及花基,并与周边街区、通道及住宅小区隔离。然而,革命广场一侧图书馆、博物馆和纪念馆却分属不同部

清代贡院考场

图 4-10　广东省立中山图书馆旧址（一）
（资料来源：《羊城寻旧》）

清代贡院布局

民国时的钟楼

图 4-11　广东省立中山图书馆旧址（二）
（资料来源：《羊城寻旧》）

门管理，形成多头管理的现状。

　　革命广场地处广州旧城区较为密集的人群和建筑群中，偌大的草坪和茂密大树成为周边小区居民向往的天然休闲去处。广场周边在原址上（东、西堂）增设大型图书馆和博物馆设施，如图4-13所示。在给市民带来文化便利的同时，也由此增添了交通的混乱和停车困难。随着旧城人口的增长和经济发展，随之而来的是密集人流、车流。道路的扩建，广场周边私自搭建、乱建不时发生，原有的历史氛围在逐渐丧失（赖嘉术，

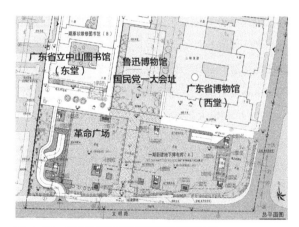

图 4-12　广东省立中山图书馆现状总平面图
（资料来源：广州市设计院）

2017）。而对周边小区居民而言，空置的偌大草坪也成为公共环境资源的浪费，作为历史场所的革命广场迫切需要一次改造。

　　2003年广东省政府正式立项，在1980年代新建的广东省立中山图书馆基础上实施改扩建工程（李昭淳等，2010）。2006年12月10日，广东省立中山图书馆扩建工程正式动工兴建，

广东省立中山图书馆（东堂）

鲁迅博物馆（中塔）

广东省博物馆（西堂）

图4-13　广东省立中山图书馆现状
（图片来源：作者自摄）

整个扩建项目于2010年全部改造完成。

广东省立中山图书馆改扩建项目的一期分为A、B、C三区（图4-12）。A区为革命广场及其地下空间，共设二层车库；B区为省立中山图书馆，地下一层，地上十层。改造后的主要使用功能为图书展览、普通中外文的采编、阅览等。首层为展览用房，二、三、四层群房部分为开放式阅览空间及内部使用用房，原有的高层书库，部分功能不变。C区为新建数字化书库，地下4层，地上7层。

规模近2万m²多的革命广场，在场地改造再利用中，强调结合场地停车、周边交通环境改善和兼顾周边居民精神文化生活需求。在维持广场历史空间形态的基础上，利用场地现有的包括讲坛、植被、树木、路径、围墙、栏杆、铺地等作为设计要素，将场地交通组织融合在仪式感强烈的场所空间氛围中。改造过程中采取雨水回收及场地植被自动浇灌技术以节约水资源，着重于节能、节水与可再生资源的利用。省立中山图书馆的绿色改造是在更换外墙砖的同时，增加隔热的玻化微珠砂浆，更换密闭性能更好的LOW-E节能窗，增加屋面绿化，彻底改造了屋面和外墙隔热系统。与此同时，更换节水器具和更换高效节能的LED灯具，增加太阳能光伏电发电系统，并与市政电网并轨，挖掘利用场所地下空间作为停车场地和广场雨水收集系统，同时将场地打造成绿色技术的示范教育基地，丰富了在地居民日常物质文化生活需求。

2）广州白天鹅宾馆的绿色改造

（1）广州白天鹅宾馆历史溯源

位于广州沙面的白天鹅宾馆是由香港知名实业家霍英东先生与广东省政府投资合作兴建的，于1983年建成开业，1985年成为中国大陆首个世界一流酒店组织成员，1990年成为中国大陆首批三家五星级酒店之一（谭羽，2011）。被誉为印证中国改革开放的现代主义建筑风格的典范（肖汉江等，2011）。

广州沙面为历史建筑和外商机构的汇聚地。沙面由珠江河水冲刷而成，曾经是广州水上居民的聚集地，也是广州最早的通商贸易之地。清朝时期，这里临近广州对外贸易窗口的十三行，第二次鸦片战争后，这里沦为英法租界，驻扎英法的警员与军队，成为中国近代史上丧权辱国的标志。1949年后，这里成了外国领事馆的集中所在地。1997年以前共有13个国家在广州设置领事馆，而其中近一半都设在了沙面。这里还汇聚了那个时期各类欧陆建筑风格流派，演变成万国建筑博览会，如图4-4和图4-14所示。30多年过去了，2012年白天鹅开始全面停业改造，主要改造内容包括结构补强、室内装修、环境配套、机电设备升级、外立面更新等。改造期长达3年，2015年7月重新开业。随后因绿色节能技术的高效应用而被住房城乡建设部评为2014年绿色建筑示范工程（何恒钊 等，2016）。

1970年代末期，中国实施改革开放。为满足港澳台同胞回乡探亲、经商所必要的良好住宿设施的需求，国务院成立利用侨资外资筹建旅游饭店领导小组，广东省成立省旅游工程领导小组。随后，政府开始与香港的霍英东先生接触，就兴建白天鹅宾馆展开洽谈。最终，于1983年2月6日宾馆正式开业，成为中国第一家中外合作的五星级酒店。此后，白天鹅宾馆的经营取得了极为骄人的成绩，也因此，白天鹅宾馆成为改革开放以来广州乃至全国意义上的标志性建筑。

于建筑设计创作而言，白天鹅宾馆在设计管理方面提出并实施"三自"方针的建筑。"三自"方针是指自行设计、自行施工、自行管理（蔡晓梅 等，2016）。之所以采取这种模式，一方面可以学习借鉴香港的营造模式，在管理技术和营运方面能够与国际市场经济接轨，尽快摆脱僵化的计划经济模式；另一方面，于经营目标而言，也能加快资金资本的周转效率，从而尽可能

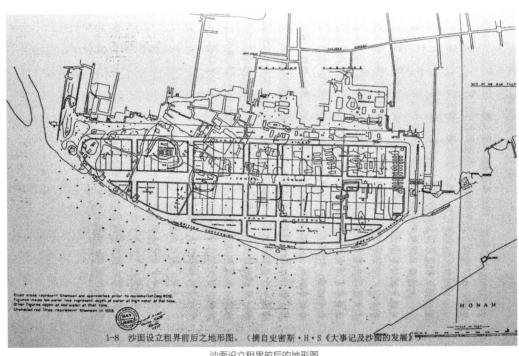

沙面设立租界前后的地形图

1865年沙面西桥及北堤

租界时期的沙基涌

1920年代拆毁沙基涌北面的民居以修筑沙基路即现在的六二三路

图4-14　沙面的历史沿革
（资料来源：《沙面》）

高效并产生利润。"三自"设计在当时的社会文化背景下大大增强了民族自信。

遗憾的是，于设计层面而言，自行设计并没有在随后的经济浪潮中成为广州乃至中国重要项目的创作方式。种种原因中国已成为海外设计师的主战场，如后期的广州新体育馆、广州歌剧院和广州新图书馆等。而当年自行设计的白天鹅宾馆，在建成时就以其独特的外形与深远的意涵，成为广州的地标性建筑（肖汉江 等，2011）。白天鹅宾馆是在当时国家迫切需要实施改革开放，以及在国际新自由主义思潮背景影响下而孕育诞生的。在海外资本的运筹下，通过建设场地的选择和环境空间的自行设计，增强了民族自信，强化了对国家政策的呼应。

（2）广州白天鹅宾馆的绿色节能改造

广州白天鹅宾馆后于 2012 年开始整体停业，进行绿色改造。建筑总共地上 34 层，地下 1 层，主楼及裙楼总占地面积约 3 万 m^2，改造的建筑面积为 87064m^2。建筑的主要功能为酒店客房及附属的商业配套区、会议服务区、餐饮服务区、办公区等。绿色改造主要包括结构补强、装修改造、室外配套、机电设备更新改造等四大部分。

通常绿色节能改造可分为四个部分进行考虑，即高效设备、被动节能（围护结构）、余热余冷回收和可再生能源采用（林宪德 等，2014），该项目考虑了前两项，也就是高效设备、被动节能。围护结构改造方面，因为大楼建于 1980 年代初期，因此，外围护传热和辐射都不满足新的节能规范。改造中，设计人员采用了蒸压加气混凝土砌块（何恒钊 等，2016），以实现建筑物的自保温。钢筋混凝土墙体的部分采用发泡玻璃形成内保温系统，最后采用的是权衡计算，将传热系数降下来。经过能耗模拟后，和节能规范中的基准建筑比，下降了1%的能耗。此外，通过更换空调设备、节能灯具、节水器具等机电设施，降低能耗，提高了能效，尤其是在节能省电、节水领域较为成功（何碧超 等，2016），取得较好示范作用。

综上所述，广东省立中山图书馆与广州白天鹅宾馆虽然都是基于绿色建筑法规的改造。但根据项目环境情况不同，由价值判断而引发的设计思考存在一定差异，所采取相应的改造策略亦有所不同。

首先，由于两者所处环境的历史场所感不同，在城市环境的风貌控制和所采取的拼贴方法亦有所不同。当初白天鹅宾馆的建造就处于历史氛围浓郁的历史环境中，历史场所感强大而浓厚，在风貌高度统一、氛围浓郁的历史环境中，通过做点式的突破，并未拘泥于沙面历史建筑风格的统一，而是在历史环境中置入现代气息浓厚的建筑，以实现突破式的发展，如图4-15所示。而在这次绿色改造过程中，其所采取的策略是在维护空间完整的基础上，通过对话强化历史空间的沧桑氛围，通过外墙以及机电设备的升级改造，以满足节能等物质领域的绿色改造目标。而广东省立中山图书馆所处的城市环境则恰恰相反，其处于一个场所相对而言较弱的历史环境氛围中，周边环境的历史氛围几近断裂，面对已被割裂的历史空间，如图4-16所示，最终所采取的改造策略是以整合式并置拼贴方式，以消解新旧建筑的边界。新增档案馆在造型上以谦逊的状态介入历史环境，以消减现代建筑对历史空间环境的压迫。改造本身更着重于节能、节水与可再生资源的利用，以此来实现物质领域的绿色改造目标。

然而，两者均未对场所的历史环境做出回应，既未考虑促使在地居民参与改造的全程，也未考虑如何呼应既有建筑周边深厚的历史人文环境，从而为增强场所的地方感以留下更深刻的

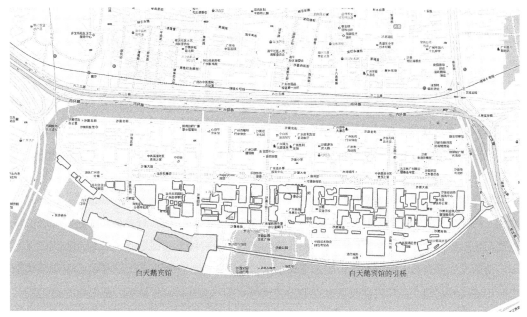

图 4-15　白天鹅宾馆及其引桥位置与旧城肌理比较分析简图
（资料来源：Google 地图。作者绘制）

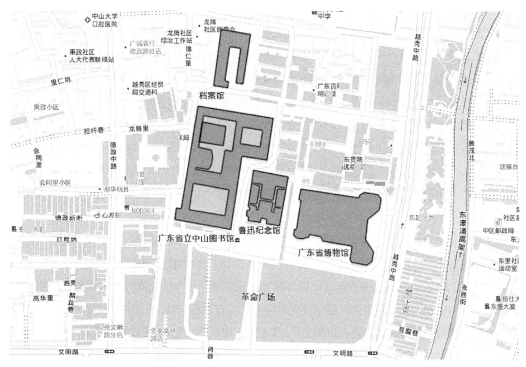

图 4-16　广东省立中山图书馆与旧城肌理比较分析简图
（资料来源：Google 地图。作者绘制）

第 4 章　广州旧城既有建筑绿色改造之关键设计要素

记忆。研究者采访过业界从事设计及管理工作多年的资深建筑师 F，他认为：白天鹅改造后效果并不好，室内呈现又红又蓝的色彩，很不自然。尽管结合改造空调系统等机电设备，降低了能耗，但是，改造过程中改变了原设计的人流动线，也给使用上造成诸多不适，如横跨中庭水的小桥无法行人，致使中庭两侧的交通流线被割裂。原设计可缓步抵达假山之巅的亭子，并可居高临下眺望中庭及远处的珠江水，如今也被设置障碍物，无法通行。

从以上两个绿色改造的实践案例中可以看到，既有建筑的绿色改造，前期研究显得至关重要。改造策略的可行性有赖于既有建筑的价值判断和分析，此为绿色改造设计的依据和约束。而具体设计与实施则需要根据项目的特点，选择适宜的改造技术。

整体而言，广州旧城改造中的既有建筑绿色改造在物质经济领域取得较大进步，在环境领域相对而言也比较重视，尤其是集中在节能减碳等物质领域。然而，对社会、文化领域却显得重视不足，提升的办法不多。面对经济、环境和社会的可持续发展课题，三者相互制约的矛盾使可持续发展的先后次序值得让学界思考，也困扰着业界多年。在当前发展经济、改善环境取得一定成效的基础上，如何在改造过程中思考重视社会人文领域的可持续，成为绿色改造的当务之急，黄承令（2012）认为："一般来说发展经济是最基本的，必须要先达到经济的永续，经济稳定之后再谈对人的教育也就是社会的永续，当前两个都达到了，最后再来谈环境的永续，这样循序渐进的发展过程，我想是不可或缺的。"

广州旧城既有建筑的绿色改造同样面临这个如何循序渐进的问题。对社会文化的重视不足，人文绿色理念教育的普及不够，那就难以养成公众的行为准则与道德，旧城既有建筑绿色改造就很难形成自发、自愿的行为。自上而下的行政指令，尽管使环境的可持续发展议题在短期内可取得立竿见影的形象效果，然而却很容易走向形式化，形成暂时的、应付行政指令式的，以功利主义为表现形式的肤浅行为。而这种绿色改造行为，实际上正在造成二次环境污染，从而加剧环境负担，最终还是让自然环境承担，由此，违背了可持续发展的初衷。

4.1.3 广州旧城既有建筑绿色改造所面临的挑战

历经僵化经济模式的困扰，广州自 1949 年以后曾经历过缓慢的发展过程。至 1980 年代，城市中的既有建筑呈现出布局混乱、房屋破旧、居住拥挤、交通阻塞、环境污染、基础设施短缺、文化遗产遭到忽视等现象。随着城市化进入高速发展阶段，在市场经济体制的逐步建立和完善的基础上，旧的产业在不断退出，新兴产业介入旧城。自 1990 年代起，广州旧城先后退出或迁走了大量带有污染性的工矿企业，如水泥厂、煤矿厂、造纸厂、电池厂、钢铁厂、玻璃厂等产业，污染少的第三产业逐步完善扩张。而搬迁后空出的旧厂区，通过更改土地使用性质，完善了居住区、公共建筑等基础设施建设，填补了旧产业所留下的城市空间。在新兴产业的引领和推动下，广州旧城的既有建筑改造进入了大规模快速发展阶段，这些产业包括房地产、旅游、文化创意、传统商业区复兴等。

既有建筑改造在物质领域取得成就的同时，也给旧城空间带来破坏，改造理论建设和观念思想的滞后，也使城市文化和风貌受到了冲击，历史文化名城——广州的传统城市与建筑文化特色正在慢慢消失。因此，当前的既有建筑绿色改造正面临新的挑战，体现在以下几个方面。

1. 改造后的既有建筑无法适应快速变化的城市生活

勒·柯布西耶（Le Corbusier，1924）曾经说过住宅是居住的机器。人们的生活方式随着生产、交通、休憩方式的改变而发生变化，建筑的功能与形式也随之产生变化。随着社会进步，新的生活方式对既有建筑的功能及其城市环境提出新的要求，如空间尺度、布局、交通、节能减碳、互联网以及邻里关系等，为适应新的城市生活，既有建筑绿色改造也就应运而生。

改造过程中，那种忽视既有建筑所构筑的城市风貌及价值，大规模推倒重建的旧城改造模式，使旧城中成片的既有建筑遭受拆毁，街道生活空间也消失殆尽（王喆，2014），饱含庶民日常生活的记忆也随之消失。旧城中孤存的重要历史建筑也被新型的城市生活所填充。面对改革机遇，在建项目都在强调高效，时间就是金钱，效率就是生命，在市场经济法则下，人们已无暇顾及旧城复杂的历史文脉和城市肌理，更无法理解旧城在地居民的情感和记忆。

1980年代初的建筑设计，普遍以理性分析为基础，以功能主义为指导原则。毕竟还刚刚打开国门，设计师们普遍未接触到建筑现象学以及可持续发展等理念，还无法从人的情感和记忆出发去设计，也没有"四节一环保"的绿色技术概念，以及相关政策法规约束，设计质量显得良莠不齐。随着时间流逝，旧区新的钢筋混凝土的庞大体量，在沦为高能耗的既有建筑的同时，也与旧城区低矮平缓的城市空间形态格格不入。而在环境污染、能源紧张、极端气候的背景下，这些"现代"既有建筑已经无法满足快速变迁的城市生活要求，不得不面临新一轮的绿色改造。

2. 既有建筑绿色改造忽视了城市文脉的完整性

1980年代后，一方面，广州旧城改造对既有建筑的拆除，给城市的留下是残留的碎片；另一方面缺乏人文绿色理念指引，快速改造也使既有建筑产生雷同。体量庞大的既有建筑始终无法与旧城在城市肌理和风貌上取得协调，更难以融入旧城的空间形态，失去个性和灵魂的现代既有建筑，与年代更加久远的既有建筑群所构筑的旧城街道也就丧失了地域性、文化性的特色，更多给人以杂乱、突兀的感觉。再者，部分改造后的既有建筑由于扩建，使既有建筑的空间尺度产生异化，与旧城人性化的空间尺度无法协调，与周边旧城空间形成了极大的反差。

1）旧城城市空间肌理的破坏

1990年代初，广州旧城曾将部分既有建筑所在的地块，调整开发强度，由改造前的容积率不足1.0提高到改造后15～18（孙永生，2010）。以此带动土地价值的提升，促进港商投资，带动旧城改造，获得城市基础设施建设的资金。就在当前，在已批复的"三旧"改造项目中，78%的项目为拆除重建，其结果也是带来开发强度的大幅度提升。如番禺区（田莉 等，2017），22个旧改项目后平均毛容积率从0.73提升至2.43，最大的容积率达到4.13。一切似乎还在重蹈当年的覆辙。

在大幅增加可销售面积的同时，也将带来更多的交通流量和人口。商业兴旺的背后是市政基础设施不堪重负，也带来一系列社会隐患和城市文化危机（林树森，2013）。如广州旧城北京路的广州百货大厦新翼和粤海仰忠汇商城，如图4-17所示。既有建筑改造后的尺度不仅破坏了旧城街道空间的连续性和城市天际线，而且使旧城特色景观消失殆尽。旧城街道生活变得

北京路广百新翼的总图与旧城肌理　　　　　　北京路粤海仰忠汇的总图与旧城肌理

图 4-17　广州旧城的广百新翼总平面与旧城肌理比较
（资料来源：Google 地图。绘制：作者绘制）

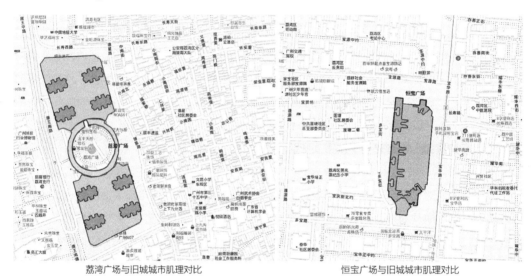

荔湾广场与旧城城市肌理对比　　　　　　恒宝广场与旧城城市肌理对比

图 4-18　广州旧城荔湾广场、恒宝广场总平面与旧城肌理比较
（资料来源：Google 地图。绘制：作者绘制）

支离破碎，甚至不复存在，使城市文脉遭到破坏（单霁翔，2013）。又如荔湾广场（以居住类为主的综合楼）也是在这种高容积率、高回报的市场经济规划下的产物，如图 4-18 所示。它是在成片拆除广州传统骑楼街坊的基础之上，以总建筑面积达 31 万 m^2、高度约 100m 的现代化的商业建筑形象，矗立在平缓低矮的老旧城区中。与此类似，旧城荔湾区的恒宝广场（住宅类），如图 4-18 所示，这种带有现代主义建筑特征的巨大体量，被粗暴植入到具有典型地方传统文化特色的广州旧城中，无法融入周边低矮致密的旧城肌理，从而造成城市发展结构的断裂、城市肌理的破坏和城市特色的局部丧失（倪文岩 等，2009）。

2）传统街道连续性的丧失

骑楼生活是 20 世纪初在广州旧城出现的城市商业活动的真实写照（郑静，1999），骑楼常见于在闽、粤、台、港、澳以及东南亚热带湿热型气候地区，通常为 2～4 层，底层前部为骑楼柱廊，后部为店铺，二层以上为住宅。广州旧城连续性的街道景观如图 4-4 所示，临街立面处理为西式造型或中西结合，骑楼并肩而建，形成连续的骑楼柱廊。骑楼的产生和发展与广州的气候自然条件、社会文化和经济背景有着紧密的联系，是形式与功能的完美结合（袁奇峰 等，1998）。

广州旧城最重要的街道，如北京路步行街和上下九步行街均为传统骑楼街区，也曾经面临被拆除的威胁。以小面积、多样化为特点的传统骑楼街底层商铺，由于无法满足现代商业对大型室内零售空间的动线和存储货物的需求，加上互联网购物对实体商业空间的压缩，使得部分骑楼被综合性商业购物中心所取代。这类商业中心往往规模巨大，集娱乐休闲于一体，以体验式商业模式为核心，对周边交通和人流导向的要求特别高，对旧城的城市文化冲击更大。在骑楼上部的居住空间，由于难以满足现代生活要求的自然通风、采光和现代化厨浴设施的情况下，拆除重建也成了它们的宿命。截至 1999 年，广州现存及可考证的骑楼街有 59 个路段，总长 39450 m，而在 1995—1999 年的五年之间，广州拆除了全部骑楼街资源的近 30%（李颖 等，2002）。

归根结底，广州旧城既有建筑在无法满足现代商业经营模式和现代生活需求的情况下，需要通过合理的改造以求可持续发展。然而由于此前旧城改造策略不当，当前的既有建筑改造就须考虑如何修复曾经被破坏的旧城街道空间，使传统街道空间的连续性在改造过程中给予关注并尽可能修复。

3. 多元建筑文化形式的消失

建筑文化包括建筑所体现的历史和人文景观、使用者的生活习俗乃至衣食住行等，这些都是以物质的形式被记录在建筑形态中（卢永毅，2009）。既有建筑空间从某种意义上说就是城市多元文化在建筑上的物质显现，它所反映的信息忠实地记录了文化的物质和非物质因素。城市文化是以建筑风格、空间形态、符号所记载的象征意义、结构形式、装饰花样等方式呈现，其背后隐藏了各种社会观念，如宗教、哲学、美学以及政治制度、价值观、空间场所感的物化等。

广州多元建筑文化形式的消失体现在三个方面：一是城市传统特色空间的消失；二是既有建筑外立面特色的消失；三是场所精神的失落。

（1）广州的骑楼街以及传统历史街巷在城市化进程中被拆成片段。大规模拆毁既有建筑群，使幸存下来的旧城中各种历史场所被切割孤立在旧城中一隅。由于缺少必要的环境和空间联系，各个历史场所难以连成一片，旧城传统特色空间的整体风貌被彻底破坏。失去传统特色城市空间的依托，曾经多元的建筑文化形式愈加杂乱无章（图 4-19）。

（2）多元建筑文化形式的消失还体现在改造后的既有建筑外立面效果上，因应新时代的建设条件，改造往往只能采用新材料、新技术、新工艺以及新的设计理念（张蕾 等，2018）。而既有建筑由于当年所采用的建筑材料，在颜色、质感、尺寸、规格和比例等方面均会与新时代市场所能提供的建筑材料不同。机器化大生产使建筑材料普遍缺乏地方特色。仅限于既有建

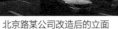
北京路某公司改造后的立面

相距该公司不足百米的广东省财政厅立面

图 4-19　广州旧城改造后的某既有建筑与周边建筑立面比较
（资料来源：左图作者自摄；右图由古海岸遗址提供）

图 4-20　广州旧城竹筒屋所构成的城市肌理
（资料来源：《广州竹筒屋的气候适应性空间尺度模型研究》）

筑单体的外立面改造模式，脱离了以街区为基本单元的整体性效果。而既有建筑的产权与使用权分离，维护保养责任的不清晰，使业主缺乏以主人翁的心态全身心参与投入改造。即使是自上而下的有组织的改造，也只能针对局部，面对庞大的旧城整体，依然显得力不从心，无法使旧城整体获得更新。限于局部的外立面改造反而加剧了旧城空间形体上的混乱和无序（郭湘闽，2006）。

（3）多元建筑文化形式的消失还体现既有建筑所在场所精神的失落。既有建筑及其塑造的公共空间是人的日常生活在历史中的沉淀（胡必晖，2016）。隐藏在旧城中的多元建筑文化形式，保留着人们长期的集体记忆。场所精神研究的是场所中人的情感变化，

是无形文化的保护与延续，是对有形的建筑空间形态研究的补充和提升。随着社会进步，人们对物质产品的需求会相对降低，而对精神文化产品的需求会不断增长。原因在于经济的发达与科学的进步仍将无法解释生活的意义，而只能在艺术和精神等文化领域中去寻找答案。因此，地方居民的幸福感，源于地方文化的进步与场所精神的认同。如果说城市的既有建筑及其环境是城市居民的物理家园，那么城市文化就是城市居民的精神家园（林树森，2013）。多元建筑文化丧失的根本原因之一，在于缺乏相关城市设计的指引，以及城市建设主管部门的统筹管理。

尤其是在市场经济法则下，项目建设的业主往往以项目利益最大化，以市场运营为根本出发点。在这种背景下，缺乏政策法规制约和强有力的城市管理，改造结果不如意也就不足为奇。

研究者曾经采访从事建筑与规划设计近 30 年的资深设计师 G 时，他说：位于旧城区既有建筑改造的立面审查，多会关注裙楼。如位于广州北京路的某公司，由于位于历史文化名城的旧城区，不远处的广州市财政厅为新古典主义的欧陆式风格的建筑，如图 4-19 所示，如何协调两者之间关系，就需要重新思考。而此次改造，塔楼主体部分的功能改为快捷式酒店，原先的现代风格外立面并未结合节能改造的需要而增加遮阳设施，也未与仅隔 50m 不远处的财政厅的风格进行呼应，基本上未做调整。其主要原因，对企业而言，涉及外立面的改造，报建报批手续烦琐，时间冗长，常规改造的思路都是为了避免改造立面，缩短报建程序的时间，尽可能不涉及立面的改造，这主要是受制于投资回报、施工周期和运营，更多是从商业投资考虑，并未从社会与文化的层面考虑企业的责任与义务。

当前，在市场经济法则下，既有建筑改造的不当，不仅破坏了传统建筑空间的秩序，更导致人的活动的消失。失去人的活动的地方，其场所精神也就不复存在，从而使地方失去可识别性（罗杰·特朗西克，1996）。个别历史建筑虽然在大规模的既有建筑拆迁中侥幸保存下来，但由于周边环境的改变，在失去了必要的空间联系与人的活动后，其特有的文化氛围也就消失殆尽。此外，旧城人口结构的改变也使得非物质文化的传承失去了必要的社会条件。早期大拆大建式的广州旧城改造，由于经济利益至上，忽视了公众利益（刘于琪 等，2017），城市公共活动空间减少，人口结构的改变也使得非物质文化的传承失去了必要的社会条件（广州市城市规划发展回顾编辑委员会，2006），传统文化活动的消失也使地方失去方向感和认同感，场所精神也随之消失。

以广州旧城的荔湾区为例，许多戏院、戏台等粤剧文化遗产所依附的既有建筑已经不复存在，深谙其岭南地方文化传统的西关人也在逐步减少，部分留下来的本地居民由于经济能力相对较低，对广州传统文化的影响力也在下降。而居住于此的新增外来流动人口，大部分都是务工人员（段险峰 等，1998），广州旧城的场所精神也就既失去了其所依附的物质空间，也丧失了社会人文载体。然而，场所精神的传承是以既有建筑的实体空间，以及长期生活在其中的居民为依托的，传统文化所依附的人与建筑空间的日渐消失，以及当前的绿色改造过程中，关于传统地方文化以及习俗并未得到重视，也就加剧了广州旧城场所精神失落的现象。

综上所述，历史文化名城的广州旧城区拥有大量既有建筑，也拥有引人入胜的历史故事和文化资源。老旧建筑能够使其成为未来最具活力的场所（简·雅各布斯，2006）。自 1978 年以来，旧城改造成为广州城市化快速发展的突破口。轨道交通建设、产业调整等一系列发展计划开启了旧城既有建筑改造再利用的序幕。然而旧城既有建筑改造所面对的产权复杂、投资回报问题始终未能解决，房地产的城市增长思维主导着既有建筑的改造过程（田莉 等，2017）。其结果是忽视了改造主体的自身价值以及城市文化价值的提升。究其根本原因在于对旧城既有建筑的价值认识不全，急功近利导致的短期快速开发，使旧城区的骑楼、竹筒屋、街道在短期内被大规模拆毁。原址重建使城市格局、街道生活、旧城肌理都遭到不同程度的破坏，如图 4-20 所示（肖毅强 等，2017），已造成无法挽回的损失。即使是针对既有建筑的外立面、功能置换、节能以及环境综合整治等专项改造往往也是以偏概全，忽视了居民的感受，包括场所精神与地方文化的再现与传承。当人们意识到既有建筑场所的独特文化价值时候，历史街区的保护法规和政策纷纷出台，然而，历史原因造成的既有建筑场所归属的行政区划等要素（张锦东，2013），使既有建筑场所的产权所属在都市中呈现出孤立的状态，也使旧城历史场所缺乏一致性与完整性，整体的文化特色也为之黯然失色。

总而言之，既有建筑绿色改造主要面临着三大挑战：

（1）改造后的既有建筑须面临生活模式改变后带来的挑战。新兴产业随着市场经济的高速运作，对建筑实体空间的变革需求也随之加快，新的生活模式和工作节奏更使社会结构发生深层次的改变，而集中在物质技术领域的既有建筑绿色改造还难以从根本上解决这些矛盾。

（2）绿色改造后的既有建筑忽视了城市文脉的完整性。旧城改造所带来城市肌理的破坏需要修补。一方面既有建筑的推倒重建，使得新建建筑无论是高度体量，还是形态空间均与周边环境无法融合；另一方面基于保留原结构体系的既有建筑绿色改造，仅仅限于外立面改造的原状修复模式，脱离了以街区为基本单元的改造，重蹈覆辙了过往旧城改造忽视旧城历史文脉和城市肌理的失误，基于物质技术领域的绿色改造还是难以使其真正融入旧城的历史文化环境。

（3）既有建筑绿色改造并未意识到旧城街区多元化的空间文化形式。由于建筑材料普遍缺乏地方特色，改造后的立面无法与旧建筑及其周边环境密切关联。旧城中幸存下来的既有建筑被切割孤立，由于缺少必要的公共活动及其场所，以在地居民活动为依托的场所精神也就不复存在。场所的归属感、地方感和可识别性也就被削弱。

4.2 广州旧城既有建筑的价值构成

以上调查结果显示，广州旧城部分既有建筑位于历史地段或街区，这些既有建筑在规划、交通方面与广州旧城的城市肌理割裂，在立面造型上与旧城历史文脉不符，在城市生活方面表失了传统骑楼生活特色，在能耗方面消耗巨大……城市化进程中，为了修补城市肌理，延续城市文脉，借助于既有建筑的绿色改造成为重要措施（仇保兴，2016）。而改造的最终目的在于提升既有建筑的价值，延续其使用寿命，以满足当代市场环境需求，促进城市化进程的可持续发展。

4.2.1 既有建筑的价值

故改造之前，须全面认识被改既有建筑的价值构成，对既有建筑进行全面合理的价值评估。以此为基础的绿色改造的可行性研究，才能使绿色改造具备适宜性和高效合理性。

在《辞海》中，价值被定义为事物的用途或者积极作用，等同于使用价值（李昊，2011）。使用价值是指物品和服务能够满足人的某种需要的属性，也可以表达为物品和服务的有用性。

德国哲学家谢勒（Max Scheler，1874—1928）是价值论的代表。他曾经提出五个标准来判断价值的高低，即持久性、不可分割性、基础性、深度满足性以及不可替代性。持久性是指越能持久的，价值越高。不可分割性是指越不可分割的，其价值越高。如果价值可以分割，就容易产生人与人之间的争夺；精神上的价值不能分割，只能让人共同享有，所以精神的价值更高。基础性是指如果甲是乙的基础，那么甲的价值更高。深度满足性是指越能让你深度满足的，价值自然越高。不可替代性是指不可替代性越明显的，价值越高。此外，他定义了四种价值类型，由低往高分别是：一是感官愉快的价值；二是生命感受的价值；三是精神品位的价值；四是宗教价值。

按照人的生命结构来看，感官愉快价值与生命感受价值属于身或身心之间的层次。在心的层次，主要是精神价值，涵括了真善美；在灵的层次，主要表现为宗教价值。因此，万物的价值可概括为经济价值、文化价值和精神价值。当既有建筑开始绿色改造时，在策划阶段，就需要全面客观地调查、评估其现有价值。尽可能要从更高层面上去策划提升既有建筑改造后的价值，此为改造成功与否的关键。而在谈到价值抉择时，约翰·罗金斯（2017）认为存在两种方向："其一，是以呈现行动的利弊计算或者其本身自有的价值，但通常都是小利小弊，而且永远没有定论；另一，则是去证明它与人类德性之更高秩序所具有的关系，以及证明它至目前为止之实践，可被视为德性之源的上帝所接受。"

谢勒和罗金斯所提出的价值论都是先验的。其价值的判断是根据每一个人的特定偏好，而这种偏好是一种直观。所以价值论的最大问题在于以谁的偏好或直观为标准，也就是客观性的问题。就算同一个人，也可能会随着一个人成长的年龄、文化层次的变化，而使其对待同样物件的价值观有所不同。既有建筑的价值及其判定同样面临这种客观性的问题，如何判断其价值成为改造再利用的关键。诺伯舒兹认为，每个时代都会留下他最好的建筑，次等的将会被拆除，以迎向新的未来（Norberg-Schulz，1968）。黄承令也认为：既有建筑的价值一直很难认定，每个城市都会有不同的认定标准。在美国，相关部门会每年将各种建筑奖公布，10年后将这些建筑再评审一次，看一看好不好，25年后再评审一次。所以经过多年的评审，那些有价值的房子就可以保留下来。法国的做法则是将当时盖完引起轰动的好房子立即列管。然后每几年就评估一次，随着时间的推展，慢慢就可以订出当代最好的建筑。反之，刚盖好的房子非常轰动，过几年大家觉得没有意义了，就会解除列管，因此既有建筑的价值其所涉及的评估机制应当非常严谨。

总之，经过漫长岁月而得以留存下来的所有建筑，都具有丰富的价值。厘清既有建筑的价值构成，对其价值的合理判断，将直接影响既有建筑绿色改造的人文途径。

由于价值的复杂性和多样性，既有建筑的价值构成评定，至今尚未有一致的方法和体系。英国文物保护建筑师费尔顿爵士在《欧洲关于文物建筑保护的观念》一文中提出将历史建筑的价值分为以下三个方面（Le Corbusier，1924）：一是情感价值，即新奇感、认同感、历史延续感、象征性和宗教崇拜；二是文化价值，即文献的、历史的、考古的、审美的、建筑艺术的、人类学的、景观与生态的、科学与技术的；三是使用价值，即功能的、经济的、社会的、政治的，此观点成为当今西方对历史建筑价值分类的较为普遍的方法。我国于2014年公布的《中国文物古迹保护准则》修订版将文物古迹的价值定义为历史价值、艺术价值、科学价值、社会价值与文化价值五类，不同的分类方法体现不同价值主体的不同价值观和方法论。结合中外历史建筑的价值分析和绿色建筑的概念内涵，本书将既有建筑的价值分为环境价值、经济价值与社会价值。

1. 环境价值

人们在寻求环境可持续发展的同时，也逐渐意识到既有建筑对环境造成的影响，从而形成既有建筑的环境价值。它包括生态价值和环保价值。

生态价值指的是任何建筑都是众多天然或人工合成材料加工后的综合体，筑造过程中将会消耗大量的人力、物力资源。既有建筑作为多种资源的集合体，和其他自然资源一样，都是地球有限资源的一部分。因此，既有建筑的再利用本身就是对自然生态环境的一种保护。其次，既有建筑的绿色改造过程中将继续耗费大量能源，改造后的再利用也将消耗大量能源和维护保养等资源。故通过对既有建筑的绿色改造，将有助于节能减碳，对生态环境保护具有重大意义（林宪德，2000）。

环保价值指的是建筑业作为影响生态环境最重要的行业之一，其建造、使用、拆解和再利用将耗费大量不可再生资源。同时，既有建筑在改造过程中也将产生大量粉尘、噪声、不可降解的建筑垃圾，这也是环境污染的主要来源之一。从城市可持续发展角度来看，采用绿色改造的适宜性技术将降低对环境的污染可能性，从而有效降低资源浪费和对生态环境的重复污染。

2. 经济价值

英国经济学家舒马赫（1973）认为：以经济学的角度对经济价值的判断具有片面性。其主要原因在于经济学的判断过于重视短期，而且经济学的判断乃基于成本控制。这就意味着某项活动虽然对环境有害，但可能是经济的，也就是利于控制成本的。而另一项活动有利于保护环境，但会牵涉某种代价，那就会不经济。更有甚者，经济学处理商品是根据其市场价值，而不是根据商品真正的内涵（舒马赫，1973）。因此，对既有建筑经济价值的判断不能完全依靠经济学进行评判。

迈克哈格也曾深刻地批判了经济价值至上的观点，他认为：在这个世界上，显然我们只有一种模式，这就是建立在经济基础上的模式。正如用 GDP 检验国家的成就那样，美国这块自由土地上现在的面貌就是这种模式最明显的见证。金钱是我们衡量一切的准绳，便利只是金钱的陪衬，人们目光短浅，只考虑短期利益，像魔鬼一样，把道德排在最末尾。

文化遗产保护专家伊斯迈尔·萨瓦格丁（Ismail Serageldin，1944—）曾将既有建筑的经济价值分为使用价值和非使用价值，以及选择价值（Option Value），经济价值不仅包括了直接使用而产生的使用价值，还涵盖了其存在、遗赠价值等非使用价值，所谓选择价值则是由建筑文化所衍生的经济价值。

因此，对既有建筑的经济价值判断，应从既有建筑的内涵出发，兼顾环境与生态的影响去考虑。既有建筑作为一种城市不动产，改造后其经济价值的增值将使其生命延续。处于旧城区的既有建筑与所在城市的商业环境密不可分，其所在位置的土地价值也是既有建筑经济价值的重要组成。有鉴于此，本书将既有建筑的经济价值分为三类：使用价值、土地价值和文创价值。前两者为既有建筑本体的经济价值，而后者则为建筑文化产品本身所衍生的，属于既有建筑外部的创意型价值。

1）使用价值

既有建筑的使用价值体现在其适应城市生活的使用功能。城市化过程中，逐渐走向衰败的既有建筑通过改造，即可激发出其潜藏的多功能性而带来更大的经济价值。使用价值不仅在于其使用功能的经济效益，同时还体现为一种延续既有建筑生命的方式。既有建筑一旦处于荒置状态，具有较高质量的建筑装饰、构造与构件将加快其衰败速度。而让既有建筑处于持续使用的状态，也是对高质量既有建筑的一种生命延续。从此前广州旧城中既有建筑的调查也可以获得验证。因此，充分发掘既有建筑的使用价值，对确定其经济价值而言具有极大的必要性。

2）土地价值

既有建筑的土地价值源于土地再开发。位于旧城区的既有建筑，蕴藏着巨大的土地利润，对开发者具有极大的吸引力。土地开发所获得利润远高于其土地和再建造成本，但土地上的既有建筑物会随着时间推移而老化、折旧，其经济价值日趋下降。随着城市与经济的发展，交通与商业、公共配套等外部条件不断优化。既有建筑所在土地区位优势，将为既有建筑的改造再利用带来新的契机，使既有建筑的整体价值随着时间推移呈逐渐上升的趋势。因而既有建筑的土地具有巨大的保值增值潜力。

3）文创价值

既有建筑的文创价值是指其建筑本身就是一种文化。在它被市场视为一种文化资源或文化资本时，就可能由此衍生出相关的旅游、展览、会议等文化创意产业。既有建筑被加载了丰富的历史信息之后便很容易被符号化，一旦成为一种符号就有机会衍生成一种文化产品。既有建筑经济价值中的文创价值就体现在基于符号化的文创产品所带来的消费利益。通过媒体创意广告技术，将既有建筑的文化、历史事件等转化为影像、照片、广告、纪念品等文创商品而广泛流传，能够创造相应的经济效益。这种文创产品的消费并不会消耗既有建筑作为文化载体的物理机能，其文化符号的可复制性将为既有建筑带来多重消费的可能，借由媒体强大的广告效应，更容易使既有建筑的文化价值成功变现。此为实现既有建筑文创价值主要途径。

3. 社会价值

既有建筑的社会价值包含了文化价值、精神价值和科技教育价值。

1）文化价值

既有建筑是我们与过去联结的纽带（段险峰 等，1998）。既有建筑是文化的物质载体，也是物化了的文化。因此，既有建筑的文化价值体现在既有建筑自身的文化底蕴。既有建筑绿色改造在保护生态环境、延续城市文脉、传承地域文化与场所精神等方面的作用不可替代（Yeoh et al.，1996），故文化价值是既有建筑区别于一般建筑的核心。既有建筑的文化价值主要体现为记忆价值、美学价值两个方面。

（1）记忆价值

既有建筑的记忆价值是指在漫长的时空演变过程中于既有建筑实体上所留下的痕迹与信息。记忆价值与其产生和发展的特定时空背景的联系紧密，其独特性在于可通过既有建筑的实体形态，直观呈现时空岁月的印记。人们通过对既有建筑传递信息的解读，可获得特定历史时期中的相关信息。值得注意的是，没有物质性表征的记忆往往是抽象的，而既有建筑作为存储和见证过往事件发生的物证，借由时间向度的叙述，凸显了既有建筑所具有的无法代替的集体记忆功能。这种记忆价值的载体一旦消失，也将使城市生活永远失去记忆。对于大量处于持续使用过程中的既有建筑而言，其记忆价值判定，不仅限于过往留下痕迹状态是否真实，而且为适应城市与社会发展而发生的既有建筑绿色改造，其过程本身也就构成了既有建筑记忆的一部分，使其成为记忆价值不可分割的组成。因此，既有建筑记忆价值的内涵具有动态发展的特征。

（2）美学价值

既有建筑的美学价值主要体现为既有建筑在美学史上的地位以及时代审美观的代表。关于建筑的美学价值，约翰·罗金斯曾经说过："建筑之价值所在，一是取决于建筑是承继人类富有力量的印象，二是起源于自然，符合造物的形象……而令建筑之所以杰出卓越的元素中，比较令人愉快满足，而非惊异震慑的那一个——它藏身于对美的形象所做出高尚而令人景仰的诠释和表现。而美的形象，其主要衍生之来源，则是那生化不息的自然所蕴含之各式各样外在面貌。"

建筑作为与绘画、音乐、雕塑、文学、诗歌等相互并行的艺术，其美学价值在于其立面所呈现出来的风格、色彩、纹饰、材质、装饰手法等特征，反映着既有建筑处于所在时空文化背景、审美趣味等。美学价值不仅是既有建筑本身外观立面及其所构筑的城市街道景观，还包括了既有建筑改造过程中与其周边环境的相互作用、与人类社会生活相结合所形成的习俗、庆典、筑造活动等。故既有建筑的美学价值包含了物质与非物质方面的内容，只有将建筑与所处的城市与社会环境视为整体，才能共同呈现出更高的美学价值（李昊，2011）。

2）精神价值

既有建筑的精神价值在于有助于人们辨认其方位感与认同感，也就是诺伯舒兹的场所精神（Norberg-Schulz，1979），也可理解为是人类在社会文明的进程中的自我落脚点。通过这种地方认同感，在强调本体价值回归、尊重多元文化并存的全球化文化氛围中，才能找到独特的民族精神。精神价值包括历史延续感、文化认同感、精神象征感、民族与国家归属感、意识凝聚、宗教崇拜等。理解既有建筑的精神价值，应重视生活其中的个人的认同感与归属感，才能在社会层面上，而非精英层面上提高对文化重要性的认识。

3）科教价值

最后，既有建筑的科教价值主要指建筑中所蕴含的科学技术信息。主要体现为其在建筑学、工程学、材料学、人文地理及生态学等方面的成就。既有建筑饱含着反映当时社会生产力水平的筑造理念、方式、结构和材料技术以及相应的施工工艺，既有建筑作为时代科技建造水平的物质见证，它的存在，给传统建造技艺提供了载体，呈现了更为生动、可信和直观的实体信息。既有建筑所蕴含的科学技术信息，是历史信息的一部分。因此，对既有建筑的科技价值的理解必须紧密联系其记忆价值。既有建筑的教育价值主要指建筑中所蕴含的技术信息的科普展示，主要体现为其在工程学、材料学、人文地理及生态学等方面的成就和教育意义。

综上所述，广州旧城区既有建筑的价值可分为既有建筑的环境价值、经济价值和社会价值，面对复杂的既有建筑价值构成，改造前甄别既有建筑的价值，判定其改造的可行性及其改造后可提升的价值空间，显得至关重要。因此，为客观公正，首先须由第三方评估既有建筑的价值，

德国海德堡中世纪小镇鸟瞰　　　　　　　　海德堡皇宫周边民居与废墟共存

海德堡皇宫废墟　　　　　　　　　　海德堡皇宫废墟与小镇的空间整体保护

图 4-21　德国海德堡旧皇宫的现状
（图片来源：作者自摄）

于此基础上方能确定绿色改造的正确途径。

4.2.2　既有建筑的价值评估

有研究认为，在对既有建筑价值构成的分析基础上，对既有建筑进行相对客观的价值评估，将有助于更加准确的判断其价值所在（蒋楠 等，2016）。如此，方能够帮助我们更客观全面地了解既有建筑的本质，区分是否具有文物特征，是否具备认定为历史建筑的条件，然后才能相对准确判断是否为具有绿色改造的可行性，为后续绿色改造的设计策略提供指导和依据。毕竟，经评估，当判定其为文物或者保护单位，受制于国家保护法，就不具备改造的可行性，而只能采取保育措施。

德国在对既有建筑改造之前，都必须对既有建筑进行评估。根据评估结果将既有建筑分为两大类，即具有文物特征和不具有文物特征的建筑。然后再从文化意义、纪念区域、造型质量、环境质量、结构构件等鉴定其价值，从既有建筑的现状和再利用提出相应评价，再对文物类做出特别的判定与保护措施（王俊 等，2016）。如位于德国海德堡小镇的皇宫，即使在战争中被炸为废墟，然而经过评估后，作为海德堡小镇整体空间文化的重要组成部分，采取以原状保存为原则，并未对其进行改造再利用，而是作为遗址供游客观光凭吊，如图 4-21 所示。

因此，对于大量仍在使用中的既有建筑，我们应该以价值评估的视角，通过对其价值指向的物质和非物质的文化要素进行评估，分别从环境价值、经济价值和社会价值进行整体评价。过程中，对于日后可能评定为历史建筑的既有建筑，则应有所预判和控制改造力度，在改造的过程中才能维护好整体环境。

1. 价值评估目的

从绿色改造的整体目标出发，对既有建筑价值的评估主要包含两个方面：首先是评估既有建筑主体所承载着的环境价值、经济价值和社会价值。为实现既有建筑改造后其总体价值的最大提升，对既有建筑各个部位进行合理的判断。如必须进行原状保留的部分、需要恢复修缮的部分和可拆除或增扩建的部分等。其次是评估既有建筑与环境的关系。它将显示既有建筑能够提供哪些文化价值，对环境产生何种生态影响，哪些潜在价值可被转化为经济价值，将产生何种使用价值、土地价值和文创价值等，还有哪些潜在价值可被挖掘为社会价值，可产生何种精神凝聚力，对小区居民产生何种归属感和方位感。如此，我们方知道需要在哪些地方进行适当改造，使既有建筑绿色改造后获得最大价值。

2. 价值评估之层次综合评估法

层次综合评估法简称 AHP，是一种对专家综合评议法的优化方法。该方法优化了专家综合评议法中的主观性问题，在定性基础上增加定量评价，使评价结果更加客观。它可以将其他方法难以量化的评价要素两两比较加以量化，将复杂的评价要素构成简化为清晰明确的层次结构，从而能有效而直观地确定多要素评价中各要素的相对重要程度（庄惟敏等，2018）。

评价指标的选择是层次综合评估法的关键。在对既有建筑价值的判断基础上，在指标选择中既要尽可能准确、全面地反映既有建筑的实际情况，同时也要体现绿色的多元价值平衡的目标。根据前文中对既有建筑的价值分析，环境、经济和社会三大价值可分别延伸为生态价值、环保价值、使用价值、土地价值、文创价值，以及文化价值、科技教育价值、精神价值八个分项，以此来构建更为详细的价值评价体系，从而客观全面地反映既有建筑的现状。

此外，从既有建筑绿色改造的社会性来看，改造的目的是方便人及其活动，因此还应当强调公众参与度和社会公平性。因此，在专家的选择上，除了采用建筑、文史等方面的领域专家之外，还应当加入社会大众的分项。

层次综合评估法的评价步骤是：首先根据既有建筑的价值评估确定评价的标准，然后在此基础上依照专家及各方面的打分去确定各项指标的权重，最后建立评价模型，全面反映评价的各方面信息及其分辨值。然而，AHP 过程中所获得的专家意见，在评价意见不一致的情况下，尚需进行多轮的商议，以获得趋近一致的意见，研究成果才具有信服力，过程显得冗长繁复。

为提升既有建筑的整体价值，在认识既有建筑价值属性的基础上，通过层次综合评估法（AHP）将给既有建筑的价值评估带来相对客观的价值判断，也为进一步明确既有建筑的价值属性奠定基础，从而明确绿色改造的方向。例如扎哈的安特卫普港口总部大楼作品，不仅在增建建筑上发挥现代材料与技术的特点，同时深度挖掘基地与建筑物的历史记忆，让整体价值提升才是方案成功的原因。方案竞标过程中，其制胜的关键在于事前彻底的分析与调查。

综上所述，通过上述既有建筑的价值分析与评估，才能对既有建筑的价值有较为清晰与全面的认识。既有建筑绿色改造的目的之一在于提升改造后的建筑使用功能（段险峰 等，1998），因此，通过提升改造后的既有建筑价值是实现绿色改造目的的有效途径，结合层次综合评估法可使既有建筑价值在评估的基础上，针对既有建筑的价值分布而采取相对应的价值提升策略。

4.3 影响广州既有建筑绿色改造之关键设计要素

由上述既有建筑的价值构成与评估分析，从中也就可初步获取影响既有建筑绿色改造的相关要素，可归纳为环境、经济和社会要素。其中，影响环境价值的设计要素包括了生态、环保要素；影响经济价值的设计要素包括使用、土地和文创要素；影响社会价值的设计要素包括了文化、精神和科技教育要素。这些要素相互关联，共同作用，促使改造能够达到提升既有建筑价值的目的。然而，于绿色改造的建筑设计过程中，如何从众多相关要素中判断其关键的设计要素，尚待进一步深入研究。而关键设计要素的评判依据在于：该要素在绿色改造实践过程中所发挥的作用如何，也就是实际绩效表现如何[1]。

本节借鉴管理学中的多准则决策的实验方法，建立影响既有建筑绿色改造之关键设计要素的研究架构。目的在于识别影响绿色改造设计的关键要素，分析关键要素间的因果关系，绘制关键要素之网络图。最后通过 IPA 分析研究各设计评价的绩效值及重要度，获取影响广州既有建筑绿色改造的设计要素表现优劣的信息，从而为建构既有建筑绿色改造之人文途径找出其关键要素及其关联性。

4.3.1 多准则决策方法步骤及研究架构

管理学中判定评价准则间的因果关系及关键要素的确定方法有许多种。其中，决策实验室分析法（Decision Making Trial and Evaluation Laboratory，DEMATEL）是通过因果关系图确定系统内各元素的相互关联性（Tzeng et al.，2007），再从众多影响要素中识别出根本性的影响要素（Wu，2008）。该方法是产生网络图的有效工具。本书运用 DEMATEL 与 ANP 共同汇整两种信息（Hu et al.，2015），以决定绿色改造中设计间的关键要素。再由此绘制出关键要素间之因果图。该方法的优点在于可大幅简化因果关系图，有利于聚焦关键要素间之因果分析。当一个关键要素有箭头指向其他关键要素时，代表前者是影响后者的最大关键要素。此外，基于 DANP 的因果图，本研究再进一步使用重要度 – 绩效值分析（importance-performance analysis，IPA）以决定出发点（starting points），具体流程如图 4-22 所示。

研究结合绿色建筑领域的专家（主编国家行业标准）和曾经获得美国 LEED 铂金奖项等资

---

① 本书的研究方法与成果曾发表在《建筑与规划学报》（台北）2018 年第 19 卷第 2 期，原文题目《影响既有建筑绿色改造之关键建筑设计因素》。本节仅就其中部分论述和图表编号等，根据本书的内容给予修正。

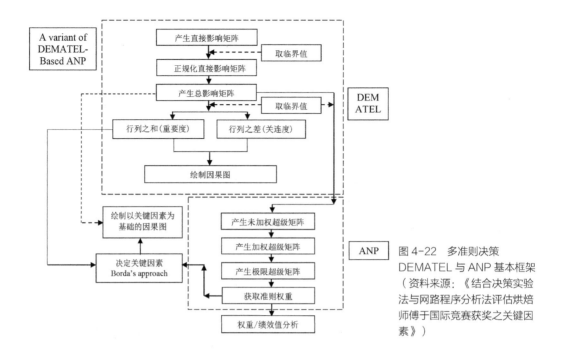

图 4-22 多准则决策 DEMATEL 与 ANP 基本框架（资料来源：《结合决策实验法与网路程序分析法评估烘焙师傅于国际竞赛获奖之关键因素》）

深建筑师的建议，将绿色改造所涉的大量建筑设计信息化繁为简，对绿色改造的设计内涵进行推敲，整理出影响绿色改造效果的相关评估构面与准则。据此讨论影响既有建筑绿色改造的关键设计要素。具体步骤如下：

（1）基于前文所述的既有建筑绿色改造的文献回顾、资深专家访谈与针对广州旧城既有建筑的参与式观察，整理出 4 项评估构面和 16 项准则。

（2）以 16 项准则为内容形成问卷，发放问卷，整理分析问卷数据，获得设计准则间的直接影响矩阵。

（3）以 DANP[①] 法（DEMATEL based ANP）分析问卷，获得影响绿色改造的设计关键要素，探究要素间的因果关系并获得网络图。

（4）通过 IPA[②] 完成准则的绩效分析，获取急需改善提高的准则，并从中透过诠释、整理与分析各要素间的关联性，结合实务经验获取最后结论，并提出相关建议。

---

① DANP 法是 DEMATEL based ANP 的简称，其中的 ANP 系以 AHP 的运作为基础。包含四个主要步骤：1. 描述问题，决定优先问题的所有因素，建构网络图；2. 产生群组优先权矩阵，就相依性的因素进行成对比较，产生优先向量（priority vectors）；3. 将所有优先向量（priority vectors）放置于超级矩阵的适当位置，将未加权超级矩阵转换为超级矩阵，由加权超级矩阵直至获得极限超级矩阵；4. 就极限超级矩阵的各区块进行正规化，由正规化后的极限超级矩阵读出各群组与要素的相对权重（Meade & Sarkis, 1999; Saaty, 2001）。而 DEMATEL based ANP 是以 DEMATEL 的总影响矩阵直接作为 ANP 的未加权超级矩阵，免除成对比较问卷的制作。
② IPA 是 importance-performance analysis 的简称，在管理学中又称之为重要度 - 绩效值分析。该方法的主要目的在于以准则的绩效值与相对重要性，来检视急需改善、持续保持、过分重视以及无序关注的指标（胡宜中 等，2017）。

4.3.2 关键设计要素的构面准则与调查问卷

为建立影响既有建筑绿色改造之关键设计的构面与准则，首先在前文相关系统性文献回顾并收集整理信息的基础上，以访谈形式收集该领域专家的意见和建议，形成构面与准则，再以调查问卷形式面向设计院、高校、行政管理部门等研究机构收集各层面的专家反馈信息。

1. 研究构面准则的确定

研究者于 2018 年 2 月走访了广州大型甲级设计公司和高校研究机构，通过与资深设计人员的访谈，获得绿色改造的建筑设计的信息并进行拆解。研究以图 4-22 所示之雏形架构为基础，通过本书第 2 章文献回顾的相关绿色改造的建筑设计基础信息，将资深专家的访谈并讨论后形成的成果，形成多准则决策实验法研究的构面与准则。

其中，资深专家是由获得美国 LEED 认证铂金奖的加拿大籍资深建筑师、我国绿色建筑研究领域的专家教授（参加国家绿色建筑行业标准编制）、获得中国三星级的资深建筑师和从事建筑教育的资深教师组成。上述专家均来自广州或在广州地区生活 20 年以上。研究于 2018 年 5 月进行了第一次准则增删，依据资深专家所给予的建议，对架构之构面进行修正。2018 年 6 月据此研究架构进行第二次资深专家访谈，将讨论意见反映在 16 个准则中。研究依据准则对应的信息内容，确定了一个包含场地设计、单体设计、围护结构、建筑环境 4 个构面，共计 16 项准则的正式研究架构。同时，整理出最终的准则描述，如附录 E 多准则决策的问卷一所示。

在本书第 2 章系统性文献回顾中，曾发现西方国家的绿色改造评价标准多有涉及人文领域的具体内容。如英国、德国、澳大利亚的绿色评价体系中均针对安全性提出评价标准与权重，英国和德国还特别重视既有建筑改造后的视觉舒适性，以及对既有建筑的文化价值属性的评估与保护措施，而我国香港的绿色建筑更加注重既有建筑物的评估以确定绿色潜力，注重关爱小区老人的需求，这些均属于人文层面上的内容。结合参与式观察所获得的广州旧城既有建筑现状，本书也将既有建筑绿色改造的安全性纳入影响绿色改造的准则之一。

值得注意的是，本书并没有直接将既有建筑的社会文化价值作为影响既有建筑绿色改造的构面或准则之一，而是以既有建筑立面改造后的协调统一性这一准则给予呈现。其原因首先在于建筑立面是城市文化传播的重要媒介，也是地方传统文化转译的关键（卢永毅，2009）。其次，对于既有建筑本身而言，大部分的空间主体已经稳定，通常难以或不可更改，而通过广州旧城区既有建筑改造的调查，无论是既有建筑的改造还是环境整治、微改造，既有建筑的外立面改造在整治后的效果并不佳。因此，透过设置有关立面改造后的协调统一性的准则，将获得相关建筑立面文化的重视程度是否真实可靠的信息。最后，所有 16 项准则的文字描述还参考了既有建筑绿色改造中有关设计领域的评价标准，于准则描述中给予深化，或增加或删减相关内容。也就是，相对于绿色改造领域的专家和建筑师而言，在同等条件下，便于对影响绿色改造的准则进行客观评判，使专家评判的依据统一，信息的获取和问卷评价趋近可靠。其最终成果也有利于指导后续绿色改造的实践。此外，既有建筑绿色改造的目的在于使改造后的既有建筑价值最大化。对照既有建筑的价值分类，可以将影响广州既有建筑绿色改造的关键设计准则，根据属性可分类并归纳为环境、经济和社会要素，详见附录 5 多准则决策的问卷一，具体而言如下：

1）环境要素

包括生态要素和环保要素。涉及生态要素的建筑设计准则包括保护周边生态（为便于描述，以符号 A2 指代，以下类似）、场地绿化设计（A4）、改善建筑风环境（D2）。涉及环保要素的建筑设计准则包括无光污染（D3）、满足场地透水（A5），相关各要素的说明与描述详见附录 5 的多准则决策的问卷一。

2）经济要素

包括土地、使用和文创要素。其中，涉及土地要素的建筑设计准则包括场地交通流畅（A1）、机动车停放合理（A3），涉及使用要素的建筑设计准则包括功能分区优化（B1）、满足消防规范（B1）。相关各要素的说明与描述详见附录 5 的多准则决策的问卷一。

3）社会要素

包括文化、精神和科技教育要素。其中涉及文化要素的建筑设计准则包括立面风格协调（B2）；涉及科技教育要素的建筑设计准则包括被动式节能措施（C1）、热工性能良好（C2）、房间隔声标准（C3）、场地噪声标准（D1），相关各要素的说明与描述详见附录 5 的多准则决策的问卷一。

需要注意的是，上述要素中，文创价值要素、精神价值要素均无法量化，且多以既有建筑的立面特色及其风格协调（B2）因素呈现，故影响既有建筑绿色改造的建筑设计准则中 B2 已包含影响既有建筑的文创价值、精神价值内容。

2. 既有建筑绿色改造之关键设计要素调查问卷设计

问卷发放面向的人员主要包括在建筑设计领域有经验的主创建筑师、建筑设计专业领域中曾经指导学生参加相关竞赛之教师，从事房地产开发的建筑设计管理人员，建设工程管理领域的资深公务员。参与问卷调查的专家背景见附录 D。具体参与问卷调查的成员包括：广州地区的资深绿色建筑专家 5 名、设计院建筑师 5 名、房地产或甲方管理人员 3 名、高校建筑设计领域的学者 6 名，组成 19 人的课题研究小组，其中，国家一级注册建筑师共有 7 名。发放问卷 19 份，收回的有效问卷 17 份。受访人的相关信息与问卷，详见附录 D 与附录 E。

4.3.3 关键设计要素间的因果关系及其网络图

研究中运用了 DEMATEL 方法来厘清影响绿色改造的建筑设计评价准则间的因果关系。先形成 i 为基础的直接影响关系矩阵[①]（Direct influence martrix），如附表 G-1 绿色改造设计要素之问卷整合直接关系影响矩阵（Z），分别将每份问卷的准则所对应的数据除以 17 获得其平均值。例如将所有问卷的 A1 数值相加，再除以 17，所获得的数据即为直接关系矩阵中所对应准则 A1 的数据，其余各项准则数据均以此类推获得所有准则的平均值，形成直接关系矩阵中的对应数据。再通过对直接影响矩阵进行正规化，得到正规化直接关系矩阵（S），参见附表 G-2 绿色

---

① 直接影响矩阵（Direct influence martrix）是将准则依其影响关系与程度两两比较，以此产生直接影响矩阵（胡宜中 等，2017），本研究中是求得所有问卷矩阵的平均数，以得到建筑设计评价各准则间的直接影响关系矩阵。

改造设计要素之建立正规化直接关系矩阵（S），并带入公式 $T=X(I-X)^{-1}$，可得总影响关系矩阵 T（Total Influence Matrix），参见附表 G-3 绿色改造设计要素之建立总影响关系矩阵（T）。令 t_{ij}（i, $j=1$, 2, …n）为总影响关系矩阵 T 中的元素。

每一列（row）的各元素之和为 D，每一行（column）各元素之和为 R。将 $D+R$ 定义为重要度（Prominence），$D+R$ 值越大，说明该准则重要程度越高。将 $D-R$ 定义为关联度（relation），又称之为原因度。若准则关联度为正值，说明该准则属于主动影响者，当 $D-R$ 值越大时，表示此要素直接影响其他要素之程度越大，对此类准则可考虑优先改善；但若准则关联度为负值，说明该准则属于受影响者，值越小时，表示此要素被其他要素所影响之影响程度越大（Wu，2008）。

如表 4-1 所示，A2 的 $D+R$ 重要度为 6.09，小于 A4 的 $D+R$ 重要度 6.106，因此 A2 的重要度排名落后于 A4 的重要度排名。原因度为正值未必是较佳的开始改善点，原因度为负值的要素也未必毫无改善空间。根据附表 G-3 总影响关系矩阵，计算出重要度与关联度，如表 4-1。由此绘制绿色改造建筑设计准则 $D+R$ 原因度柱状图（图 4-23）和 $D-R$ 重要度柱状图（图 4-24）。

绿色改造设计要素之重要度与关联度

表 4-1

准则	列的和（D）	列的和排序	行的和（R）	行的和排序	重要（D+R）	重要度排序	原因度（D-R）	原因度排序
A1	2.452	4	2.508	4	4.960	4	−0.056	10
A2	3.171	1	2.919	2	6.090	2	0.252	1
A3	2.805	3	2.580	3	5.385	3	0.225	2
A4	3.053	2	3.053	1	6.106	1	0.000	9
A5	1.839	10	1.786	11	3.625	10	0.053	7
B1	2.387	5	2.281	6	4.668	5	0.106	5
B2	1.033	16	0.901	16	1.934	16	0.132	3
B3	1.434	13	1.628	12	3.062	12	−0.195	14
C1	2.176	6	2.097	7	4.273	8	0.079	6
C2	1.910	9	2.036	9	3.946	9	−0.125	12
C3	1.614	11	1.809	10	3.423	11	−0.195	15
D1	2.139	7	2.353	5	4.492	6	−0.214	16
D2	2.100	8	2.241	7	4.340	7	−0.141	13
D3	1.148	15	1.021	15	2.170	15	0.127	4
D4	1.161	14	1.139	14	2.300	14	0.022	8
D5	1.486	12	1.556	13	3.042	13	−0.070	11

（资料来源：本研究成果。作者绘制）

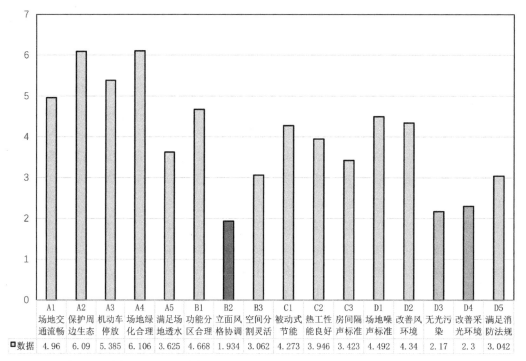

□数据	A1 场地交 通流畅	A2 保护周 边生态	A3 机动车 停放	A4 场地绿 化合理	A5 满足场 地透水	B1 功能分 区合理	B2 立面风 格协调	B3 空间分 割灵活	C1 被动式 节能	C2 热工性 能良好	C3 房间隔 声标准	D1 场地噪 声标准	D2 改善风 环境	D3 无光污 染	D4 改善采 光环境	D5 满足消 防法规
	4.96	6.09	5.385	6.106	3.625	4.668	1.934	3.062	4.273	3.946	3.423	4.492	4.34	2.17	2.3	3.042

图 4-23　绿色改造设计准则 *D+R* 重要度柱状图
（资料来源：本研究成果。作者绘制）

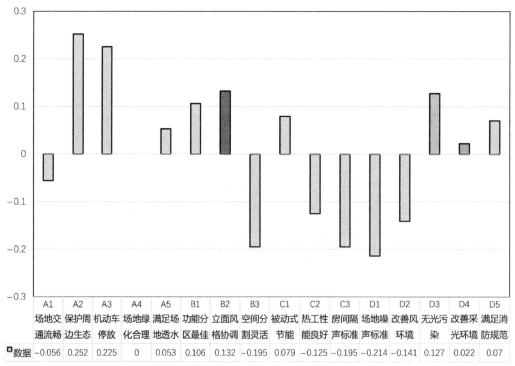

□数据	A1 场地交 通流畅	A2 保护周 边生态	A3 机动车 停放	A4 场地绿 化合理	A5 满足场 地最佳	B1 功能分 区最佳	B2 立面风 格协调	B3 空间分 割灵活	C1 被动式 节能	C2 热工性 能良好	C3 房间隔 声标准	D1 场地噪 声标准	D2 改善风 环境	D3 无光污 染	D4 改善采 光环境	D5 满足消 防规范
	−0.056	0.252	0.225	0	0.053	0.106	0.132	−0.195	0.079	−0.125	−0.195	−0.214	−0.141	0.127	0.022	0.07

图 4-24　绿色改造设计准则 *D-R* 原因度柱状图
（资料来源：本研究成果。作者绘制）

由图 4-23 可获悉准则 A2 保护生态环境、A3 机动车停放以及 B2 立面风格协调的数值呈现正值，排名前三位，反映出绿色改造过程中呈现主动影响其他准则的作用，且影响力较其他要素的程度更大。由图 4-24 可获悉准则 B2 立面风格协调的数值最低，反映其在绿色改造过程中的重要度较低。

研究采用应用分析网络程序法（Analytic Network Process，ANP）确定绿色改造建筑设计的关键要素。传统 ANP 方法在结束成对比较前，需对每一个成对比较矩阵的一致性进行检验（姜超 等，2017），以确保数据的有效性，其缺点是一致性难以达成（Gwo-Hshiung Tzeng，2011），运用 DANP 方法，可免除成对比较矩阵的一致性检验（Zeshui et al.，1999），简化了分析过程，减轻了受访者的答题强度。

研究采用胡宜中等提出的如图 4-22 所示的 DANP 操作架构，将 DEMATEL 的总影响关系矩阵作为 ANP 运算中的未加权超级矩阵，对该矩阵进行正规化，并将正规化后的结果自我相乘，至收敛为止，得到表 4-2，由极限超级矩阵即可决定各准则之相对权重。如 A1 与 A2 的权重分别为 0.077 和 0.099，由此绘制绿色改造设计要素的权重排序柱状图（图 4-25）。由该图可清晰获悉，准则 B2 立面风格协调在绿色改造中的权重最低。由于 DEMATEL 与 ANP 会产生准则重要程度的信息，因此在决定关键要素时，不应只以 DEMATEL 重要度或 DANP 的权重为唯一考虑，因此采取将两种信息汇整的方式（Hu et al.，2015），以决定准则权重排序。

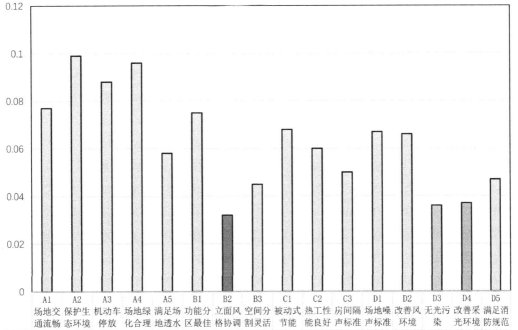

图 4-25　绿色改造设计要素权重排序柱状图
（资料来源：本研究成果。作者绘制）

绿色改造设计要素之求极限化超级矩阵　　　　　　　　　　　　　　　　表 4-2

准则	A1	A2	A3	A4	A5	B1	B2	B3	C1	C2	C3	D1	D2	D3	D4	D5
A1	0.077	0.077	0.077	0.077	0.077	0.077	0.077	0.077	0.077	0.077	0.077	0.077	0.077	0.077	0.077	0.077
A2	0.099	0.099	0.099	0.099	0.099	0.099	0.099	0.099	0.099	0.099	0.099	0.099	0.099	0.099	0.099	0.099
A3	0.088	0.088	0.088	0.088	0.088	0.088	0.088	0.088	0.088	0.088	0.088	0.088	0.088	0.088	0.088	0.088
A4	0.096	0.096	0.096	0.096	0.096	0.096	0.096	0.096	0.096	0.096	0.096	0.096	0.096	0.096	0.096	0.096
A5	0.058	0.058	0.058	0.058	0.058	0.058	0.058	0.058	0.058	0.058	0.058	0.058	0.058	0.058	0.058	0.058
B1	0.075	0.075	0.075	0.075	0.075	0.075	0.075	0.075	0.075	0.075	0.075	0.075	0.075	0.075	0.075	0.075
B2	0.032	0.032	0.032	0.032	0.032	0.032	0.032	0.032	0.032	0.032	0.032	0.032	0.032	0.032	0.032	0.032
B3	0.045	0.045	0.045	0.045	0.045	0.045	0.045	0.045	0.045	0.045	0.045	0.045	0.045	0.045	0.045	0.045
C1	0.068	0.068	0.068	0.068	0.068	0.068	0.068	0.068	0.068	0.068	0.068	0.068	0.068	0.068	0.068	0.068
C2	0.060	0.060	0.060	0.060	0.060	0.060	0.060	0.060	0.060	0.060	0.060	0.060	0.060	0.060	0.060	0.060
C3	0.050	0.050	0.050	0.050	0.050	0.050	0.050	0.050	0.050	0.050	0.050	0.050	0.050	0.050	0.050	0.050
D1	0.067	0.067	0.067	0.067	0.067	0.067	0.067	0.067	0.067	0.067	0.067	0.067	0.067	0.067	0.067	0.067
D2	0.066	0.066	0.066	0.066	0.066	0.066	0.066	0.066	0.066	0.066	0.066	0.066	0.066	0.066	0.066	0.066
D3	0.036	0.036	0.036	0.036	0.036	0.036	0.036	0.036	0.036	0.036	0.036	0.036	0.036	0.036	0.036	0.036
D4	0.037	0.037	0.037	0.037	0.037	0.037	0.037	0.037	0.037	0.037	0.037	0.037	0.037	0.037	0.037	0.037
D5	0.047	0.047	0.047	0.047	0.047	0.047	0.047	0.047	0.047	0.047	0.047	0.047	0.047	0.047	0.047	0.047

（资料来源：本研究成果。作者绘制）

　　现将对应准则之重要度及原因度与 DANP 所产生之准则权重排序相加，重新排序后如表 4-3 所示。DANP 中的 DEMATEL 所产生的重要度与 ANP 所计算出的准则重要性，均作为关键要素确定的依据，通过采用 Borda 法则（Truchon，2008），即首先将 DEMATEL 和 ANP 计算出的两组影响要素按重要性的大小依次分别排序。而后，将每一影响要素的 2 个排序值进行加和，总和越低代表重要程度越高，反之则越低。

　　如表 4-3 中的 A2 经 Borda 法则后数值为 3，而 A3 经 Borda 法则后数值为 6，因此 A2 整体排序上比 A3 靠前。以此法则类推，最终排序决定了绿色改造设计的关键要素详见表 4-3，依序为：场地绿化设计合理（A4）、保护周边生态（A2）、机动车停放合理（A3）、场地交通流畅（A1）、功能分区优化合理（B1）、场地噪声符合标准（D1）、采用被动式节能措施（C1）、改善建筑风环境（D2）共计八项。从附表 G-3 总影响关系矩阵中，将 8 项关键要素相互间影响关系的数据导出，并做正规化处理，得到表 4-2 关键要素间的极限化超级矩阵，该矩阵反映出各专家针对准则间的意见已获得一致。

　　根据附表 G-4 准则的因果关联相互间的影响强度数据可见，对场地交通流畅（A1）影响较大的是机动车停放合理（A3），对周边生态保护（A2）影响较大的是场地绿化设计合理（A4），对机动车停放合理（A3）影响较大的是保护周边生态（A2），对场地绿化设计合理（A4）影响较大的是保护周边生态（A2），对功能分区优化合理（B1）影响较大的是机动车停放合理（A3），

准则	DEMATEL 重要度排序	D-ANP 权重排序	排序和 Borda score	整体排序
A1 场地交通流畅	4	4	8	4
A2 保护周边生态	2	1	3	1
A3 机动车停放合理	3	3	6	3
A4 场地绿化合理	1	2	3	1
A5 满足场地透水	10	10	20	10
B1 功能分区优化	5	5	10	5
B2 立面风格协调	16	16	32	16
B3 空间分隔灵活	12	13	25	12
C1 被动式节能措施	8	6	14	7
C2 热工性能良好	9	9	18	9
C3 房间隔声标准	11	11	22	11
D1 场地噪声标准	6	7	13	6
D2 改善风环境	7	8	15	8
D3 无光污染	15	15	30	15
D4 改善采光环境	14	14	28	14
D5 满足消防规范	13	12	25	12

（资料来源：本研究成果。作者绘制）

对采用被动式节能措施（C1）影响较大的是保护周边生态（A2），对场地噪声符合标准（D1）影响较大的是保护周边生态（A2），对改善建筑风环境（D2）影响较大的是保护周边生态（A2）。

　　因此，通过上述描述可知，保护周边生态（A2）和场地绿化设计（A4）这两个准则相互影响。此外，保护周边生态（A2）又同时影响机动车停放合理（A3）、被动式节能措施（C1）、改善建筑风环境（D2）这三个准则，机动车停放合理（A3）又同时影响功能分区优化合理（B1）与场地交通流畅（A1）。据此计划准则间的关系网络图，如图 4-26 所示。该图表示了关键因素之间的相依性，其中的箭头指向表示因素之间的影响关系。例如 A2 与 A4 之间的双向箭头，

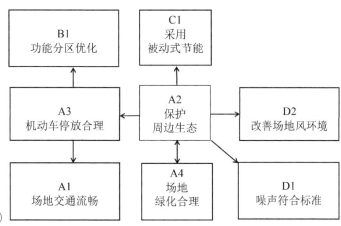

图 4-26　影响绿色改造之关键设计
要素间的关系网络图
（资料来源：本研究成果。作者绘制）

表示 A2 影响 A4；A4 也会影响 A2，两者之间是相互的影响关系；A2 与 A3 之间是单箭头的指向关系，表示 A2 会影响 A3；以此类推，A3 又会影响 B1。

因此，以上相互关系的图示中，A2 是所有关键因素中的影响源头，由于 A4 影响 A2，也就是说生态环境和场地绿化成为关键因素中的源头因素，方案策划过程中抓住这两个因素，将使绿色改造取得事半功倍的效果。

4.3.4 既有建筑绿色改造之关键设计要素及其绩效

1.IPA

Martilla 与 James 于 1977 年提出 IPA（Importance-Performance Analysis，IPA）的重要性，即表现程度（绩效）分析法。该方法主要透过的重要性与表现程度，进而绘制二维矩阵图，共分为四象限（王仁宏 等，2016）。IPA 可用于辅助决定极需改善的准则（胡宜中 等，2017）。准则权重部分为表 4-3 所示之排序加总得分替代，得分越低，代表重要性越高，得分最低的 8 个准则即为关键要素。因此，根据 DEMATEL 与 DANP 所得到之权重信息，场地绿化设计合理（A4）、保护周边生态（A2）、机动车停放合理（A3）、场地交通流畅（A1）、功能分区优化合理（B1）、场地噪声符合标准（D1）、采用被动式节能措施（C1）、改善建筑风环境（D2）共八项，可作为既有建筑绿色改造之关键设计准则。这些关键准则的排序加总值均小于 16，见表 4-5。由此生成关键准则权重排序分布柱状图（图 4-25），并可清晰判断，准则 B2 立面风格协调的绩效值最低。

为了呈现出 8 个准则的绩效表现，本研究仍以 17 位专家为问卷调查对象，针对绿色改造之关键设计要素的 8 个准则的表现程度，依表 4-4 的尺度从 0-100 进行评分。对 17 名专家的评分结果计算平均值，得到八项关键准则的表现程度。经讨论，所有专家均同意以 70 分作为评判关键准则绩效好坏的临界值，兹将准则的重要性整体排序与绩效值之关系绘于图 4-27。

绿色改造设计要素之绩效值评价尺度 表 4-4

尺度	0	25	50	75	100
表现程度	非常不好	不好	普通	好	非常好

（图表绘制：本研究绘制）

绿色改造设计要素之关键准则 IPA 分析 表 4-5

IPA 分析		
准则	绩效值	重要度
A1 场地交通流畅	59.6	4
A2 保护周边生态	88.5	2
A3 机动车停放合理	59.6	3

IPA 分析

准则	绩效值	重要度
A4 场地绿化合理	82.7	1
A5 满足场地透水	73.0	10
B1 功能分区优化	67.3	5
B2 立面风格协调	50.0	16
B3 空间分隔灵活	59.5	12
C1 被动式节能措施	78.0	8
C2 热工性能良好	86.5	9
C3 房间隔声标准	63.5	11
D1 场地噪声标准	67.3	6
D2 改善风环境	76.9	7
D3 无光污染	67.3	15
D4 改善采光环境	71.1	14
D5 满足消防规范	57.7	13

（资料来源：本研究成果。作者绘制）

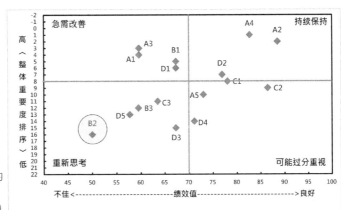

图 4-27　绿色改造之关键设计要素的
绩效值分布图
（资料来源：本研究成果。作者绘制）

　　图 4-26 为影响既有建筑绿色改造设计的关键要素间的关系网络图。其中，场地绿化设计探讨的是建筑师对场地周边建筑环境的情况调查，和绿化改造提升的具体措施，该准则有助于控制既有建筑周边场所环境的改善。周边生态环境保护是对既有建筑周边生态环境的保护意识，会影响到影响机动车停放合理性、被动式节能措施、改善建筑风环境。以上两项作为绿色改造关键设计要素中的核心，也就是准则间相互影响关系的源头，两者间交互影响，对其他设计要

素的影响面最大，建议在设计时优先考虑，或作为首要关注内容。

机动车停车场地设计的合理性和场地交通的流畅性是都市既有建筑绿色改造中提升环境功能的重要环节。既有建筑因时代背景原因，对交通汽车停车位置及数量考虑不足，导致机动车乱停乱放、阻塞交通，而停车场地及交通动线的优化设计，最终也会影响场地环境的无障碍设施，是设计优化的思考依据。被动式节能措施是探讨如何通过建筑设计的手法从组织自然通风、改善采光等手法以节省能源消耗，而不是通过采购大量设备方式（主动式节能）去达到节能目的。无噪声污染是既有建筑在场地环境细节的把控。风环境改善能够改善不利旋风，提升自然通风的效果，风环境改善和噪声污染及被动式节能措施这三个准则，同属于绿色改造建筑设计专业价值的体现。

此外，既有建筑的周边生态环境保护完整，将激发公众自发采取步行和自行车作为交通工具，从而从根本上减少对机动车的依赖，减少机动车的停车设施。而机动车停车设施的合理设计，将会优化既有建筑的出入口设置，地下室停车设施的合理开发与再利用，将使既有建筑的地面以上的功能布局更具有灵活性。而既有建筑周边生态环境的保护，将使建筑物周边的树林、山丘、水体等自然生态环境保持良好状态，密集的树林能够有效吸收噪声，将降低既有建筑周边的噪声分贝，利于符合既有建筑的噪声控制标准。

总体上看，参与调查的专家们对绿色改造关键设计要素的获取和认知，与实务过程中的设计要素所反映的内容基本一致，验证了多准则决策实验法所获得研究结果的客观性。

2. 管理意涵

IPA 的主要目的在于以准则的绩效值与相对重要性，来检视极需改善、持续保持、可能过分重视以及重新思考的指标。由图 4-27 可知：

1）应持续保持的准则

所谓应持续保持的准则是指该准则经专家评估后，在过往实践过程中表现较好，绩效值较高，整体重要度排序较高，在以后的实践过程中应给予持续保持。依据研究的结果可知，既有建筑绿色改造在建筑设计专业领域必须特别关注，且应当持续保持以下准则：场地绿化设计合理（A4）、保护周边生态（A2）、采用被动式节能措施（C1）、改善建筑风环境（D2）。目前，上述这些准则在既有建筑绿色改造过程中，其表现程度较好，也就是比较重视且效果较好。

2）极需改善的准则

所谓极需改善的准则是指该准则经专家评估后，在过往实践过程中表现不够好，绩效值偏低，但整体重要度排序较高，在以后的实践过程中应加强重视，提出改善的策略和方法。依据实证研究的结果可知，场地交通流畅（A1）、机动车停放合理（A3）、功能分区优化合理（B1）、场地噪声符合标准（D1）等四个指标均为关键准则，但绩效不彰。也就是在当前的绿色改造过程中，这部分的设计工作还做得不够好，因此极需改善，否则很难达到绿色改造的目标。

3）可能过分重视的准则

所谓可能过分重视的准则是指该准则经专家评估后，在过往实践过程中表现较好，因此绩效值较高，然而因为整体重要性排序较低，因此在以后的实践过程中应给予修正，避免因过度重视，产生人力、技术和经济方面的无效成本。依据实证研究的结果可知，热工性能良好（C2）、满足场地透水要求（A5）、改善内部采光环境（D4）等三个指标为关键准则，绩效较好，相对其他关键准则而言，整体重要度较低，反映在绿色改造过程中存在重视过度的可能性。结合实际工程经验，当前在项目施工图报建的过程中即需要完成节能设计的强制性审查，否则无法取得施工许可证，且该部分内容必须按照节能方面的隔热系数、采光系数等规范完成设计。因此，无论是业主还是设计方，以及相关建设部门对此都非常重视，存在过度重视的现象是可能的，是与实际设计状况相符合的。

4）重新思考的准则

所谓重新思考的准则是指该准则经专家评估后，在过往实践过程中表现不好，因此绩效值较低，而且整体重要性排序较低。正常情况下被忽视，然而结合实践，考虑其重要性，可给予重新思考。一方面反思其重要性排序的原因，另一方面需要考虑如何重视与改善。依据本次研究的结果可知，立面改造风格协调（B2）、满足现行消防规范（D5）、空间分隔灵活（B3）、房间隔声符合标准（C3）和无光污染（D3）等五个指标，绩效较差。

研究结果发现，消防设计作为安全的重要内容虽然未列入绿色改造评价的关键准则，但其绩效值偏低，显示出有进一步改善和提升的必要性。当前尚无针对既有建筑改造方面的消防法规，反映出执行层面的缺失和困惑，如何完善与改进，由于不在本研究范畴之列，不予深入探讨。其中空间分隔灵活（B3）、房间隔声符合标准（C3）和无光污染（D3）可依据相关法规，在执行过程中给予重视设计与管理即可改善指标。由于空间分割灵活（B3）与房间隔声符合标准（C3）均涉及室内改造对分户墙材料的选择，反映出材料的隔声性能以及可循环再生材料的选用还不够，光污染方面主要体现在室内光环境的眩光控制不好，且外立面幕墙材料的选择对室外环境的影响较大。这三个方面在绿色改造中均表现不佳，需要给予重视和强化提升。

而既有建筑立面改造协调统一（B2）相对其他准则而言，由于整体的重要度较低，反映在绿色改造过程中重视程度不够，或者表现较差。结合参与式观察以及绿色改造的实践，该标准反映了绿色改造的建筑立面在与周边其他建筑风格的协调，以及地方传统建筑文化特色的传承方面的确还做得很不够，缺乏有效的设计指引，这方面还有较大提升空间。

3. 分析结论

经上述IPA分析，在改造方案设计所面对的大量烦琐复杂的信息中，依据此研究成果将可获得清晰的构思框架，有助于提升改造设计的方案构思效率和质量，可获得以下结论：

1）既有建筑绿色改造设计思考的框架

影响既有建筑绿色改造之关键建筑设计的八项要素中，保护周边生态（A2）和场地绿化设计（A4）是发起所有要素关联作用的源头，两者相互影响，且对机动车停放合理（A3）、被动式节能措施（C1）、改善建筑风环境（D2）有直接影响，连带影响功能分区优化（B1）与场地交通流畅（A1）。因此，在改造的方案设计过程中，需着重从场地生态保护和绿化设计出发，兼顾其他评价的内容。

2）广州当前既有建筑绿色改造之现状

在影响绿色改造关键建筑设计评价要素中，场地设计占3项，单体设计占1项，围护结构占2项，环境占2项。反映出目前广州地区的绿色改造已由节能设计转向场地绿化和景观设计，对相关细节的要求更加具体和明确，包括交通动线顺畅、无障碍环境、噪声控制、光污染控制等。

然而，也存在过度重视的可能性，也因此会造成资源浪费。故有必要进行检讨并制定相关政策，修正过度重视的现象，以引导既有建筑绿色改造的相关各方重新回到正轨。

3）既有建筑绿色改造中的立面改造

根据 IPA 绩效分析，既有建筑立面改造协调统一（B2）相对其他准则而言，整体的重要度较低，反映出绿色改造过程中重视程度不够，或者表现较差。反映了绿色改造的建筑立面在与周边其他建筑风格的协调，以及地方传统建筑文化特色的传承方面还做得很不够，还有较大提升空间。

对照既有建筑改造的价值分析，上述影响广州既有建筑的绿色改造设计要素中，并没有将文创要素和精神要素单独列入评价准则，而是涵盖在（B2）准则之内。而这和当前的相关绿色改造评价标准的导向有关，也存在对既有建筑的文化、美学、精神和教育价值的认识不足，未能认识到既有建筑的文化创意、场所精神延续的价值与重大意义。文化、精神的传承固然无法按照笛卡儿式的科学分析方法给予衡量和量化，然而建筑现象学的方法却给出清晰明确的指引，透过直观体验观察后而获得经验与记忆，从而增强场所环境的方向辨别。再透过在地居民参与改造的实践活动，使得地方认同感得以加强，历史文脉得以延续。在这方面需要在绿色改造过程中急需弥补和加强。

综上所述，首先，当前的广州既有建筑绿色改造是以获得绿建筑标识为导向，侧重从于节能等物质层面的改造。改造忽视了从城市空间的整体角度去思考，忽视了地方传统建筑文化特色的传承。其次，当前既有建筑绿色改造普遍是自上而下的运作模式，忽视了在地居民的参与，使场所精神和地方文化认同感难以延续（郭建昌，2018）。

4.4 小结

本章于前文论述既有建筑改造的人文绿色理念基础上，从广州所处的岭南地域、气候和环境的分析出发，探究了广州地方传统建筑适应岭南湿热气候的建筑文化特征。研究从广州旧城改造的历程分析入手，对旧城区既有公共建筑进行实地调研。本书分别从旧城既有建筑的结构体量、功能转换、外立面和周边环境等方面进行调研、归纳、统计和分析。调研结果反映出广州既有建筑的改造，一方面并未起到修复广州旧城肌理和文脉的作用，被破坏的广州旧城风貌难以恢复；另一方面当前的改造集中在节能和装修领域。改造后的现状分析显示，由于忽视了在地居民的情感和交流，既有建筑的价值并未得以充分提升。因此，本书再从广州既有建筑的价值构成与评估分析着手，以满足绿色改造所要求的提升既有建筑使用价值为目标。

结合第 2 章的系统性文献回顾结论，以及与绿色建筑专家访谈并讨论的成果，汇总成影响绿色改造关键设计要素的构面与准则。研究过程中采用多准则决策的管理学方法，最后获得影响广州既有建筑绿色改造的关键设计要素，及其相互关联性与绩效。通过对关键要素的绩效值进行分析，由此总结出广州旧城既有建筑绿色改造所不足或缺失。其关键要素的缺失体现在既有建筑外立面的协调统一性。而既有建筑作为城市建筑文化和城市记忆的载体，是通过将城市的历史文化以符征的形式凝聚在既有建筑的立面中，以符旨的形式存储于在地居民的记忆中。

由此反映了当前既有建筑绿色改造过程中所忽视的人文因素。

综上所述，广州旧城中的既有建筑历经了拆毁重建式改造、"三旧"改造、微改造以及当前满足以节能为核心的绿色改造模式。改造多数局限于物质实体空间领域，属于以满足机能为目标的改造。如何满足属于用户带有情感记忆的人文绿色理念的改造却甚少人问津。经济、环境固然是绿色改造的重要领域，但疏忽人和社会的情感记忆却使绿色改造不完整。为完善广州旧城既有建筑绿色改造所缺失的人文要素，根据上一章人文绿色理念的建构和本章既有建筑的价值体系分析，下一章将从人与自然以及人与社会的和谐共生的关系入手，运用建筑现象学、人文地理学以及拼贴城市等理论，继续探究广州旧城既有建筑绿色改造的人文途径。

第5章　广州旧城既有建筑绿色改造之人文途径

广州旧城的既有建筑是在城市化进程中，通过各种改造活动使其适应城市生活改变的。其间，既有建筑改造的模式随着旧城改造的模式而改变，反映出指导改造的思想和理论在更新和进步。

纵观东西方既有建筑改造的历程以及成功的绿色改造个案，绿色改造已不仅是节能环保等物质技术领域的改造范畴，而是作为城市可持续发展的重要组成部分，与城市活力、建筑文化等人文领域的内容联系在一起，需要平衡社会各方面的关系（安德鲁·塔隆，2018）。

本章将在第4章探究影响广州旧城既有建筑绿色改造的关键设计要素的基础上，继续深入探讨绿色改造的人文要素及其内涵；在第3章所提炼的人文绿色理念基础上，建构广州旧城既有建筑绿色改造的人文途径，弥补当前绿色改造集中在物质技术领域而忽视社会人文要素的不足。

5.1　广州既有建筑绿色改造之人文要素

第4章的研究结果显示，当前广州旧城既有建筑绿色改造所不足或缺失的重要因素之一在于其外立面风格的协调统一性，反映了既有建筑绿色改造过程中对人文要素的认识不足或忽视。因此，既有建筑的绿色改造过程中，既有建筑的人文价值还有待认识、挖掘和提高。以下分别从绿色改造的可行性和社会效益的视角来分析其人文价值，在充分认识或重视既有建筑于旧城中的人文价值的基础上，探究影响既有建筑绿色改造的人文要素。

5.1.1　人文绿色改造的可行性

既有建筑的绿色改造是一种再造的过程，期间投入一定的资源并获得相应的价值提升是业主为改造立项的初衷。绿色改造的目的之一在于提升既有建筑的功能，改造的经济可行性是改造成败的关键，厘清经济可行性对既有建筑绿色改造的顺利与否显得特别重要。因此，在进行既有建筑绿色改造前，我们首先需要对既有建筑的经济价值进行评估，以确保包括使用、土地和文创价值在内的经济价值在改造后能够兑现，以此作为改造成本和经济效益的可行性判断依据。

1. 影响改造可行性的经济要素

第4章关于既有建筑的价值构成分析中，既有建筑的经济价值包括了其使用价值、土地价值和文创价值。这些价值在改造后的经济变现程度，共同构成了决定既有建筑绿色改造成功与否的经济因素。

首先，城市中的建筑与自然界的生命一样，也是要经历发生、成长、衰老和回归自然、归于泥土的轮回（贾德·戴蒙，2018）。旧城中的既有建筑在生命周期中已步入衰老阶段，我们所能做的只能是推迟其生命。同时，也能够有助于减轻自然环境和能源消耗的压力（林宪德，

2000）。在难以满足当前经济生活需求情况下，既有建筑的使用价值将随着旧城区的衰败而逐步下降（方可，2000）。因此，需要通过改造将其重新恢复到更好的使用状态。结合既有建筑所在旧城的区域位置和城市产业规划定位，找到适合既有建筑的合理功能以及业态，此为既有建筑实现使用价值提升的核心。

其次，随着城市和经济的发展，既有建筑价值走低的同时，位于旧城区的优势却使其土地价值将随着时间的推移而增加（Jones et al.，1996）。土地价格和地面建筑自身价格的比值增长，将使既有建筑的存在及寿命得以延长。土地价格的增长使既有建筑的经济价值提升，因此，改造需要平衡既有建筑相关各方的利益，包括政府、业主、开发商和小区居民等，消除因价值利益分配所带来社会关系紧张的隐患。此外，既有建筑的绿色改造一方面在保留既有建筑主体、维持原有建筑密度与容积率不变的情况下，需要引入文化旅游、科技教育和展览会议等服务型产业。这些功能的转换将带动既有建筑所在土地价值的增值，土地增值所带来的经济活力将提升城市竞争力；另一方面则是通过扩建和增建既有建筑主体，适度增加原有建筑密度和容积率，在改善周边交通与环境的同时，透过增加建筑总量给土地带来增值。

最后，随着社会进步，人们对物质产品的需求会相对降低，而对精神产品的需求会不断增长（林树森，2013）。人们对于精神意义的需求构成了文化消费，从而产生经济效益。既有建筑所含有的历史文化价值经过选择、创意与包装成文创产品后，将转化为可计量的经济价值。既有建筑蕴含的文化信息可为其本身形成文创产品提供便利，以产品形式带来一定的增值（葛蓝·艾波林，2001）。对既有建筑而言，教育、观光与体验是最基本的文化消费活动。借由既有建筑来展现历史或文化的真实场景与社会生活，契合了不断在扩大的消费市场而获得收益（孙永生，2010）。因此，基于既有建筑的文化而催生的一系列文化创意产业所产生的商业效益，都是文化价值的变现。

2. 绿色改造经济可行性评估

既有建筑经济价值的复杂性对其绿色改造的可行性而言存在很大的不确定性，因此，绿色改造的可行性评估将成为既有建筑改造成功与否的重要保障（Park，2014）。绿色改造的可行性包括两方面：成本投入后的有形经济回报，即是否值得改造，以及隐形的社会效益回报。而隐性的社会效益既包括能否推动城市文化的发展，促进城市社会的和谐，也包括是否可满足包括节能减碳在内的环境效益提升。

1）绿色改造的有形经济成本

合理控制绿色改造成本是经济可行性的前提。来自相关建筑法规或既有建筑自身空间、结构安全方面的限制，无疑是影响既有建筑绿色改造成本的主要因素。例如为满足绿色节能环保要求，新增或更新的外围护保温隔热构造、高能效的机电空调设备、节能灯等，都将增加绿色改造的有形成本。既有建筑的现状愈差，其绿色改造的成本便愈高。在成本控制上，利用既有建筑自身的材料和采用适宜的可循环再生材料等都将有效降低改造费用（大卫·劳埃德·琼斯，2004）。

2）绿色改造的隐形社会效益

绿色改造的隐形社会效益指的是既有建筑在完成绿色改造之后，其生态环境的修复、改善以及社会效益的提升。其最大特征在于，成果的显现需要较长的时间培育和耐心的等待。

绿色改造的可行性一方面需要考虑经济成本，另一方面还需要考虑社会效益，包括文化、科技、教育等领域的影响力。社会效益的提升还包括以地方感、归属感为主要特征的场所精神的延续，其作用在于增强小区公众的归属感和凝聚力，以及以绿色技术和既有建筑自身的构造技术作为科技示范的教育作用。通过绿色改造的示范教育方式，可以培育养成公民对生态环境保护的意识、道德和伦理，从而在日常生活细节中自发地践行绿色理念。

例如节能减排效应的科技教育示范、高新科技建造方式的展示、环境改善以及外立面改造带来的美学价值提升等，均可促进隐形社会效益的增长。这种社会效益的增长是通过培育的方式，在参与既有建筑改造的社区居民中潜移默化，逐渐转为自觉的行为，而非短期内见到成效。这种方式将对社会良性发展产生重要的积极作用。而能否实现，一方面需要基于对长远规划的自信和保持持久平和的心态；另一方面需要做好旧城产业规划布局的调整，促使既有建筑改造后能持续满足市场经济的需求。

由于既有建筑绿色改造所产生的社会效益增值也会体现在满足相关产业的发展，如文化教育产业、创意产业、版权产业以及观光旅游等。这些产业均是围绕既有建筑自身资源的挖掘再造，因此，唯有通过适度改造与包装，才能使其成为商品；通过市场流通以传播其文化价值；通过促进消费从而获得相应的经济效益，从而有助于促进公民教育、激发城市活力和增强地方认同感等社会效益的增值。

需要注意的是通过绿色改造提升既有建筑价值的时候，也要注意对社会环境的不利影响。例如在既有建筑立面改造的过程中，有可能引起对空间文化形式产生不可逆的破坏；平面功能的置换将会改变既有建筑所在旧城区的人口结构；人口的急剧更替将产生新的社会问题，包括人口的素质、类型和数量的增减，使用人群的巨大转变会对既有建筑的环境空间氛围，及其所蕴含丰富内涵的文化习俗造成破坏性影响等（单霁翔，2013）。因此，过程中需要兼顾弱势群体的利益，通过公众参与反馈其需求（Dutta et al.，2007），综合各方相关利益主体的意见，在绿色改造的可行性研究阶段给予充分的论证。

5.1.2 人文绿色改造的社会效益

前文已阐述过，既有建筑的社会价值包括文化、精神、科技教育等内容。什么样的社会产生什么样的文化，反之，文化也在影响社会和日常生活（迈克·克朗，1998）。与之对应，影响既有建筑的社会价值提升的要素包括文化、科技和精神等内容，其中的部分内容，也涉及改造经济可行性中的隐形社会效益。尤其是文化要素，其意义尤其广泛。例如对生态环境的珍惜或忽略，主要来自社会族群的教育、认知与反省，而这也是一种文化的素养（黄承令，2018）。而这种文化素养的养成，仰赖于对相关社会要素的认知和长期的潜移默化培育，而决非靠短期急功近利式的以大规模运动方式去解决。

1. 文化要素之多元性

文化所包含的日常生活风俗和功能形式等内容，是以空间形态尺度、材料构造工艺以及民俗活动等形式，反映到既有建筑的实体空间及其空间文化形式上（张松，2008）。建筑是城市多元文化的物化表现，既有建筑连接着我们的过去。根据本书第4章的研究成果，如图4-31所示的绿色改造设计之关键设计要素的绩效值分布图，既有建筑立面风格的协调统一性位于需要重新认识的象限，也就是说关于既有建筑的立面改造需要重新反省和认识。过往绿色改造过程中所存在的忽视人文，或者不重视以及处理不当，已经使绿色改造偏向于物质技术领域范畴。而既有建筑所在城市的肌理混乱、文脉割裂、公众活动空间被蚕食，以及活动内容的贫乏，对旧城的城市建筑文化已经造成一定的伤害。因此，分析探究其多元的文化因素将是实现绿色改造的重要人文途径之一。

人类学家爱德华·伯内特·泰勒（Edward Burnett Tylor，1832—1917）于1871年首次对文化进行定义，即文化不是作为物而存在的。它是一种观点、概念和构想，是人们对思索、信仰认知与所从事的诸多事务及其处理方法的一种描述性称谓。拉普卜特（Amos Rapoport）将文化进一步明确为三个方面：一是区域化的生活方式，包括规范、规则和日常行为等；二是世代传承的、由符号传递的图式体系，通过后代传承和移民来实现；三是改造生态和利用资源的方式，即通过开发生态系统而得以谋生的本性。

由此可见，是人及其社会的行为模式产生了文化。其传播媒介主要是通过符号，传播途径则主要由社会的传承延续，以及随着人类的迁徙来完成。文化特性促成了社会群体可识别性的产生，并成为文化得以延续的条件之一（阿摩斯·拉普卜特，2016）。因此，文化应当受到尊重，并以自然的方式去演变，而不应被人为地加以阻断或消除文化间差异（段义孚，2017）。与此同时，文化的宽泛性与抽象性使之在具体的建成环境中被隐匿了起来，也必然使文化的呈现具有多元性的特征。若要对文化进行阐释，最好的办法即是将其进行分解（鲁思·本尼迪克特，2005）。通过分解文化当中的多元要素和生活环境之间的关联，才能增加对生活方式的理解，促进对文化的传承。

因此，理解既有建筑在绿色改造中多元的文化因素，主要是要分析人与环境产生关系的各种生活现象。可将既有建筑的文化特征与生活现象融合在一起并对其进行解读，可通过以下几方面达成：首先，厘清既有建筑的文化特征。通过比较或挖掘既有建筑在城市中的整体布局与空间形态，分析其在引导人的行为和符号意向传达方面中所起的作用，以此来获得既有建筑所蕴含的文化内涵，当中也可借助建筑现象学和聚落学的方法进行类型提取。其次，延续既有建筑的文化特色。文化需要本土与外来文化融合，当融合产生新要求的时候，就会发生变革而产生新的文化特征，从而满足改造后的使用者对环境和社会空间的文化精神要求。最后，是诠释既有建筑的文化价值。围绕文化认同和利益，不同的人群在同一环境中的行为活动和心理接受度上皆存在差异，故对既有建筑的文化价值的感知与理解亦有所不同。这种差异性可运用人类学、人文地理学的理论，结合历史文献、现场调研和访谈等来获得解读和诠释。

2. 科技要素之适宜性

绿色改造的科技要素不仅要以节能减排等绿色技术的形式来呈现，还要求体现在改造技术的适宜性方面，既有建筑的绿色改造技术包括传统技术和高新技术。

传统技术指的是在一定区域范围中，经过长期的演化并传承下来的地方建筑技术，也是对该区域内自然与人文环境的诠释，具有较强的区域环境适应性。本土材料和传统建筑技术通常源于自然，在建筑生命结束后能够回归自然，过程中不会破坏生态。然而传统技术通常建造效率低，人工费用高昂。如岭南传统建筑的木构、青砖等传统建造技术和材料构造做法。虽然传统技术在生态环保等领域中有着先天性的环保优势，但并不等同于在当代具有普适性。传统技术的局限表现在其生产效率低下。其根本问题在于：传统技术所赖以存在的原材料资源、工匠、技艺和文化认同等建造系统，在近现代工业革命的冲击下已被肢解。现代化的高效率生产节奏直接导致了传统技术的稀缺，而无法成为普适性的绿色技术。

高新技术是以现代自然科学理论为基础，表现为节能环保领域的人工智能与技术的综合运用。例如新型的保温隔热材料、高效能的机电空调设备、智慧化的楼宇办公、低能耗的照明系统等。高技术无疑在节能减碳的性能上具有极大的优势。它克服了传统结构和材料上的应用限制，例如低导热系数的保温隔热材料。高新技术使得既有建筑的改造，可以方便达到行业规范中的节能标准。轻巧的轻钢结构在局促的既有建筑空间中，能够创造出适宜的人性化尺度；透明化隔热材质亦可打开空间视线并提供舒适光环境；智能化技术于机电设备中运用，将大大减少设备运行的能耗和碳排放，因此高新技术整体上为既有建筑的改造提供了自由度和可操作性。

然而，高新科技并的运用未把人类从生态恶化、环境污染、能源短缺、生存危机中解救出来，反而通过滥用高科技而给自然环境带来新的负担和压力。高技术的局限性表现为高成本和地方文化性的缺失。首先，采用高技术将加大前期改造过程中的资金投入，加重一般性既有建筑改造的经济负荷；其次，过分追求高技术容易造成城市内新旧建筑的风貌不协调。例如现代保温材料往往以异质状态介入既有建筑的空间环境，从而与周边环境无法融合；而盲目追求高效能的机电设备改造，也会面临科技产品更新换代的提速，从而面临着能耗评价标准的不确定性。频繁采用高新技术而导致的设备更新，也将导致二次环境污染和高成本的问题。

适宜性中间技术的运用可追溯至英国经济学家舒马赫提出的中间技术。他主张将技术问题与经济、城市化等因素综合考虑，避免脱离客观条件的限制而一味追求所谓的高技术，而应当在地方条件的限定下，选择适合该地区现实情况的技术策略。他提倡使用非暴力的、与自然共存的，以及无噪声、低能耗的解决方式（舒马赫，1973）。

适宜性中间技术在既有建筑改造中的运用主要表现为在绿色改造中，其技术选择有利于其生态的改善、环境的保护、成本的控制、使用维护的便利等。因此，适宜性中间技术是在平衡经济、环境和社会价值关系的基础上，适当、合理地选用绿色改造技术。其中可循环再生的建筑材料即为有效的中间技术之一。在既有建筑的改造项目中，推广使用可循环再生的建筑材料可规避功利主义，避免盲目追求高新绿色改造技术而对既有建筑环境产生二次污染和破坏。采取适宜性中间技术既能满足绿色节能环保的需求，也较容易适应经济性的要求。同时其理念、技术展示对推广对普及人文绿色理念具有广泛的社会教育意义。

3. 精神要素之社会活力

绿色改造的精神要素体现在激发社会活力，这也是社会效益显现的一部分。与绿色改造后的既有建筑使用价值增值的显性特征不同，改造后所产生的社会效益相对隐蔽。绿色改造后的社会效益是以保护和延续既有建筑所构成的传统城市空间和风貌来呈现，表现为社会关系的维系和城市活力的恢复。

关于社会关系的维系，既有建筑的再利用相对于新建建筑物，除了在成本上有优势之外，社会关系的保存度也更高，因此加强了居民的归属感和自豪感。社会关系的维系无疑将推动社会环境的良性发展（简·雅各布斯，2006）。社会关系的稳定带来的是城市活动的多元化与普适化。

关于城市活力的恢复，多元活动能够促进了公众身心健康与邻里关系的和谐，从而消除了城市的不稳定因素，带来了城市活力的恢复。在可持续发展理念的推动下，城市发展由旧城改造开始转向城市更新、空间活化、小区整治等，从物质经济层面为中心的改造转向满足以人为中心的属于文化精神领域的环境质量内涵的提升。

正如简·雅各布斯在《美国大城市的死与生》（2006）中提到，传统居住区街道的混合功能和人性化适宜的空间尺度不仅提高了空间的利用效率，还能增强邻里互助，降低了犯罪行为发生的可能性。安全性与聚集性的提高将促进和谐繁荣小区的形成，提升了社会活力。

5.1.3 人文绿色改造的核心理念

人文绿色理念拓展了绿色认知领域，基于人文绿色理念的既有建筑改造，其关键在于以整体开放、动态包容的视角（郭建昌，2018），将改造视为基于城市环境、经济和社会的可持续发展而进行有节制的改造。

既有建筑绿色改造的人文途径，其核心在于促进既有建筑物的价值提升以满足可持续再利用。它包含三个层次：首先，改造过程中须采用可循环再生的适宜性中间技术，满足绿色建筑节能、环保和健康等物质层面的要求。其次，当改造的既有建筑面对的是饱含传统城市文化环境时，须保持谨慎克制心态。在满足价值提升等功能性需求的基础上，尊重城市环境和历史文脉，从城市街区更宽广的视野角度进行改造策划。最后，基于既有建筑所在地方特性，通过公众参与改造和传统活动的组织，再现与延续场所精神，增强地方感和方向感，为在地居民留下乡愁和记忆。

总之，人文绿色理念下的既有建筑改造，需要对人性欲望进行约束。意味着我们需要以谨慎克制的态度面对改造，且需要追溯过往生活中的场景活动内容和意义，留住并营造新的活动，以创造各种体验空间，留下当下的记忆。而留住既有建筑主体，对追忆和营造各种活动显得尤为关键。正如彼得·艾森曼（Peter Eisenman，1934—）在罗西所著《城市建筑学》（The Architecture of the City）序言中所强调的："当充满活力和意义的内容处于中性状态时，结构的现象和设计就显得更加清晰。这有点像在自然或人为灾害的破坏下，城市的建筑遭到遗弃且只剩下骨架一样，人们并不会轻易地忘记这种再也无人居住的城市，因为其中所萦绕的意义和文化使她免于回归自然……"

而所谓谨慎克制，需要在对城市环境的自然生态、文化习俗以及社会发展历程给予充分理解和尊重基础上，客观而合理地控制既有建筑被改造的程度，才能综合提升包括社会文化价值在内的既有建筑价值。这个目标包括了再现和延续既有建筑场所精神意义，以及所采取可循环再生的适宜性中间技术。这种克制，要求改造的相关各方在追求既有建筑价值利益最大化时，保持对生存环境的一种敬畏。这种敬畏的主体既要包括业主、施工、成本、管理、供货商，也要包括建筑师。通过建筑师创作表现欲望的警醒，来达到克制过度改造的欲望。

正如埃默森所言：在缺乏足够的智慧之前，最聪明的做法是克制自己的表达欲。这种表达欲不仅指代过于表现自我的技法（万丰登，2017），同时指代绿色改造技术的滥用和堆砌。正如德国慕尼黑皇宫的改造，如图5-1所示，在尊重正立面古典造型的基础上，建筑师遵从古典建筑的韵律和比例、尺度，在修复改造后的建筑主体两侧，增加的部分谦逊地突出了古典建筑的造型，为保留原拱廊残旧的砖砌痕迹，建筑师以玻璃和钢等现代材质的连廊，将皇宫与前花园两侧联结起来，基本恢复了原皇宫的格局。

基于上述绿色改造的人文要素分析及其核心理念的阐述，结合前文就广州旧城既有建筑的现场调查，以及影响绿色改造的关键要素及绩效的分析，绿色改造的人文途径应当包括以下四点：一是营造由既有建筑外立面及其形态所构成的整体性旧城街道景观，这是构筑旧城城市文

| 改造后的皇宫立面形式 | 改造后的皇宫正立面 | 改造后的皇宫背立面 |

| 皇宫连廊的修复 | 穿越皇宫的连廊 | 原址残旧破损的拱廊与玻璃、钢 |

图5-1　德国慕尼黑皇宫的改造
（图片来源：作者自摄）

化特色和旧城肌理的重要因素。二是挖掘诠释既有建筑的外立面蕴含着建筑文化的多元符号，这是传承旧城城市文脉的主要途径。三是透过公众参与既有建筑绿色改造，营造了日常生活的活动场景，增强居民对场所的情感和记忆。这种空间生产，再现和延续了地方文化及其场所精神。四是以可循环再生绿色建材为代表的适宜性中间技术的采用，这将从根本上转变对绿色高技术的认识。而这必须建构和养成公民、企业的环境责任和专业伦理。其中，整体性、多元文化、适宜性中间技术原则均来自本研究第 4 章研究成果的启示，即关于绿色改造中有关外立面统一协调性的重新思考，参见图 4-26 绿色改造设计之关键设计要素的绩效值分布图所示。而关于社会公众参与公共活动的空间生产，正是人文绿色理念中的空间文化形式的运用，也与既有建筑外立面改造相关联。毕竟既有建筑立面改造活动本身就是空间生产的形式之一，而公众参与公共活动的空间舒适感就来自既有建筑外立面所构筑的环境空间的视觉舒适性。

以下将从绿色改造的整体性设计、多元文化相生、空间生产和环境责任伦理养成等四个途径，结合国内外案例来对比分析，探究既有建筑绿色改造的人文途径。

5.2　人文绿色改造之整体性设计

发展是人类社会永恒的主题。当既有建筑被置于旧城可持续发展的背景下，人文视角下的绿色改造，其目的在于促使既有建筑、环境与人之间的和谐。如前文所论述的，旧城中既有建筑绿色改造与一般性改造最大的区别在于既有建筑所承载着的文化意涵，最大程度的延续其文化意涵成为人文视角下的绿色改造的关键。

旧城的历史文脉和城市肌理因城市所处地理环境的气候、地形、地貌和历史文化的不同而呈现出独特的特色，能够反映城市特色的只能是名城内的历史街区（阮仪三，2001）。阮仪三就历史街区还提出保护和整治的确切概念，其中的整治是指针对已遭受自然和人为破坏的既有建筑，采用恰当的方法使其达到与保护对象的相互协调。

既有建筑是城市环境特征的物质外化，其空间组合传递着旧城的城市肌理和历史文脉特色。然而，承载城市文脉与肌理的既有建筑在旧城改造中不断消失的背景下，改造中忽视既有建筑外立面的文化属性，将使旧城的历史文脉将被割裂，城市肌理呈现出支离破碎的不完整形态。

随着城市更新的深入推进，人们对旧城环境特色的感知会越来越弱（张松，2008）。而当前的既有建筑绿色改造，理念上还停留在只注重物质层面上的节能环保领域，对无法以量化数据衡量的既有建筑的文化价值，缺乏相应的提升措施。

因此，基于延续城市肌理和历史文脉特征的人文绿色改造，需要针对既有建筑所在城市环境的气候、地形、地貌和街区而提出的整体性改造策略，须从研究城市环境中既有建筑的生成历史和演变的规律着手，如广场、街道和既有建筑的组合关系等，挖掘既有建筑价值内在的关联因素和作用机制。也就是说既有建筑的绿色改造需要从多个方面加强既有建筑与城市的联系性，才能将改造后的既有建筑融入既有的城市环境中。芦原义信（1994）在谈到整体性思维方式时候说：“整体性思维，考虑的是从远处眺望时获得的整体性，而不是从近处观看时获得的个体性的幸福感和满足感。”

整体性设计途径是在既有建筑绿色改造的设计中，以跨专业、跨领域的视角从城市设计及景观设计的角度来思考既有建筑与外部城市环境的整体关系，分别从城市空间形态、空间质量以及空间活力等方面建立起既有建筑与城市的互补关系。整体性设计途径主要体现在以下三个方面。

5.2.1 城市肌理的修补

如何修补既有建筑于旧城城市空间中的肌理，包容性显得至关重要。柯林·罗等（2003）认为："与其希望或等待实体的衰退，不如在大多数情况下明智地容许并且让实体在一个普遍的肌理或网络中消融……想象中的环境是一种包容明显规划过的和真正规则的、预定的和偶然的、公共的和私密的、国家的和个人的共同存在，关于虚与实的辩证法。"

柯林将城市的建筑物视为实体，实体周边视为环境，实体与环境构成城市空间的实与虚。实体随着旧城的发展和设计思潮的不断涌现，实体组合及其环境是以缓慢动态的形式逐渐演变，而后形成旧城的肌理文脉。历经漫长历史岁月，作为实体的既有建筑在漫长的城市发展进程中，须满足城市生活的需求而不断演化。不能适应城市生活需求的形态特征则逐渐消失，能够适应城市生活需求的形态特征，得以留存并叠加在一起，演变成与旧城肌理不可分割的一部分。

城市肌理作为城市空间形态的表征，其特征是长期以来城市中各个要素，在一定关系作用下的整合联结后的结果（柯林·罗 等，2003）。如北京的四合院与胡同、上海里弄、岭南的骑楼和冷巷都反映出独特的旧城肌理，其肌理的形成，印证了各个城市独特的时空发展脉络。通过研究城市肌理的生成机制，找出城市空间格局中的秩序关系，此为优化既有建筑绿色改造的空间尺度的控制依据。

2017年，在法国巴黎市区的超高层摩天大楼蒙帕纳斯大楼（Montparnasse Tower）的改造竞赛中，获得胜选的是法国巴黎本地建筑事务所组成的Nouvelle Aom设计团队。胜选的关键在于：较好地考虑了城市环境景观议题（日经建筑，2019），以及修补了被破坏的巴黎城市肌理，从创新的角度延续了巴黎勇于接受挑战的历史文脉。

该大楼位于巴黎15区，是巴黎旧城中第一栋超高层摩天大楼，共计59层，高度210m，于1973年完工。大楼的体量于低矮平缓的巴黎旧城肌理中，对巴黎旧城产生强烈的视觉冲击。随后引发关于巴黎旧城如何发展与保护的争议。巴黎此后发布法令，禁止于旧城区建设超过7层楼高的建筑。Nouvelle Aom团队将既有超高层建筑的外墙改造成垂直绿化的体系，使改造计划能够在21世纪的能源革命中成为具有象征意义的代表，而将原本厚重不透明的外观赋予视觉穿透感的设计，透过强调水平性，柔和了超高层摩天大楼本身的垂直体量，调和了超高层既有建筑与旧城肌理的冲突。最终改造方案借此获得评委青睐获得优胜，如图5-2所示。此外，垂直绿化体系在这个项目的绿色改造设计所发挥的作用可见一斑，正如本书第4章中的关键设计要素关系网络图（图4-26）所示，影响绿色改造设计的关键要素中，合理绿化才是核心关键因素中源头。通过重点实施合理绿化，将带动其他七项关键因素，从而在改造过程中起到事半功倍的效果，较容易达到绿色改造的目标。

改造后的鸟瞰图　　　　　　　　　　　　屋面花园与垂直绿化　　　　　　　　　　改造前的现状图

图 5-2　法国巴黎超高层 Montparnasse Tower 改造
（资料来源：http://www.archdaily.cn/。摄影师：Iwan Baan）

从广州旧城的既有公共建筑类的绿色改造实践案例中我们可以看到，由于过往旧城改造过程中存在的错误认识，广州旧城城市肌理已经受到破坏。当前改造大型既有公共建筑的体量对社会影响巨大，绿色改造中修补旧城肌理的任务将显得非常紧迫和艰巨。

白天鹅宾馆的绿色改造就面临类似法国巴黎蒙帕纳斯大楼的情况。与巴黎旧城的历史环境比较类似，沙面位于广州旧城的荔湾区。整个小岛遍布为低矮且不超过 6 层的欧陆近代新古典主义风格的建筑，虽不同于所在荔湾区传统岭南特色的竹筒屋、西关大屋和骑楼街等旧城景观形象，但整体街区格局属于低矮平缓的、宜人的、人性化尺度的城市空间。1980 年代初，资本敏锐地察觉到沙面这个位置的独立性，判断出这里的商业开发前景，诸如邻近白鹅潭和旧城核心，以及领事馆、商务中心、优质客源、交通及设施便利性等属性。尤其重要的是，在白天鹅宾馆的建设过程中，为便于旅客抵达白天鹅宾馆大堂，规划设置的绕沙面的高架桥得以实施。新建的引桥解决了沙面岛与旧城区的便捷交通，详见图 4-15。时空得以进一步压缩，然而，在另一方面却使沙面岛临白鹅潭江景的历史建筑为之所隔断，整个沙面岛的临江公共景观利益被破坏和忽略（袁奇峰 等，2000），而就宾馆而言，却达到闹中取静，从而带来土地和商业价值的增值。

多年后的 2016 年，对白天鹅宾馆经营主体和城市规划建设主管部门而言，白天鹅宾馆的绿色改造是实现突破与改变的契机。为了改变生活，就需要改变空间（亨利·列斐伏尔，2015）。然而新的空间再现未能把握住这次机会，受制于结构加固、节能环保等技术领域的绿色改造法规标准，引桥对景观的破坏并未获得重视，也未得到彻底整改。在历史建筑保护法规的约束下，此次绿色改造并未像法国巴黎的 Montparnasse Tower 改造一样取得突破。既有建筑的外立面仍然以历史建筑保护的名义采取严格的原状保护原则，更未从广州旧城的荔湾区乃至沙面历史文化保护区的角度出发，建构协调与旧城沙面低矮平缓空间肌理矛盾的改造策略。超高层既有建筑与旧城肌理的矛盾，在此次改造中未采取任何措施给予缓和，使得背后空间关系的关联性在项目改造中并未呈现。尽管该项目在绿色改造后，陆续获得各种殊荣，甚至成为全国性的酒店类绿色改造示范单位，但从人文绿色理念的视角来看，却未能达到提升绝对空间价值的目的，失去了织补旧城肌理面貌的机会。

在保护旧城肌理的基础上，利用一系列小的空地来建造新建筑物，将新空间划分为较小的块

图 5-3 俄罗斯圣彼得堡 Apraksin Dvor 改造项目
（资料来源：http://www.archdaily.cn/）

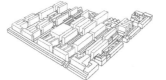

praksin Dvor 项目现状　　　　在项目地下增加使用空间　　　　在项目地上增加使用空间

图 5-4 俄罗斯圣彼得堡 Apraksin Dvor 改造项目规划分析简图一
（资料来源：http://www.archdaily.cn/）

双倍增加既有建筑的面积　　　　利用空地插入增建项目　　　　保护旧城肌理的致密空间形态

图 5-5 俄罗斯圣彼得堡 Apraksin Dvor 改造项目规划分析简图二
（资料来源：http://www.archdaily.cn/）

　　又如由荷兰 MVRDV 建筑规划事务所完成的位于圣彼得堡的历史中心地区 Apraksin Dvor 改造项目（图 5-3）。Apraksin Dvor 在密集的旧城中形成了独特的历史名胜，一直被用作商业交易区。MVRDV 提出改造的关键问题是如何在历史城区的限制内增加 Apraksin Dvor 的密度。Apraksin Dvor 的城市模式呈现典型的网格特征。与城市其他地区相比，建筑物相对较低，街道相对较窄。从保护大多数房屋的角度出发，在现有结构上方或下方进行施工均会产生问题，如图 5-4 所示。因此在保护和延续旧城城市肌理的基础上，利用一系列小的空地来建造新建筑物，通过将新空间划分为较小的块，从而创建新的体积。新的模式将旧建筑物连接起来，将它们合并为仍然具有 Apaksin Dvor 精神的新的城市空间，如图 5-5 所示。通过这种改造策略，既可以保留所有历史建筑，也保留了该地块上最重要的街道和该地区的鲜明特色，从而在保护旧城的城市肌理基础上，继续满足旧城发展的空间需求，值得在当前广州旧城的城市更新中借鉴。

5.2.2 街道空间的整体韵律

芦原义信研究表明，人们是透过整体性的观察去认识事物（芦原义信，1998）。勒·柯布西耶也认为我们的眼睛是用来观看光线下的各种形式的，如果街道和房屋这些体块是规整的，其顺序呈现出清楚的韵律，且体块和空间的关系合乎正确的比例，眼睛则会把互相协调的感觉传递给大脑，心灵就会从中得到建筑文化艺术的满足感（陈志华 译，1986）。旧城街道空间的规整韵律反映在街廊上就是视觉的连续完整性，也就是沿街既有建筑的风格、高度、材料与色彩、细部等方面的关系是连续的和完整的（芦原义信，1979）。而街道空间的整体性就体现在街廊的连续性、街道视线引导和室内外公共活动空间的渗透。

1. 街廊的连续

旧城街道空间包括街廊、街道的路面和顶部的虚空。其中街廊主要由既有建筑的外立面，包括其附属的围墙、栏杆和植被绿化所构成。街廊在旧城空间中呈现为连续面状的特征，作为既有建筑实体与街道的接触面，街廊一方面是既有建筑的外立面，另一方面又是可连续延展的街道接口。因此，街廊的连续性是旧城街道空间的重要特征，其延续性能够形成视线通廊，是构成旧城城市肌理和独特城市文化的重要因素（张松，2008）。

街廊的连续性经常会被既有建筑改造的需要被割裂，从而呈现不完整或突变。旧城街廊的连续要从两个方面进行考虑：一是构成街廊的既有建筑外立面材料的质感，包含了外立面建筑材料的材质、立面生成逻辑和装饰细部符号等；二是既有建筑的外立面轮廓所构成的城市天际线。

赫尔佐格和德梅隆完成的德国汉堡易北爱乐音乐厅（日经建筑，2019），充分考虑港口街道景观的连续性，以及外立面的材质、符号和天际线等因素。音乐厅是在汉堡港口仓库的基础上完成的，目前已成为了汉堡市民的社会、文化、生活以及游客们的聚集地。仓库是在1966年建成并投入使用的，于20世纪末关闭，仓库结构特别坚固。经改造前的评估，被认定为足以支撑上方加建的新建体块。既有建筑的价值不仅仅是尚未被挖掘的结构基础，也包括它的建筑立面形象。仓库建筑的简洁、粗犷而又傲慢形象，被赫尔佐格和德梅隆视为理想的音乐厅载体。作为周边港口街道景观的一部分，如图5-6所示，仓库并没有真正融入街道，其设计映射了20世纪汉堡港口城市的建筑文化特征，其窗户、基座、山形墙和各种装饰元素都完美地保留着呼应着当时的时代。从易北河观望，保留这些具有时代特征的建筑正是为了营造舒适的城市天际线。新的玻璃建筑体块外形延伸了仓库的体块，也传承了仓库本身粗犷、简洁的精神灵魂，并移植到以音乐家不羁风格为主要特征的音乐厅建筑中。新的结构体脱离了安静又普通的仓库平面，与港口一侧的波浪呼应，塑造成高低起伏的屋顶，整个建筑轮廓线从东边的最低点飞跃到另一端的108m。在延续港口城市街廊的同时，又给水平蔓延的汉堡城以一个适宜的城市高度，形成城市新的垂直重心。玻璃立面使新的建筑体块有着流光溢彩的巨型宝石效果。水、天空和城市反射于建筑立面上，使得视觉效果时时处于流动的状态。这个既有仓库建筑改造成音乐厅，很好地从旧城港口的城市肌理出发，从周边的水环境获取元素，结合旧城天际线以及城市高度，树立其新的城市标杆形象。

仓库为旧城街道景观的一部分　　　　营造舒适的城市天际线　　　　延续港口城市街廓

图 5-6　汉堡易北爱乐音乐厅的城市景观
（资料来源：http://www.archdaily.cn/。摄影师：Iwan Baan，Maxim Schulz im Schulz）

2. 街道空间的视线引导

视觉是人类感知物质世界的主要途径之一，人们通过视点、视角、视距等视觉要素的综合成果来完成对外部空间的认知（芦原义信，1979）。因此，既有建筑绿色改造的过程中，视觉规律的把控是对街道环境视线控制的关键。通过分析既有建筑及其周边环境空间的合理视线关系，才能构成城市街道空间的视线通廊。

例如于 2016 年 9 月落成的比利时安特卫普市的港口总部大楼（Port House）就较好地把控了视觉规律（图 5-7）。该大楼是在 1922 年砖砌既有建筑的基础上改造而成，其屋顶上新增外观为玻璃覆盖且极具现代感的现代建筑，玻璃体沐浴在阳光下，其闪耀姿态像是这栋楼所经营的钻石，或是附近海上的波纹涟漪，也让人联想起海上漂浮的船只。2008 年举行的选择性招标竞赛中，获得主持设计的是扎哈·哈迪德。她提出的设计方案之所以能够获得青睐，不仅仅在于设计美感或是大胆奇特的外形，而且是由增建在既有建筑物上的细长形玻璃建筑的南北轴指向，使得安特卫普市的旧城街道视线得以被强调（日经建筑，2019）。在后续确认设计竞赛方案过程中，扎哈·哈迪德还召集比利时历史建筑修复的各方面专家，组成跨领域团队，分头调查旧城历史，对旧城与基地的既有建筑进行彻底分析，其结果是获得强调旧城南北轴线的平面，该轴线连接着旧城市中心及海港码头。

3. 旧城公共空间的活力渗透

既有建筑于旧城中的困境不止在于生活设施的老化，还在于有限面积内的人口变化。当人口激增时公共空间被蚕食或消失，当人口流失时公共空间又因人气不足而呈现衰败气象。以市场经济为导向的既有建筑改造，通过外部空间的平台塑造，既可吸引更多的使用者和观光者，从而增添城市活力，又可有效缓解城市公共空间的不足（郑宁，2007）。

勒·柯布西耶（1924）认为建筑都是有机体。跟一切有生命的东西一样，在考虑一座建筑物在一个地段里的效果时，外部也就是内部，外部是内部造成的。旧城自工业社会发展至信息化社会，城市生活最显著特征之一在于人们彼此需要信息的联结与情感的交流与体验。故传统封闭式的空间已难以适应信息时代的日常生活，而公共空间所具备的开放、交流和互动的公共属性，能够强化既有建筑与旧城空间的联结。通过旧城既有建筑于改造过程中的内部与外部空间组织，可使城市公共空间的活动渗透至既有建筑中，同时使既有建筑的私密空间适度开放。通过引入适宜的社会性活动也可激发场所的活力，从而可有效激发既有建筑所在场所的活力（扬·盖

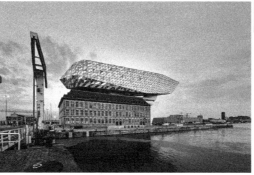

指向旧城中心 钻石造型 细节

图 5-7 比利时港区安特卫普市的港口总部大楼（Port House）
（资料来源：http://www.archdaily.cn/。摄影师：Helene Binet）

引导街道行人在此交会 营造宽敞的聚会和活动空间 历史建筑围合成开放空间

图 5-8 香港大馆与城市公共空间的相互渗透
（资料来源：http://www.archdaily.cn/。摄影师：Iwan Baan）

尔 等，2003），使既有建筑与城市空间融为一体，也借此使既有建筑的价值获得挖掘与提升。

既有建筑的绿色改造对于旧城环境的促进作用，不仅以空间的物质形态呈现出其标识性与艺术感染力，还在于发生在其中的活动使公众体验出特定的感知和记忆，从而超越物质层面，而产生更高层次的心理或精神层面上的意义。因此，城市公共空间渗透的重点在于如何从既有建筑所承载的日常生活需求出发，通过其内外部空间形式、交通流线的组织，使其产生丰富的社会活动，并给予舒适愉快的体验而留下深刻的记忆，而不仅仅是物质空间的改造设计，正如 Jan Gehl（1936—）所言，公共空间活动还需要深入研究城市公共空间中人的行为模式（扬·盖尔 等，2003）。

赫尔佐格 & 德梅隆完成的香港大馆就充分利用既有建筑外部场地，结合改造后所新增建筑物的室内空间，营造出向公众开放的公共空间，增添了城市活力，如图 5-8 所示。大馆位于香港岛商业中心的前中央警署、中央裁判法院及域多利监狱，这是一座被围墙围起来由各种历史建筑组成既有建筑群，在 1841 年后由英国人建造，里面主要是作为受殖民统治的香港警署、裁判法院和监狱等设施，目前该地是香港现存最重要的历史遗迹之一。在 2006 年停止使用后，整个院落被清空，只留下了一块空地和一系列独特的既有建筑。

这个位于世界上人口最密集的旧城中心的庭院由两个大庭院组成：阅兵场和监狱。设计的目标是在保持这两个院落的开放性和独特性，同时将它们重新启动，并将这里作为一个新型的城市公共空间向公众开放。因此，在空间的功能上主要定义为用来聚会、文化交流和娱乐休闲的场所。阅兵场的两侧是一些有着悠久历史的建筑，形成了一个正式的开放空间，里面有宽敞的空间可以进行公共娱乐等活动，还可以直接进入餐馆和零售商店以及一些较小规模的文化和教育空间。监狱操场被巧妙地转变为一个致力于文化活动的开放公共空间。新增建筑造型上没有参照任何既有建筑，反而通过向上盘旋的方式创造了一种全新的场地关系，保持宽敞的聚会和活动空间，引导街道上的行人在此连接点交汇。大馆的中庭入口是悬空于原来的建筑之上，其入口不受风雨天气影响，是一个市民聚集的据点，一个可以遮阳的户外公共空间，公众可以在楼梯上休闲地聚集，欣赏表演及观赏电影。

又如位于美国华盛顿 D.C. 的马丁·路德·金恩纪念图书馆（Dr. Martin Luther King, Jr. Library）的改造项目（图5-9），原设计是由建筑大师密斯·凡·德·罗（Ludwig Mies Van der Rohe，1886—1969）完成，于1972年完工，是密斯设计作品中唯一的图书馆，改造计划 2020 年前完成改造。尽管是建筑大师密斯的设计作品，图书馆在当地并不受居民喜爱（日经建筑，2019），原因在于过于透明，缺乏私密性，内部空间被砖墙分隔，无法引入自然景观，欠缺舒适度，入口处缺少迎宾的仪式空间。

改造设计由总部设在荷兰的 Mecanoo Architecten 建筑设计事务所担任，改造计划的最大特征在于，通过增建的屋顶绿化聚集公众人群。此外，还将原本单一维度的图书馆功能，改造成为结合娱乐、学习和研习活动为一体的多功能图书馆。为引导参访者抵达屋顶的绿化空间，将原本建筑物四个服务核内的楼梯空间彻底改造，以改善既有图书馆的动线。原楼梯间并没有考虑人流动线的引导，视觉穿透性差，成为犯罪的场所。因此，特别扩大南向出入口两侧服务核的楼梯，改造成视觉通透的室内开放场所，成为贯通地面层至屋顶层的社交阶梯场所，目标是创造出让人们在此聚集、相会、对话的空间（日经建筑，2019），从而将小区人流导向室内空间和屋面花园，为城市增添新的公共空间。

从广州的既有公共建筑绿色改造的案例中我们可以看到，延续或重塑历史空间中的公共空间成为绿色改造的着力点。由历史环境中的公共空间所激发的共同记忆或感受，使空间中的个体强化了对自我身份的认知和归属感，成为超越个体的维系社群关系和历史文化的纽带。常青认为：在传统社会中，建筑的一些内在含义是经由场景和仪式来表达的，考察和分析场景和仪式方能理解既有建筑的价值和意义（卢永毅，2009）。改造过程中维护场景中的公共空间形状与尺度是延续场所空间氛围的重要条件。

如前文所述的广东省立中山图书馆，在其绿色改造过程中就维护了前广场的完整性和空间氛围。鉴于革命广场的历史价值，改造需要维护广场空间的完整性。因此，需要尽可能原状修复和保留原有空间尺度，以延续历史场景中公共空间的共同记忆和感受。从改善整个区域环境的车行和人行交通出发，面向公众开放以解决旧城区社会停车和图书馆停车需要的问题，才能达到缓解旧城拥堵及停车难的现状，因此开发利用广场的地下空间作为停车库成为唯一选择。

改造设计是在原广场下增建2层地下车库，地下室顶板覆土埋深2m，以确保种植草坪、灌木和小乔木而保持广场绿化原状。地下室部分则在满足车行出入口的基础上，强调减少车行出入口及地库人行出口的数量和构筑物体量，尽可能将车库疏散楼梯布置在广场边缘角落，将疏散楼梯对广场的空间影响降到最低，再利用灌木植栽弱化楼梯地面疏散口部的色彩、质感和体量，以追求维持原有广场空间的完整。

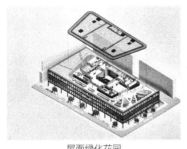

屋面绿化花园

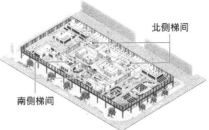

北侧梯间

南侧梯间

重点改造南北楼梯

引导人流消除安全隐患

图 5-9　美国马丁·路德·金恩纪念图书馆
（资料来源：《世界知名建筑翻新活化设计》）

外部空间，革命广场

读者主入口及大厅

内部庭院

图 5-10　广东省立中山图书馆的空间系列
（图片来源：作者自摄）

　　在革命广场的空间秩序考虑上，改造设计以原状恢复为原则，尽可能维持原广场的比例尺度、轴线走向、对称关系。通过维护保留广场讲坛位置、体量、高度来强调纪念性及对广场空间的控制，同时结合鲁迅博物馆、省图书馆和省博物馆的人行出入口对原有步道进行恢复，使草坪和空间系列维持原轴线对称关系，如图 5-10 所示。

　　改造后的革命广场保持了绿化草坪、中轴线步行通道和古树名木的完整性。通过保持街道、大门、中轴线步道、建筑主体的出入口及室内空间和庭院等空间格局，在保护了最初的空间形态的基础上，形成完整的空间序列，使游客感受到历史庄重氛围的再现。同时，亦能结合当前的公共活动而延续新的空间记忆。改造后的图书馆更加开放，建构了开放式读者空间的三个层次。

　　第一层次为图书馆前开敞式的革命广场。营造良好的建筑外部空间是体现图书馆公共性的重要一环，两万平方的室外露天广场，通过绿化草坪，中轴线步行通道和完整保留的古树名木，构筑了一个图书馆前广场的开敞式空间，并对城市的绿化体系做出贡献。

　　第二层次为半开敞的读者主入口及大厅。原有的中山图书馆主入口不明显，读者大厅为正方形，进深较大，故大厅较为压抑。设计上在原主入口飘篷外增设透光玻璃雨棚，形成明亮的图书馆接待礼仪空间，且入口标示明显。读者大厅中，原有中山像的顶部楼板被凿除，形成 2 层通高空间，内部空间由此开敞明亮，外部空间的广场绿色亦随之被引入读者大厅内部。

　　第三层次为内部庭院，可引导读者视线抵达。原有的中山图书馆继承了中国传统建筑庭院的设计手法，即建筑围绕内庭院布置，原建筑二层及以上设有环绕内庭院的室外走廊。此次改造，取消室外走廊，改为室内的读者阅览室。通过使用高透光 LOW-E 中空玻璃，把内庭院景色直接引入阅览室内，读者可在座位上直接欣赏庭院，以此营造宜人的阅读氛围。

5.3 人文绿色改造之多元文化相生

既有建筑绿色改造的目的之一在于促使其使用价值的提升。而在前文所述的既有建筑价值构成中，文化价值作为既有建筑社会价值的重要组成部分，一方面体现在既有建筑空间改造的形式创作中，另一方面也隐藏在透过符征、符旨传递的历史情感。因此，多年来沉积在既有建筑当中的多元文化需要共存相生，如图 5-11 所示。所谓相生源于五行学说的术语，原指组成万物的"金、木、水、火、土"相生相克的关系，即木生火、火生土、土生金、金生水、水生木（冯友兰，2005）。本文援引该词，意指沉积在既有建筑的多元文化能够相互滋生和互助共存。

既有建筑一方面承载着城市文化价值，需要保护传承；而另一方面在难以适应新的城市生活情况下容易走向陈旧衰败，因此急需改造以再利用。过程中如何处理沉积在既有建筑的空间形式、文化符号及其参与者的情感记忆，成为既有建筑立面改造的争议焦点，多元文化相生的人文绿色理念有助于处理既有建筑新与旧的矛盾关系。

5.3.1 空间改造的多元形式

通过既有建筑空间原型符号的提取和转化，是形塑改造后既有建筑空间的重要途径。在既有建筑绿色改造过程中，建筑体量的增减在所难免。既有建筑的体量增减所导致的过往城市生活信息缺失，或新时代的信息占比过大，都将使旧城中既有环境氛围遭到破坏，也将损害既有建筑的文化价值（卢永毅，2009）。因此，采用哪种方式进行实体空间设计至关重要。

提取和转化的原型间的关联与对比，才是满足多元素相互滋生的重要途径，多元素的形式与内容、传统与现代、美观与经济之间如何取得辩证统一的关系，关键是要把握好多元素关联的度。只有在整体环境中建立起适度的空间联系，多元文化要素间的相生便有望实现。

1. 空间改造的多元价值取向

整体而言，既有建筑改造的空间形式存在三种价值取向（贺耀萱，2011）：一是偏向于守旧的取向。"修旧如旧"曾一度作为改造项目中尊重场所环境过往历史的座右铭，当有待改造的既有建筑被过度保护，就存在着把改造项目带入僵化的风险，无法充分挖掘发挥既有建筑的潜力；二是偏向于创新的取向。即把既有建筑现状视为旧城时空发展中的一个片段，因此不受旧城时空环境的束缚，而是根据时代生活需求而设计。如此，存在造成旧城文脉断裂的风险，尤其是文化环境处于式微阶段的旧城。三是偏向多元相生的取向。平等对待既有建筑的现状，客观评价当代城市生活的需求与价值取向，通过熟练的设计技巧，才能为既有建筑改造注入时代感。而当中，偏向多元相生取向的空间改造最具特色和挑战。

例如 Steven Holl Architects 完成的纳尔逊阿特金斯艺术博物馆的改造就偏向于多元相生的取向，如图 5-12 所示。纳尔逊阿特金斯艺术博物馆的改造以扩建的形式，融合了既有建筑特色，

传统制衣作坊　　　　　　　　茶艺社交空间　　　　　　传统祭拜的公共活动场所

用于木作教学场所　　　　　旧书售卖与茶艺空间　　　　　旧时代的音乐唱片

图 5-11　既有建筑改造后的功能设置类型
（图片来源：作者自摄）

新旧对比　　　　　　　　　　透明质感对比　　　　　　　　定向流线

图 5-12　纳尔逊阿特金斯艺术博物馆
（资料来源：http://www.archdaily.cn/）

以此打造一个体验性的景观环境。扩建通过五片透镜似的建筑体块，从雕塑园穿越既有建筑群，形成视觉上新的空间。当参观者经过扩建部分时，他们将体验光、艺术、建筑与景观的流动。扩建部分的新元素与原建于1933年的古典神庙艺术形成了鲜明对比：即透明与不透明；重与轻；密封与通透；内与外；有界与无界；定向流线与开放流线；简单实体与透明镜片。扩建部分既保留了原古典建筑典雅的风格特征，也透过新材料、新技术以及多元空间并置的策略，使古典与现代建筑文化相互滋生，营造出非凡的空间体验。

2.匹配功能的多元空间形式

　　绿色改造是基于功能的持续更新，功能作为维系既有建筑与旧城的基础媒介，直接影响到既有建筑所在旧城空间的兼容性。一旦功能上无法契合城市生活需求，既有建筑将逐渐淡出旧城体系（安德鲁·塔隆，2018）。而根据本研究第4章的研究成果，既有建筑在绿色改造过程中，其功能分区的优化急需改善。由于该准则分布在急需改善的象限，意味着功能分区方面还做的不够好，而且有关既有建筑改造后如何使用，也就是功能布局方面急需思考优化。

因此，与既有建筑立面整治和内部装修的一般性环境整治不同，基于人文绿色理念的既有建筑改造，要使空间的功能和使用效率等方面得到整体提升，才能提高既有建筑的使用价值。既有建筑不仅要为新的城市产业提供大量使用空间，同时也要使自身恢复活力，使之重新融入城市体系。

成功的既有建筑功能更新既符合城市功能转型和可持续发展的需要，而且还延续了城市历史文脉，减少了多余的能源消耗与环境污染（Carroon，2010）。然而，既有建筑的功能更新也具有一定的风险性：一是功能更新容易造成既有建筑参差不齐的改造效果。杂乱无章的建筑风格、粗糙落后的改造等都将会对既有建筑及其环境造成极大的损害，破坏其所承载的多维价值体系。二是功能更新可能导致旧城区过度商业化，降低了居住的舒适性。当居住功能从旧城区退出，将会引起城市空心化而衰败的问题。三是开发商专注于用地性质和容积率所带来的土地价值的提升，而忽视既有建筑的价值保存与发掘。高容积率、低亲和力的空间容易导致城市活力衰退，低收入的原住民被移民所取代，进而引发地方文脉断裂、贫富差距加大等社会冲突。故既有建筑的功能更新须在旧城产业规划的基础上，设法留住原住人群，才能保持旧城公共空间的活力，过程中促使新的功能形式与原空间形式相匹配。

例如日本群马县前桥市业已关闭的商业设施，曾经是陈旧的货仓，采用了更换使用功能的改造方式，华丽转身成旧城区的美术馆，如图 5-11 所示。改造过程中充分利用既有建筑的原有设施，形成与美术馆功能相匹配的空间特色，同时以文化方式启动了旧城街区的活力，促进了衰退旧城街区的再生。

这栋既有建筑是 Saison 集团的前桥西屋 WALK 馆，1987 年开业，设地下 1 层地上 9 层，地下为商家及电影院，地上为立体停车场。改造后，地下 1 层至地上 3 层为美术馆。不仅是室内，临街建筑外墙立面也焕然一新，在保留原外墙的基础上，设计为白色冲孔铝板包覆其外，首层与过去相同全部铺设玻璃。如此，给人感觉门槛很高的美术馆，通过时尚立面造型，透过对街区开放，给小区以随时可接近的亲近感，如图 5-13 所示。

漫步在美术馆内，随处可见当初商业时代留下的痕迹。如首层展示厅地板的正中央的细长开口，即为过去通往地下一层的手扶电梯位置。手扶电梯拆除后，楼地板开口保留，营造出可互相观望上下楼层的展示空间，与美术馆的展览属性匹配。此外，在改造过程中，建筑师强烈意识到既有建筑所处的优越基地条件，即位于旧城中心的繁华街区，因此建筑师提出空间循环概念，让人在街上散步时可以轻松进入室内，感受像是走在街上观赏美术展览一样。动线设计上以让人漫游其中为主轴，如图 5-14 所示，透过善用街道作为展示空间，让这座文化功能的美术馆，重新将活力带回街区（日经建筑，2019）。

加拿大学者哈罗德·卡尔曼（Harold Kalman）在一次国际会议上指出，在既有建筑的再利用中，有利于周边区域的发展，符合社会的需求，适应于老旧建筑的尺度、形式和结构是功能更新的三个主要依据。因此，绿色改造设计中的空间匹配可以归结为发展需求、社会需求和空间供给三方面的基本分析。只有当三方面相符的时候才能实现与旧城生活相匹配的功能更新。而社会需求中满足旧城社会文化与情感需求，才是着眼于多元价值相生的既有建筑绿色改造的

顺着圆弧造型的既有外墙增加开孔铝板　　　包覆外墙的冲孔铝板沿着开口部位天花板导入室内

图 5-13　日本群马县前桥市商业设施改造为美术馆的空间效果
（资料来源：《世界知名建筑翻新活化设计》）

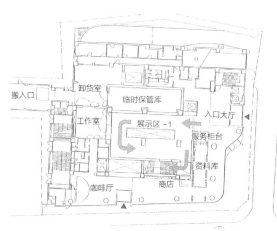

首层平面，导入外部人流，融入内部动线　　　　二层平面，箭头方向为动线示意

图 5-14　日本群马县前桥市商业设施改造为美术馆的动线
（资料来源：《世界知名建筑翻新活化设计》）

核心，也是与环境价值具备同等重要地位。唯有多方面综合进行价值平衡才是功能更新的最好出路。而在空间供给方面，通常可通过空间塑造、类化形式和符号意义的途径获得。

3. 空间塑造的多元类型

空间塑造主要分为空间的包覆、承载、内嵌、挖空、联结和挖掘六种方式（日经建筑，2019），各方式简图如图 5-15 所示。其中，包覆是指在既有建筑上覆盖新的表皮，在保护既有建筑的原有造型的同时可维持既有建筑的环境性能和动线；承载式是指在既有建筑上方增建；内嵌式是指将其中一方整体嵌入对另一方内部，在新、旧建筑之间建立起相互依存、彼此维系的关联；挖空式是在既有建筑的楼地板挖出大开口，彻底改变平面配置与动线的改造手法；联结的形式是指保持多栋既有建筑物的各自特色，将各栋联结起来的设计手法；挖掘是指在既有建筑难以被改变，在地面以上增加有困难的情况下，可使用向下挖掘地下空间进行增建的方式。空间形式的并置式是指将两个或两个以上的物体有机的并列在一起，新旧空间在各自的空间、结构、形态等特性都保持相对独立、完整的基础上形成的联结相生状态。

如前文所述扎哈·哈迪德设计的比利时港区安特卫普市的港口总部大楼即为承载式，又如日本春日大社国宝殿的改造所采用的就是联结的方式，如图 5-16 所示。该项目于 1973 年建造，由谷口吉朗建筑师设计，位于奈良市区。增建部分设置为钢骨结构玻璃厅，立面为纵向落地玻璃，镶嵌在既有钢筋混凝土建筑的联结凹处。玻璃厅呈现 H 形平面，跨距近 17m，为无柱大空间。上方架着与既有建筑相同斜度的屋顶，在外观上力求新旧一体。

又如新加坡国立博物馆，如图 5-17 所示。原馆为欧式古典主义建筑风格，改造后，原建

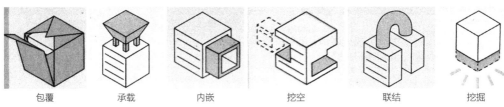

包覆　　　　承载　　　　内嵌　　　　挖空　　　　联结　　　　挖掘

图 5-15　既有建筑的空间形式改造简图
（资料来源：《世界知名建筑翻新活化设计》）

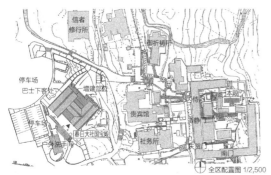

总平面布置，深色为加建部分

联结部位的立面形式

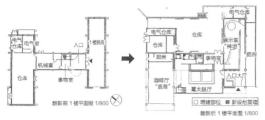

改造前后的首层平面对比

图 5-16　日本春日大社国宝殿改造
（资料来源：世界知名建筑翻新活化设计）

外部空间的过渡与连接

穿孔铝板的新馆

内部空间过渡与连接

图 5-17　新加坡国立博物馆
（图片来源：作者自摄）

筑物的造型、色彩、构造均采取原状修复的策略。而需要扩建的部分并未拘泥于原古典主义建筑的风格，而是大胆采用现代建筑的手法，运用金属、玻璃和垂直绿化等现代技术合与工艺。新旧之间的过渡则是采用钢与玻璃结构挑檐下的公共空间进行区隔，并形成参观游客休憩的咖啡厅。

5.3.2 立面改造的多元符号

阿尔伯蒂（Leon Battista Alberti，1404 — 1472）认为建筑是选择合适细部的艺术，其表现出来的结果是美的，是从属于一个整体的所有细部优雅的统一（the 'concinnity' of all the details in the unity to which they belong）。勒·柯布西耶（1991）也认为建筑体块是一种能充分作用于我们的感官，并使我们能够借以感知和量度的要素，而建筑表面是体块的外套，它可以消除或丰富我们对体块的感觉，这表明了建筑细部具有形式美的特征，也表明了细部与整体的关系。建筑形式可以看作是由建筑的细部构造以一定的逻辑规则而形成的语言形式表达，处于旧城的既有建筑本体也可被视作为旧城环境的细部，既有建筑的细部与本体共同构成了旧城空间中的文化符号，引发人们的联想而传递相应的城市文化和时尚特征。

既有建筑的细部符号将城市文化意象以具体构造形式呈现。作为城市文化的符号，建筑细部构造能够促使人们产生联想，起到传播信息文化，延续旧城传统文化的作用。在城市化快速发展过程中，既有建筑的改造不当会使其脱离了旧城的文化环境，造成其符旨的消失或不复存在，但当既有建筑的细部构造得以保留，即可以符征的形式传递出其所在旧城街区的文化意象。通过适当的活动组织也能够激发其符旨于当代生活中重现。因此，既有建筑在绿色改造中的细部构造设计中，通过还原创意设计，细部能够调和改造后所造成的文化语境的混乱和矛盾，细部主要以结构体系、节点构件和标识的意象化三个方面呈现。

1. 尊重既有建筑的原创符号

基于场所记忆的空间氛围，人文绿色理念强调尊重环境与延续地方历史文化，因此旧城中每一个阶段历史的呈现将使旧城历史与当下共生。旧城是不同历史痕迹连续不断叠加的过程，在旧城文化的变迁中，时间在场所中被隐匿，所有时间的叠加共同铸就了场所独一无二的特性（Norberg-Schulz，2013）。因此，人文视角下的既有建筑绿色改造将尊重原创符号作为一种发掘这种旧城场所特性的手段。沉积着旧城记忆的既有建筑反映着城市独特的文化和价值体系，它既是人们日常生活的物质载体，也是人们对场所记忆和旧城文化的感知参考（阿摩斯·拉普卜特，2016）。因此，维护既有建筑独特的符号、尺度和空间氛围，从而将旧城中发生特殊重大事件的场所，演变成为延续城市记忆和活力的来源。

例如，日本前川国男建筑师设计的京都会馆，改造后的会馆已于 2016 年开幕，对于这座具有战后现代建筑代表意义的作品，京都市提出的改造原则是价值传承。担任改造设计的香山寿夫建筑师则表示：为了未来可持续常年使用，彻底重新规划平面配置（日经建筑，2019）。

原京都会馆于 1960 年完工，建筑经年累月的使用后毁损严重，市民会堂的明显不敷使用，促使其全面停业改造。京都市希望可以持续守护这座代表战后日本现代意义的建筑，同时也能与时俱进，赋予现代市民会堂应有的空间功能。遵循前川国男最初的设计原意，经过保存、修补和再现的设计元素大约可分为五种，分别是围绕建筑外围的大屋檐符号、混凝土围栏、仿砖的瓷砖、天花板下使用预制板，以及花岗岩小石块组成纹样铺面的中庭。这些是京都会馆所具备的象征符号。包覆既有建筑顶层外围的大屋檐是必须保存的建筑符号，大屋檐的保存，在改造后还演变成屋顶露台，可以一览京都市景色，增添新的客户体验。为了抑制体量在视觉上带来的厚重感，在外墙上使用了比原外墙砖的色彩更加明亮的变色瓷砖。环绕在檐口廊道周边的混凝土预制手扶围栏也是构成建筑外观的重要元素之一，由于常年暴露在室外，风化侵蚀严重，钢筋锈蚀剥落的地方较多。当手扶围栏变成可以触碰抚摸的室内元素时，虽然利于廊道扶手的保存，但室内漫步游廊的混凝土预制扶手围栏由于高度不足，低于现行法规规定，故增设不锈钢扶手栏杆。结合功能的调整，京都会馆的屋檐、栏杆扶手等代表符号的修复和保存如图 5-18 所示，反映着战后日本现代主义建筑的文化特色和价值体系。改造后的京都会馆既保存了人们对战后日本现代建筑文化的记忆和感知参考，也通过创新成为京都市民日常生活的物质载体。

比起有明确改造模式可依循的传统建筑或是近代建筑，现代建筑的改造工作相对而言是更有难度的（Carroon，2010）。如俄罗斯卢日尼基体育场的改造，该项目 1956 年由亚历山大·弗拉索夫（Aleksandr Vlasov）设计。这座体育场位于莫斯科总体规划的轴线，它连接了克里姆林宫、基督救世主主教堂和莫斯科国立大学等重要建筑。2013 年开始，它被关闭，通过改造以满足 2018 年作为世界杯足球赛的场地。体育场的外观得到保留，包括环绕体育场的柱廊、内墙以及屋顶的形状，外墙立面上唯一的新符号是宽宽的金属条的褶边。在这条金属条上，各种体育运动的符号以穿孔的形式在上面呈现，如图 5-19 所示，这个符号的设计是与 Art Lebedev Studio 合作完成的，通过这种标识的意象化来传递足球运动的文化。

仪式感空间能够强化历史场所的纪念性（都铭 等，2008）。纪念性历史场所往往隐含着时代性，是指它所纪念的场所具有当时特定的时代性，而在今天，其场所纪念的意义会有所不同。而如果需要拥有长久记忆，就必须维持恒常不变的原则，"恒常与变迁的平衡，此为城市拥有历史记忆兼具有现代化的一个要件"（黄承令，2005）。

广东省立中山图书馆的改造项目中，革命广场在近代是民国时期群众集会的场所，而在当代则成为纪念国共第一次合作时期争取民族独立的精神教育场所，且成为旧城中人群密集的公共图书馆的前广场，需要强化其公共聚会、交流与休闲等属性。因此，随着时代变迁和生活的需要，大众对场所的使用也在动态变化。

革命广场的围墙、护栏及铸铁大门保护完整而且极具民国时期特色，作为广州近现代民国时期的特殊文化符号，通过挖掘提取这一符号特征并加以移植，对强化纪念性氛围具有特别重要意义。这一符号也反映在改造后的场地入口标志、地面浮雕、门牌、标识等元素上。广东省立中山图书馆的外立面改造过程中，还维持了原有 1980 年代重建的样式，也就是现代简约风格。简化版的坡屋顶琉璃瓦形式，通过更换外墙的保温材料、铝合金窗和屋面隔热系统，使外立面的符号保持完整性，如图 5-20 所示。

然而，原两广优级师范学堂的前身历史却未有任何痕迹与联结。现代主义风格固然为该场所过往历史时间的一部分，古典折中主义的两广优级师范学堂的东堂乃至贡院前身的历史，亦

| 保留仿砖瓷砖外墙 | 大屋檐的符号 | 玻璃纤维混凝土预制板 | 原混凝土栏杆 |

图 5-18　前川国男建筑师设计的京都会馆改造
（资料来源：《世界知名建筑翻新活化设计》）

| 鸟瞰图 | 改造后外墙立面 | 以金属穿孔的形式展示各种体育运动的符号 |

图 5-19　俄罗斯卢日尼基体育场
（资料来源：http://www.archdaily.cn/。摄影师：Ilya Ivanov，Dmitry Chistoprudov）

| 改造后的主入口效果 | 更换外墙保温材料和节能窗后的侧立面 | 改造后的正立面 |

图 5-20　广东省立中山图书馆的外立面形式
（图片来源：作者自摄）

不能在改造中完全忽视。幸运的是，毗邻的建筑整体上还较为完整保留了原两广优级师范学堂的折中主义风格，博物馆内的贡院遗址展示了这段历史痕迹，当中依稀可以辨寻从前的历史记忆。尽管省立中山图书馆改造获得广东省绿色改造的示范荣誉，由此可以看出，绿色改造还仅仅停留在物质领域中的节能环保层面。

　　白天鹅宾馆的中庭空间设计颇引人入胜，如图 5-21 所示。建筑底座 3 层，围绕着开敞透亮的中庭设置，南面临江为餐厅、休息厅等公共空间，临江空间悬挂长 72m、高 7.2m 的玻璃吊幕，人们站在任何部位都可看见白鹅潭上百舸争流的全景（佘畯南，1983）。这在当时的建造水平还是了不起的工程技术，既反映出建筑师的超前眼光和智慧，也体现出材料及建造施工的高超技术。于中庭亦可观赏故乡水为主题的庭院，中庭西部偏北处筑砌达 10m 有余的石岩，采

岩壁上亭子　　　　　　入口大堂

中庭小桥流水　　　　　吉祥图案　　　　　　中庭回廊

图 5-21　广州白天鹅宾馆中庭
（图片来源：作者自摄）

用岭南地方特产的石材——英石，故乡水雕刻于石岩侧面，金瓦亭子位于石岩顶部，独具岭南特色的灌木花草遍植石岩缝隙之间，兰、莲、竹、菊成为宾馆首选的植物（曾增 等，2009）。藏式风格的金顶亭子被喻为民族大团结的象征（佘畯南，1983），瀑布从亭边的山涧分三级而下，汇聚于大堂公共空间的小池，池中锦鲤游弋，故乡水成为室内中庭空间序列的高潮，将室内共享中庭与室外自然环境融为一体（佘畯南，1983），成为吸引广大港澳华侨返乡探亲、投资设厂的符征，也意涵着透过改革开放搞活市场经济，欢迎海内外华侨投资的符旨。此次绿色改造基本上尊重原创设计符号，包括英石、亭子、岭南植被、瀑布等元素均原状保留，维持了原先的故乡水的空间布局。

2. 类化形式的创作

类化的概念是将所要解决的问题纳入到原有的同类知识结构中去，针对问题加以解决（卢永毅，2009）。既有建筑绿色改造中的立面形式类化是运用类型学的手法，后续介入的要素必须和过往要素建立起某种潜在的逻辑关系，在更深层次的意义上强化既有建筑的真实性，从而实现既有建筑新旧元素在整体关系上的联结（汪丽君 等，2018）。虽然建筑的空间形式充满不确定性，但在城市环境中进行的再创作，是其必然要与城市过往建立起联系性，这才是绿色改造的关键之一。

在建筑形式的创作上，拉斐尔·莫奈欧（Rafael Moneo）质疑了那种对既有建筑过往形式的任意肢解和符号形式的再创作。因为当建筑原型被简化为图像的时候，其组成元素之间的内在关系便被消解了。莫奈欧将形式的创作分为类型研究和形式生成两个阶段（张宇，2017）：第一个阶段：寻找与城市过往环境中的行为方式、心理结构相契合的类型，分析其内在的形式结构；第二个阶段：以选择的类型为基本形式结构，根据实际情况发生变形和转换，包括表层结构在环境中场所化的过程。

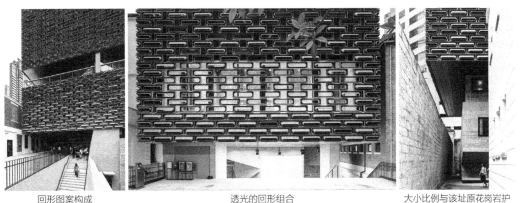

| 回形图案构成 | 透光的回形组合 | 大小比例与该址原花岗岩护墙有着相似的视觉质感 |

图 5-22　香港大馆立面符号

（资料来源：http://www.archdaily.cn/。摄影师：Iwan Baan）

| 改造后的白天鹅宾馆的背江立面 | 白鹅潭 | 改造前的白天鹅宾馆的临江立面 |

图 5-23　广州白天鹅宾馆的立面

（资料来源：右图来自广州市设计院，其余为作者自摄）

　　无论是结构还是类型，凝聚在立面形式的新旧符号之间的元素都须达到联结的状态才能实现建筑与文脉的相生。如香港大馆的新楼外立面就是以铝制的回形图案，如图 5-22 所示。在其大小比例方面，展示了与该址原有的花岗岩护墙相似的视觉感觉，与大馆整体建筑群彼此联系，立面模块还呈现出一种经过磨砺的质感。在晚上，建筑内部透出的光亮则通过立面模块的过滤，在展现出室内的动态空间同时，亦避免了给城市带来光污染。

　　又如白天鹅宾馆的改造，原状修复的外立面详见图 5-23。由于沙面有羊城八景之一（广州又称之为羊城）的鹅潭夜月，当时的主创建筑师佘畯南（1983）通过鼓形的白色建筑外形以及宾馆中庭空间的故乡水来实现物质空间的政治隐喻。尽管采用腰鼓形平面建筑比板形平面建筑可少建 6 层，但却能够形成简洁有力的形体折面。加上外墙采用的是白色外墙涂料，以及精心营造的斜角阳台，在阳光下和波光粼粼的白鹅潭上呈现出丰富的光影变化，颇有天鹅白翼羽重叠之意象（佘畯南，1983）。由此可见，在创作过程中，经济利益并未放在第一的位置上，融合羊城白鹅潭的空间地景，满足展示中华文化和广州风光的诉求，被视为设计原则的第一位。而此次白天鹅宾馆的改造，其立面依然维持与原立面形式的构造与细部节点大样，仅采用外墙涂料重新粉饰外墙，更换外窗时采用节能玻璃及外框以满足绿色建筑的隔热标准。因此，白天鹅宾馆的改造是通过维护既有建筑独特的尺度和构造，以延续过往记忆。

又如澳大利亚墨尔本的战争纪念馆改造。墨尔本战争纪念馆的建筑旧馆于1934年建成，老纪念馆完全按照摩索拉斯陵墓[①]的形制建设，体现了西方传统建筑的文化渊源。2003年建成的加建部分，其外墙的倾斜形式与色彩，是以澳大利亚士兵在欧洲作战时的红土战壕为原型的，如图5-24所示。新加建部分从各方面上看似乎与老纪念馆的纪念性场所截然不同，其设计策略就是将改扩建部分放入纪念馆周边地下，以回避协调。新建部分同样用了象征手法，如入口处墙面采用红点肌理，来源于战时的一首诗中描写红花的意象，墙面的红点肌理暗示了这段经历，同时也象征了奉献与鲜血。

旧纪念堂作为新古典主义风格的建筑，恪守了许多古希腊建筑的设计处理手法，如视差校正法。建筑的水平线条均有抵消视觉变形的轻微弯曲，而竖向构件也向建筑中心有不同程度的倾斜，且建筑的所有竖向线条交汇在建筑上空2.25km的一个点上。改扩建部分在室外的构筑物，如院墙、挡土墙和座椅小品，其竖向线条也均交会在这个点上，如图5-25所示。这不仅是为了视差补偿的需要，而且也是将老纪念堂的视差控制当作场所秩序的一个整体控制原则，从而

新馆出入口

新馆入口围墙

新馆入口空间

图5-24　澳大利亚墨尔本战争纪念馆改造——新馆部分
（图片来源：作者自摄）

旧馆主体

新馆入口空间与旧馆

新馆入口围墙与旧馆

图5-25　澳大利亚墨尔本战争纪念馆改造——新旧关系部分
（图片来源：作者自摄）

---

① 摩索拉斯陵墓（Mausolus），也是纪念堂（Mausoleum）一词的词源。它建于公元前353年，是古代西方7大建筑奇迹之一，位于现在的土耳其西南附近，公元12世纪被地震摧毁。据拉丁史学家记载，该建筑物由高19m的平台，11m的爱奥尼柱式的拱廊，以及24级台阶的金字塔式的屋顶组成。

使老纪念堂与新建的外部空间达到一种内在的、精神上的统一（都铭 等，2008）。加建部分的原型已经完全脱离了西方传统建筑文化的历史符号，更带有从事件本身和个人感受出发的现象学色彩，更具有独立性和地域性。2003 年的改扩建可以说是新旧战争纪念堂场所空间的一次对话，通过类化形式的创作最终完成了纪念堂整个场所在建筑、景观上的整合。

5.4　人文绿色改造之空间生产

20 世纪后半叶以后，空间成为哲学研究的重要议题，哲学家列斐伏尔首先提出了空间的生产理论，对空间的概念进行较为全面的哲学思辨，深刻地批判了将空间视为静止容器的观念，提出空间是社会的产物，把空间的概念扩大为包含物质空间和社会空间的范畴（亨利·列斐伏尔，2015），而二者都是社会实践的产物。

围绕这个空间的生产过程，同一时空下各种复杂的矛盾与协作关系，其相互作用并将结果回馈到空间形式，从而以自身独特的空间形式呈现，故形式背后蕴含着深远的文化意涵。由此，空间成为反映一切作用于物质空间和社会关系的场域，它既是社会关系博弈的场所，也是社会群体争夺的目标，不同利益的社会阶层通过对土地和建筑物的控制而实现的空间生产，其空间形式的背后蕴含着各个社会利益层面的博弈。正如列斐伏尔对空间的重新定义（陆扬，2008）：空间即是社会，社会也是空间，社会关系是以空间形式展现出其文化意涵，空间是社会活动中所发生事件（event）的容器。

事件，特别是重大事件往往与权力和资本的关系紧密，权利和资本往往能够助推空间的生产，扮演着助推器与催化剂的效用。附录 K 总结归纳了广州自 1978 年以来通过各种全国运动会、亚洲运动会、广交会等大型节事活动，从中可以清晰发现：广州的每一次重大节事都促进了城市空间的拓展，城市大型事件与广州城市形态演变紧密相关。地方城市政府热衷于举办各种大型运动会、博览会等大型事件，其主要目的在于突破各种约束获得更多发展资源。从这个角度来看，事件的价值及意义已远远超越了举办事件内容本身。因此，事件的营造往往是空间生产的途径，而事件的营造也可以是通过场景活动、公众参与的组织来实现，也是权利资本的空间化的表达。以下分别从场景活动、公众参与以及权利资本的博弈等三个方面，阐述空间生产对既有建筑绿色改造的社会文化领域所产生的作用与意义。

5.4.1　场景活动

以社会活动的形式来策划市民参与，此为以空间生产方式之一（夏铸九 等，1993），亦可作为旧城传统文化通过既有建筑的外特质形式给予传承的补充。既有建筑绿色改造中的城市文脉的传承，除了通过其外立面形式进行延续之外，与场所关联的场景或事件回放亦是关键因素之一。

场景的延续、再现或事件的回放将影响既有建筑再利用的走向，并使之从纯粹的美学关联转向更深层次的文化意义。美国伯克利学派代表人物亚历山大（Christopher Alexander）在《建筑的永恒之道》中认为：建筑或城市的基本特质是由那些不断发生在那里的事件所赋予的（亚历山大，2002）。常青也认为：由场景和仪式可以理解，建筑不仅是一种空间形态或制度形态，而且是某种事件发生的过程和结果（卢永毅，2009）。这种事件往往成为人们的共同记忆和心灵感受的源泉，这种事件可分为过往场景和当代活动。

1. 过往场景

既有建筑的绿色改造，可将其所承载的某些过往生活场景进行延续或再现。对于老旧街区应尽可能留住人及其活动，产业建筑可借用生产流程以组织观览流线，名人旧居可围绕过往生活场景进行空间布置，以民俗活动作为既有建筑主要的功能等。这些都是在充分尊重过往环境的基础上，创造性地将新的城市生活融入既有建筑中，透过其参与的与过往场景的对话演绎，可丰富当代人对过往生活的感悟（张松，2008）。芒福德也认为，城市如要进一步发展，必须恢复古代城市所具有的那些必不可少的活动和价值观念，人类的活动、对话、戏剧、社团作为重要因素养育了人类文化的生长和繁衍（刘易斯·芒福德，1989）。

例如西班牙巴塞罗那的诺坎普(Camp Nou)球场改造，如图 5-26 所示。诺坎普完成于 1957 年，1982 年作为世界杯足球赛开幕场的会场而获得圣地美名，至今使用已超过 60 年。改造计划于 2007 年推出，当时是由英国福斯特建筑事务所（Foster+Partners）担任设计，后因经济不景气延迟后未实施。此后，2015 年重新举办公开的设计竞赛，由日本日建设计 （Nikken Sekkei）集团与西班牙 Pascual-Ausio Arquitectes 提出设计方案，方案被评论为可感受到地中海温暖气候的改造设计，如图 5-27 所示，因而获得一致性赞同。因为巴塞罗那是西班牙加泰罗尼亚首府，当地共同的语言是加泰罗尼亚语，历经 1930 年代西班牙内战以及佛朗哥独裁政权，加泰罗尼亚语言遭受全面禁止使用，唯一例外的是诺坎普球场的观众席。这座球场守护了加泰罗尼亚的种族身份，是让加泰罗尼亚语存活下来的场所，历史的精神也就寄宿在既有的体育场上。

设计团队保持着对拥有悠久历史建筑物的敬意，发展出包覆球场外围的设计。统筹该改造计划的日建设计负责人说：承继过去，开创新意，为了探索让这种两极化目标的平衡，需要借助当地人经验来充分了解巴塞罗那。参与竞赛的正式成员在当地生活至少一周，通过地方饮食、观察街区肌理，观战足球赛事，再将这些体验反映在设计上。新诺坎普球场改造，不仅包括老旧设备或结构的改造，也为建筑物注入新意，增设的屋顶覆盖全场，也因此而降低对临近小区噪声的影响。在外围，增设 3 层廊道，如图 5-27 所示。廊道不仅保存既有建筑结构骨干，也向世人展现新的面貌。怀抱着对体育场本身历史的敬畏，来自加泰罗尼亚的建筑师向设计团队说明：足球队 "FC 巴塞罗那" 在文化上象征着加泰罗尼亚的整体。因此，改造过程中，从没有停止赛事举办，再现与延续了球场背后加泰罗尼亚不屈的场所精神。

2. 当代活动

首先，发生在既有建筑本身的绿色改造也是该建筑所承载的事件之一。作为城市现代文化延续的一种方式，绿色改造在行为模式、交互体验上将使在地居民更加贴近时代生活，更容易激起在地居民的参与并获得更深的体验。因此，既有建筑空间中的绿色改造本身也将成为建筑本体记忆的一部分，丰富了既有建筑的文化价值层次。其次，发生在既有建筑其他重要活动，也将以事件对话的形式储存在既有建筑的记忆中。

改造前效果

改造后效果

图 5-26　西班牙巴塞罗那的诺坎普球场绿色改造之效果比较
（图片来源：《世界知名建筑翻新活化设计》）

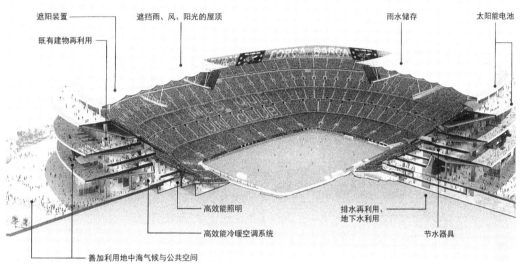

图 5-27　西班牙巴塞罗那的诺坎普球场绿色改造之示意图
（图片来源：《世界知名建筑翻新活化设计》）

　　这种记忆的文化形式可分为积极性和消极性两类，事件对话的正面意义是指在城市生活中，通过事件策划，使既有建筑所饱含的积极意涵得以延续与拓展，从而激发市民的参与冲动，在既有建筑本体上留下具有时代鲜明特征的痕迹，更使参与者获得精神上的触动、提升和教育，继而达到延续城市文化的目的（孙永生，2010）。并非所有既有建筑所承载记忆的文化意义都是积极正面的，当附带消极记忆的时候，既有建筑往往在公众情感中难以得到认同，也会带来不良的社会效应。此时便需要进行文化意义的重塑。通过组织积极的事件活动以修正过往不良记忆因素是最为有效途径，从而可实现积极的文化精神再造，重回社会主流精神。

　　如著名的德国柏林议会大厦改造，便帮助既有建筑从消极文化意义的阴影中走向积极正面的文化意义。在诺曼·福斯特所主持的德国柏林议会大厦改造项目中，这座既有建筑因承载着纳粹分子于二战期间（1933 年）所发动的国会纵火案这一事件，被德国人民视为历史耻辱，对这一沾有历史污点的建筑的改造再利用颇有争议。因此，在纪念第二次世界大战结束 50 周年

城市中的柏林议会大厦　　　　包裹后的柏林议会大厦鸟瞰　　　包裹后的柏林议会大厦前广场的人群

图 5-28　德国国会大厦 "包裹行动"
（资料来源：Christo and Jeanne-Claude 官网）

期间（1995 年 6 月 24 日至 7 月 7 日），著名环境雕塑家克里斯托和让娜·克劳德夫妇（Christo and Jeanne-Claude）运用大量银色不燃纤维布对整栋建筑实施包裹行动，让这座充满污点的建筑短暂的从人们的视野中隐匿，象征着历史罪恶的消失和曾经发生其中的历史事件的封存，如图 5-28 所示。德国国会大厦的外墙、塔楼和屋顶覆盖有 70 个量身定制的织物面板。通过这一短暂的消除记忆举措，并鼓励公众通过参与到正在进行的空间事件中，实现民族监督并展示出政府开明的政治姿态，进一步推动了既有建筑转向积极的文化意义。

前文所述的广东省立中山图书馆，改造后的革命广场成为在附近工作的图书馆、博物馆办公人员、研究人员、旅游观光人员、学生及周边居民最喜爱的活动场所，各种活动包括聚会、沙龙、摄影、散步、学习、游戏、展览等。广场所设立的相关近现代历史展览、绿色科普知识及技术示范，使改造成为公益性教育示范窗口，从而发挥了历史场所的绿色改造在推进公共既有建筑的节能，带动和促进绿色建筑发展的积极作用。由革命广场所激发的共同记忆或感受，使地方民众强化了对自我身份的认知和归属感（Kohler et al.，2002），成为维系周边社群关系和历史文化的纽带。遗憾的是，广场空间并未完全作为公共开放空间对公众开放使用，受制于多部门管辖，目前作为图书馆的一部分，还是按照固定的时间进行管理。摩尔曾经说过：真实占有一座房子的感觉依赖触觉体验，而触觉体验也必须运用于城市，如果这座城市是属于它的选民的话（布鲁姆 等，2008），同理，旧城中的革命广场虽具有公共性和纪念性，然而在市民眼中，却不能被占有，被触摸，反而被限制，那么广场给予人的纪念意义和公共感受就将受损。

又如台北深坑老街和剥皮寮老街，两条街相距不远，作为既有建筑改造后所呈现的景象却天壤之别，如图 5-29 所示。深坑老街的大部分既有建筑的外立面沿用各个历史阶段所沉积下来的材料与风格形式，沿街主要商铺及其住户均为在地居民，街道环境整治后给人以干净、整洁的印象，并无下水道的污水、废气等污浊空气异味。除了吸引旅游观光客品尝美食、购物、了解深坑老街的发展历史外，老街还组织社团表演传统戏剧，在既有建筑与传统老街之间，通过公共空间的相互渗透，吸引了大量客流观光体验。然而，不远处的台北 "剥皮寮" 老街，在同一时间段，却呈现另外一种情形，街道是同样的干净整洁，也是同样建筑风格，同样属于历史遗留下来老街，街道的地面、两侧墙面均很好做了修复与加固，也利用既有建筑残留下来空间，与街道相互渗透作为街道的公共空间。但是，老街却显得冷清。如果不是由于正在作为影

人流如织的深坑老街　　　　　　　　　　于既有建筑与老街所相互渗透的公共空间所组织的戏团活动

同日，剥皮寮老街比较冷清　　　　　　　　　剥皮寮的空间营造好了，人却不在了

图 5-29　台北深坑老街与剥皮寮老街
（图片来源：作者自摄）

视剧的拍摄现场，恐怕人流会更少。究其原因，一是街道两侧的商户已经物是人非，并非原住民，很多都是来自商业市场，通过招租引进的产业，另外，缺少由在地居民所组织的公共活动。

5.4.2　公众参与

关于公众参与的思想萌芽，早期曾出现在 1960 年代，以批判第二次世界大战后的城市规划与建筑的书籍居多。如：简·雅各布斯的《大城市的死与生》（The Death and Life of Great American Cities）（1961）等，包括许多关于公众参与小区建设的重要著作，如约翰·特纳（John Turner）的《人性住宅 Housing by People》（1976）、克里斯托佛·亚历山大（Christopher Alexander）《俄勒冈州的实验 The Oregon Experiment》（1975）等。城市规划与建筑理论的突破，造就了一批接受公众参与小区改造理念的规划与建筑专业人员。在随后西方一些城市的更新过程中，以广泛的公共参与为特征的生活环境改造思想付诸实践，这种自下而上的改造理论完善了城市更新（贺耀萱，2008），弥补了大规模粗暴拆迁既有建筑后对弱势群体的伤害，推动了小区环境的和谐发展，也启发了绿色改造的可持续发展的人文理念。

公众参与小区改造的倡导者认为：小范围自下而上的模式能够让小区内的居民参与到自己居住环境的塑造与经营。通过居民的自助与合作来逐步改造完善家园环境，将使生活环境可以变得更好，也给公众留下难以磨灭的记忆。被誉为可持续发展先知的经济学家舒马赫认为：即使是小小的团体，有时也会因改造不当而对环境造成严重的侵害，但比起那些超大型集团所导致的毁灭就微不足道了。由小单位组织起来的人们，对土地及其天然资源都会比较用心照顾，小规模运作无论其为数多大，通常对自然环境的伤害，都比大规模运动来的小（舒马赫，1973）。

将部分决策权交还居民，使其能够有效地加入既有建筑环境的改造并参与到日后的经营，财务、土地、材料等资源有效的运用，将使改造后的既有建筑得到更好的运作或维护，使改造成效符合大部分使用者的心理需求。如此，公众参与改造加强了居民的场所认同感与归属感，使个人与其他成员强化了小区意识。公众参与改造有助于降低犯罪、心理压力等威胁，并创造新的就业机会。

例如，澳大利亚堪培拉科技公园就是由火车的机修厂进行彻底改造而成的，如图 5-30 所示。通过将其改造成小区公园，既可吸引小区居民普及科学技术，也减少拆旧建新所带来的环境污染和能源消耗，而且科技公园还通过增加办公会议中心、梦工场、商业中心等业态，吸引了客流，盘活了整个废弃的工业厂房。而这也体现了公众平等获得与地方密切相关的教育、医疗、经济机会，以及享有精神和物质幸福的权利。也就更加接近联合国所有会员国通过的《2030 年可持续发展议程》17 个可持续发展目标中的第 11 个行动目标，使城市和人类的住区具有包容性、安全性、弹性和可持续性。

旧城空间的扩展和生活节奏的提速，使人际关系淡漠的同时，公众参与表达意愿的渴望也在增强。之所以关注记忆场所与城市日常生活的联系性，是因为记忆场所中所包含的生活方式和传统习俗等非物质信息是旧城文化的重要组成部分（张松，2008）。简·雅各布斯认为：旧城中的既有公共建筑作为旧城独特的公共资源，其改造必将引发一系列的社会效应。改造过程中，积极的鼓励并引导公众参与，尊重公众意见并赋予适当的决策权，一方面可以切实满足公众对提高生活质量的需求，并能够落实在具体的改造行动中且能够获得监督；另一方面公众力量的主动参与，其营造的活动将激发公众对既有建筑场所环境的归属感和荣誉感。公众参与改造将增强地方文化认同感，使场所精神得以延续，也激发了深层次的小区意识和普世教育。因此，在既有建筑的绿色改造过程中，关注既有建筑空间潜在的公共属性，通过空间记忆事件的触发来吸引公众自发的参与体验，从而建立起既有建筑空间与城市生活的交互体系，方能够实现人文意义上的绿色改造。

如前文所述在诺曼·福斯特所主持的德国柏林议会大厦改造项目中，雕塑家克里斯托和让娜·克劳德夫妇运用大量银色不燃纤维布对整栋建筑实施包裹行动，鼓励公众参与到正在进行的包裹议会大厦的活动如图 5-31 所示。这种空间事件推动了既有建筑的负面意涵转向积极的文化意义。又如桃园市府文化局之前曾举办桃园警察局日式宿舍群的网络命名票选活动，邀请全民一起参与，通过投票选出好念、好听、好意涵的深具公众认同的园区名称"桃园 77 艺文町"。

真正意义上的公众参与既有建筑改造，不但包括使参与者被告知信息、获得咨询和发表意见等基本权利，而且还包括被改造既有建筑的使用者对整个营建过程的参与和控制。其中最为关键的是，使用者应当成为既有建筑绿色改造的主体，并参与到绿色改造设计的部分决策和后期管理。因此，公众参与绿色改造不仅促进了人们在改善生活环境方面共同合作，也促进小区及整个城市更新的和谐发展。从某程度上来说，也是一种社会治理，正如从事广州城市更新

原厂房改造为展示、办公空间　　　　　　原有机车与厂房　　　　　　旧时代象征的列车,营造有趣的户外公园
活动空间

图 5-30　澳大利亚堪培拉技术公园
（图片来源：作者自摄）

包裹后的国会大厦　　　　　　　公众参与包裹　　　　　　公众参与国会大厦的前广场活动

图 5-31　德国国会大厦的公众参与
（资料来源：Christo and Jeanne-Claude 官网）

工作多年的设计院 L 院长在接受访谈时表示：由于旧城既有建筑产权所属复杂，存在着历史原因的移民、外来人口、商业租赁等复杂现象。同时改造再利用与历史文化保护与活化还存在的矛盾，因此须协调当事人、权属人以及使用者，毕竟使用者本身遇着自己的发展需求。而审批部门主要是区属负责，住建部、规划部门、民政部共同参与管理。因此，当前的微改造，已经开始指向社会治理。而此前，关于小区居民管理，管好居民为工作重点，而今需要是服务好小区公众。

5.4.3　权力与资本博弈

建筑空间作为资本与权利的博弈工具，作为社会关系的载体，是解读空间文化的重要途径（夏铸九 等，1993）。空间权力的掌握者刻意建构、维护与支配符征，以达到将符旨隐含在实体空间的目的，而其空间关系性主要被其边界、区位及形态等空间要素所表征（Harvey，2005）。如白天鹅宾馆的改造，尽管绿色改造满足了国家标准中的相关规范与标准，获得绿色二星标识以及绿色示范工程等殊荣。但物质空间领域的绿色改造，并不能弥补人文领域的缺失或不足，过往违背生态自然和公众利益的做法并没有在这次绿色改造中获得纠正或改善。由于忽视了隐藏在白天鹅宾馆后面的空间文化，无法透过设计的语言将其反馈至改造的实体空间中。

1. 权力与资本的产物

1978 年中国改革开放后,为了与西方市场经济接轨,香港企业以其得天独厚的优势参与到内地的改革开放。作为英国殖民统治商业文化的主要承载者,香港企业在资本与权力的共同推动下,在内地享受着外资企业独有的特殊待遇。通过营业收入、利润、人才培养等政策倾斜(谭羽,2011),香港企业往往能够获得巨大经营优势,因而白天鹅宾馆在经济、社会领域发挥着示范作用也就不足为奇。

白天鹅宾馆是在当时国家迫切需要实施改革开放,以及国际新自由主义思潮所引发的全球化背景下诞生的。在海外资本的运筹下,通过建设场地的选择和空间的设计,强化了对国家政策的呼应。在具体的经营过程中,自主设计、自主建造和自主经营的第一座五星级宾馆成为当时改革开放的象征。而国家领导人与各国政府元首的光临,进一步建构了白天鹅宾馆空间的政治意涵。敞开大门优质服务的策略,足以使普通百姓能够感受国家在改革开放后的社会进步。

作为改革开放的窗口(赵健 等,2009),白天鹅宾馆还推动了地方其他关联企业构建现代企业制度,如出租车业务、餐饮集团、旅游企业等。资本权利和宏观社会背景还决定了白天鹅宾馆的经营管理模式。在中央政府的强力支持和霍英东的个人影响下,为避免过多管理部门或相关企业对白天鹅宾馆营运的约束,其所建构现代企业管理制度被明确为董事会领导下的总经理负责制(蔡晓梅 等,2016)。董事会和管理层都致力于将白天鹅宾馆建设成为酒店业的标杆。国家、地方与现代企业的合力才促使白天鹅宾馆建筑的设计、建造与经营走向成功,也就被视为改革开放的成功范例,更使白天鹅宾馆成为引进外资的窗口。

然而,自 1990 年代中期起,随着改革开放的进一步深入,以及市场经济体制建设的日趋完善,广州作为通商口岸和改革开放窗口的重要性逐渐弱化,政策优惠红利日趋消失。白天鹅宾馆所承担的国际接待任务逐渐减少,尤其是香港回归后,上海作为全球金融中心的地位以及长江三角洲制造业的崛起,带动了外资深入中国内地的投资,港商在全国的示范作用减弱。加上外国领事馆迁出沙面,及沙面历史街区的认定,白天鹅宾馆失去了作为改革开放窗口的地位。而这也与背后的资本权利发生的变化相关联。2004 年,霍英东先生与白天鹅宾馆的合同期满,白天鹅宾馆归地方政府所有。2006 年霍英东先生逝世,白天鹅宾馆被纳入国企管理体系。随后,政府赋予白天鹅宾馆作为企业以外的功能,要求成为具有历史文化价值的载体,而且是具有改革开放的记忆价值。

当广州白天鹅宾馆失去了政策、资本和权利的吸引力后,白天鹅宾馆被认定为历史建筑,也就成为重塑其商业优势的契机,期许通过政策上延续旅游文化产业,促使改造后的白天鹅宾馆能够续写辉煌。然而由于对其文化空间意涵并未充分认识与挖掘,淡化了市场资本权利的作用,漠视了沙面公共空间的景观权利,淡化了沙面公共停车场(广州市城市规划发展回顾编辑委员会,2006)及其交通改造的意见或建议。

从这个角度来看也验证了第 4 章的研究结论,如本书第 4 章中的关键设计要素关系网络(见图 4-26),机动车停放合理与场地交通流畅为影响绿色改造设计的关键要素,通过实施合理的场地停车和交通设计,将在改造过程中起到事半功倍的效果,较容易达到绿色改造的目标。而公众参与改造的缺失，难以形成正确合理的绿色改造策略。也因为历史建筑的身份，意味着白天鹅宾馆的管理层级在增加（蔡晓梅与苏晓波，2016），不仅要受控于2014年月成立的广东省旅游控股集团，而且作为历史文物保护单位将满足复杂的管理审批流程（邓燕玲 等，2017），为以后的改造工程增加了更多的限制，经营主体的权力也随之被弱化。白天鹅宾馆的决策成本与管理成本的显著增加，以及工作效率的降低也使宾馆经营步履蹒跚，也就呈现出本书开头的景象。

2. 权力与资本的再现

空间作为文本，是一种社会权力的表现，更是一种话语。空间是由谁表达与生产出来，暗示着空间所隐含主体的权力，也暗示着空间所处的权力关系网（Harvey，2005）。随着时间的推移，权力主体在发生变化，他们之间的联系也发生了变化，因此对空间的规划与蓝图也有所改变。

不同权力主体对白天鹅宾馆的空间规划体现了权力主体在当时社会情境下的不同要求。白天鹅宾馆空间的权力主体改变后，其空间所隐含的权力关系也不得不发生变化。当白天鹅宾馆作为香港回归前港商在内地的示范性建筑时，它证明空间是资本活动的一种结果。而当白天鹅宾馆作为绿色改造在我国的示范性建筑时，它从另一个角度再次证明空间是权利下的产物。

空间不是中立的背景，对这种建筑空间的解读与践行，需要联系当时的情境下的权利资本的目的。早期的白天鹅宾馆的建设是需要获得好的基地，得天独厚的景观视野，完备的基础设施以及周边领事馆的客户资源，因而可以牺牲生态环境，忽视岛上居民的公众利益。而随后三十余年的变迁，白天鹅宾馆的设备以及配套设施存在老化，为塑造新的宾馆形象，宾馆通过改造以期达到各方面利益的平衡。从建筑外立面形象维持原貌开始，室内中庭空间根据新的营运模式和商业需求进行动线改造，装修、空调、机电和水专业均从绿色节能的角度出发进行更新，以期取得较好的节能效果，降低日后运营成本。

但是白天鹅宾馆的改造要采用什么样的空间再现原则，来塑造被称为改革开放的标识建筑形象？这可以在物质节能装修领域的绝对空间中实现吗？真正的问题在于如何安排空间关系，以便产生一种包含情感效果的空间。包括白天鹅宾馆所在地——沙面的景观、商业以及美学需求，这方面限于历史建筑保护的窠臼，空间关系并未在改造中展现。当实体空间改造完成，空间的经验将受到再现形式的影响（Harvey，2005），如交通、导览和宣传，以及协助人们诠释改造后所企图表达的意义。仅仅沿着绝对空间向度来探究，比起诉诸其他时空架构所获得洞识效果会差很多。

3. 权力与资本的博弈

白天鹅宾馆作为中国改革开放初期所引进外来资本的一个重要产物，其区位的选择和建筑空间的设计体现了两个权力主体（政府和港商）对其赋予的政治隐喻。空间权力的掌握者刻意建构、维护与支配符征，以达到将符旨隐含在实体空间的目的（Harvey，2005），而其空间的关系性主要被其边界、区位及形态等空间要素所表征。

当白天鹅宾馆改制后，不同主体之间开始进行权力的博弈，反映了转型期政府与企业之间权力关系的变化。这种变化体现在不同群体对白天鹅宾馆多样甚至充满矛盾的空间诠释，空间成为理解文化与权力斗争一种特殊而有效的符征。白天鹅宾馆建设早期从选址到营造，无不迎合权利资本的要求。一条直接联结旧城区与白天鹅宾馆大堂的高架桥，沿沙面半岛自东向西而过（郭建昌 等，2000），专用高架桥隔断了沙面与白鹅潭的景观联系，对从珠江南岸看沙面的历史风貌影响很大，也从此将白鹅潭与沙面岛生活区隔开。在资本与权力的博弈变化后的今天，改造并没有抓住这次机遇，纠正过往破坏白鹅潭自然环境与忽视沙面岛公众利益的错误。白鹅潭与沙面岛的景观高架桥并未在此次改造过程中彻底整改或给予弱化。也有专家认为存在技术上的困难，研究者通过访谈从事规划建筑设计和管理多年的 H 女士时，她就认为：将白天鹅宾馆引桥沉入江底，无法实施的原因很复杂。对沙面公园而言，可获得好的景观，但也存在技术问题：一方面，北侧的六二三路交通压力更大，引桥会成为尽端路，出不去，被堵死，无法通行；另一方面，沉入江底后，其自身车道的坡度还无法满足规范要求，车道没有放坡空间，因为人民桥的引桥及交通转换都集中在这个位置。

尽管存在诸多技术难题，但只要协调好各个部门，通力合作还是有改造的可行性的。关键在于引桥已经不是白天鹅宾馆一个企业的事情，而是需要放入更大的旧城区域去考虑，需要从景观、交通和公共空间的层面去跨部门协调解决。同时也在给我们不断提醒，于旧城区的改造项目须慎重。白天鹅宾馆依然傲视白鹅潭，于旧城低矮平缓的广州旧城肌理中鹤立鸡群。当我们选择在沙面改造白天鹅宾馆，如果仅从当下物质空间环境出发而忽视隐藏的历史文化，借由建筑空间上施加某种片段的叙事，其效果将会导致未来的可能性和诠释被忽视，这种空间叙述将会压缩未来参与营造的力量（郭建昌与李婷婷，2019）。

集体记忆，一种四散但依然强大的感受，弥漫在都市场景中，可以启动在社会运动中扮演的重大角色（夏铸九，2016）。沙面无法是集体记忆以外的其他任何东西，设计师需要将这种分散的感触，透过砖块、灰泥、钢铁和玻璃以构成绝对空间，参见附录 H。汇聚在空间里而产生的力量非常复杂，某些在经验上是历史的屈辱情感，某些则是资本权利的建构与诉求，还有的是属于地方与企业发展的权利意涵。当以足够的心血把握住关系性空间与时间性时，空间的物质化"符旨"也就确定了，也就有利于改造的取舍。

白天鹅宾馆的建筑空间依附着经济、社会、文化、资本、权力之间关系和博弈，其建筑空间的"符旨"演变与经济资本下的权力主体不可分离，不同资本权力所属主体间的博弈，是导致其空间"符旨"在时空流转中变化的重要因素。而当它被认定为历史建筑，需要固化改革开放的纪念性意义的时候，却还欠缺考虑当代社会的需求。白天鹅宾馆作为企业需要持续运营，不仅仅依靠节能绿色改造，而是需要从自身经营以及从所在沙面场所的更大范围去思考地位。如此才能拥有长久记忆，达到恒常与变迁的平衡（黄承令，2005）。

5.5 人文绿色改造之社会责任与伦理

19 世纪末 20 世纪初，现代建筑代表着日益高涨的全球资本主义，大量工业建筑材料和能源的应用，在营造了现代生活方式的同时也破坏了生态环境，建筑也因此改变和强化了社会秩序。21 世纪的社会生态，同样需仰赖建筑师为建筑作出的完善决策，建筑之所以长久，并非因为其坚固，而是因为其具有弹性（大卫·吉森，2005）。这种弹性部分体现在材料的可重复利用。

在既有建筑的绿色改造过程中，无论是室内外环境的整治，还是建筑主体的改造，建筑材料是改造不可缺少的部分。材料的研发、生产、使用以及在其生命周期结束后能否安全回归自然，而不至于对环境产生污染和破坏是绿色改造成功与否的关键。因此，改造中的材料选用及其研发显得格外重要。

麦唐诺和布朗嘉在《从摇篮到摇篮》中提出一种新的理念，向大自然学习，从养分管理观念出发，让物质得以不断循环与利用。他们认为所有东西皆为养分，皆可回归自然。由此，当建筑材料也被视为大自然养分的时候，可循环再生的建筑材料就应运而生，对环境污染的遏制也就指日可待了。这种可循环再生的建筑材料策略，意味着一种新的社会责任与道德伦理的养成。因为，当人们面对高昂价格的可循环再生绿色建材时，人的逐利本性往往令其望而止步。一方面，作为产品材料的制造企业，有责任和义务投入必要的资金成本进行绿色可循环再生的材料研发；另一方面，管理部门须制定激励管理政策，引导社会和企业积极投入和使用；再者，从事既有建筑绿色改造的建筑师和设计师们也应转变观念，树立新的环境责任和专业伦理，促进可循环再生的绿色产品材料运用在具体的改造设计过程中。因此，从产品材料的厂家研发，到业主与建筑师们的材料选用，其自身的环境责任与伦理就显得格外重要。而绿色材料的研发与推广使用离不开社会责任与伦理的养成，正如英国皇家建筑师协会主席悦特（Paul Hyettt，1952）所言：可持续发展的设计是道德上必须履行的责任。

人文绿色理念的既有建筑改造中，可循环再生的绿色建材的使用也契合适宜性的中间技术特征。舒马赫（1973）主张要将技术问题与经济、城市化等因素综合考虑，避免脱离客观条件的限制而一味追求所谓的高技术。他认为，在地方条件限定下，应当选择适合该地区现实的技术。适宜性中间技术在本质上是从地域条件的特殊性出发，运用当代技术理念，对传统建筑文化进行批判性继承；在生态环境、社会文化、经济成本、再现与延续文化间进行权衡，以达到在促进场所精神文化延续的目的。

受限于地域环境、经济和社会文化传统等因素，地方传统筑造技术已经失去了其稳定存在的基础。在既有建筑的改造过程中，沿袭传统工艺及采用传统材料只能作为针对特殊的个案。而对于高新绿色节能减碳技术则需要根据项目的实际情况，以及后续的维护与使用，须进行评估后再选择选用（Carroon，2010）。

作为一种中间技术，于既有建筑改造过程中对废弃材料的可循环再利用，已被视为可持续发展理念于实践过程中的重要环节，已为人们所广泛接受。各国建筑师已开始对一般废弃物的再利用进行大量探索与实践。一方面，将废弃之物用作建筑室内外装饰材料，另一方面鼓励既有公共建筑改造过程中对有价值的建筑构件，或可再利用的材料在改造中继续使用。如德国海德堡小镇的某住宅，如图5-32所示，顶部加建的红砖与斑驳的石材、簇新的屋面瓦形成有趣的对比，不同时期的废弃材料再利用，通过并置形成历史的沧桑感和留下恒久的记忆。

5.5.1 绿色建材的可循环再生

顶部加建的红砖与斑驳的石材、簇新的屋面瓦形成有趣的对比，不同时期的废弃材料再利用，通过并置形成历史的沧桑感和留下恒久的记忆

图 5-32　德国海德堡小镇的某住宅
（图片来源：作者自摄）

建筑物是由建筑材料建构而成，在追求美好生活的消费时代，旧城既有建筑的内外空间会不断被改造，产生大量不可循环再生的废弃材料，而将改造引入浪费资源、破坏环境的陷阱（郭建昌 等，2018）。

从本书第 4 章中的关键设计要素的关系网络图（图 4-26）可获悉，影响绿色改造的设计关键要素中，被动式节能是相关设计要素中关键因素之一。通过合理实施被动式节能举措，将带动其他相关的设计要素，从而在改造过程中起到事半功倍的效果，而在被动式节能措施中，外墙、室内及屋面保温隔热材料在改造过程中起着重要的作用（詹姆斯·马力·欧康纳，2015）。

在当前，相比较机电、空调、水设备等领域的主动式节能措施，保温隔热的实际节能效果并不显著，或者难以量化数据呈现。正如本书第 3 章在文献系统性回顾中的结论所显示，外围护结构的保温隔热性能改造应当转向基于改造前后能耗数据变化的研究。然而，受困于当前的数据信息来源以及企业自我保护，目前实施起来还相当困难。因此，另辟蹊径，重视被动式节能中保温隔热材料的产品研发将显得至关重要，一方面将可进一步提高节能效率，另一方面如何应对大量既有建筑改造再利用所耗费的巨大建筑材料，将是新的挑战。

Young 曾将废弃材料利用分为再利用、再制造和再循环三种模式，如图 5-33 所示。弗莱彻则将旧建筑材料的利用层次分为三个级别，即系统级、产品级和材料级（张娟，2008）。系统级指既有建筑的适应性再利用，产品级指灵活可替换的建筑构件，材料级是指当一个产品被拆卸为其组成材料时可进行循环利用。

麦唐诺与布朗嘉（2002）提醒，地球上有两种独立的新陈代谢，一种是自然循环的生物新陈代谢，一种是从自然界获取原料并在工业圈内循环的工业新陈代谢。因此，我们所要做的就是设法让工业制造的产品和材料能够循环使用，而且需要安全地融入于这两种新陈代谢，而不是相互交叉产生环境污染。以下分别从改造后废弃材料的回收使用、再造使用、可循环再生三个层次给予分析。

1. 可回收使用的构件与材料

胡贝尔等人（Hubel et al.，1994）认为，我们应该鼓励回收，并学习一种节省的生活态度，

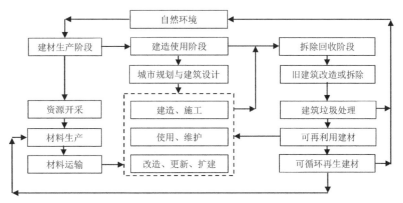

图 5-33 可循环再生的
建筑材料系统
（资料来源：《基本设计
概论》。作者绘制）

对无法回收的自然资源应减少其供应量。因此，当建筑产品在生命周期结束后，建筑废弃物的
材料不是变成无用的废弃物，而是可以被大自然的土壤自然分解，成为动植物和土壤的养分，
或是返回到工业循环里，成为制造新产品的高质量材料。

　　既有建筑改造过程中，对有回收或可再利用价值的建筑构件（或材料）进行分类，并在改
造建筑中继续使用，已成为低成本的适宜性中间技术。

　　有关既有建筑材料回收与再利用的案例很多，例如外墙材料使用的是本地旧建筑拆除后的
旧瓦片或建筑局部构件，不但实现了旧有建筑材料的循环使用。同时，又使得这些带有历史记
忆的肌理和触感得以在新建或改造建筑中延续。北非的格莱科 – 罗马神庙（North African Greco-
Roman temple）在拆除后，其材料被用来建造伊斯兰礼拜寺。勒·柯布西耶的朗香教堂外墙使
用了原来教堂的石块砌筑。上海世博会宁波滕头馆的外墙与施工现场，其外墙材料使用的是宁
波本地旧建筑拆除后分类收集的旧瓦片或建筑局部构件，如此，不但实现了旧有建筑材料的循
环使用，同时，又使得这些带有历史记忆的肌理和触感得以在新建或改造建筑中延续。再如桃
园 77 艺文町，位于台湾桃园市桃园区，前身为台湾日治时期的桃园警察局日式宿舍，为桃园少
数保留完整之宿舍群，目前被列为桃园市文化资产，现已由桃园市政府修复翻新，活化为文创
园区。警察局日式宿舍共计 5 栋，以原貌修复为原则，其中的一栋屋面材料是集中其余屋面现
状完好的旧瓦进行铺设，如图 5-34 所示的箭头所指，如此既可维护原状历史风貌，也能够节

图中箭头所示的屋面为回收其他既有旧建筑的屋面材料后重新编号铺贴而成　　　　　　　　改造后的效果

图 5-34　桃园 77 艺文町
（图片来源：右图为作者自摄，其余由陈全荣提供）

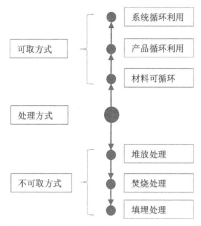

图 5-35 废弃建材处理模式简图
（资料来源：作者绘制）

约材料。

2. 可再造使用的废弃材料

废弃建筑材料的循环再造是当前绿色建材的主要途径，也是初期阶段，其处理模式可详见图 5-35。其种类包括建造期间以及拆除过程中的废料、散落的砂浆、混凝土、碎渣、钢筋、木料、废砖石、玻璃、金属等。作为可循环再生的钢材、木材、玻璃、金属等大部分都可以通过回收、加工后，经评估测试再投入使用。钢筋、玻璃等可以通过回炉，在改变物质形态后实现循环利用（吴贤国 等，2000），木材既可以在不改变材料物质形态情况下经过简单组合、修复后直接再利用，也可以经高温增压改变其形态后，以可循环再生的模式作为复合型木质产品，也成为室内常见的木质装饰材料，如图 5-36 所示。

但以水泥为主要原料的混凝土、利用工业废料制造的砌块、砂浆等建材，自身则难以直接利用。即使重新回炉再造，新的产品材料也难以满足建筑材料的抗压强度等指标要求，目前再利用量还比较小。但是，研究成果表明：可以回收的废弃混凝土经加工后可以作为道路路基。再生混凝土集料能够满足在半刚性基层或水泥混凝土应用时的技术要求，再生集料混凝土除耐磨性稍差之外，其他方面与普通混凝土无明显差别（张超，2003）。

过往在处理废旧建筑材料时，人们往往采取填埋的措施，表现出盲目性和随机性。随着废弃材料的循环再生技术被重视，黏土砖、石材等废料经粉碎后分选成粗细骨料，再替代天然骨料来配制混凝土、道路基层材料（杨帆，2016），或替代砂用于砌筑砂浆、抹灰砂浆、混凝土垫层等，还可以用于制作砌块、道砖、花格砖等建材制品等。当前常见建筑材料的可循环再利

利用残败的荷叶作为室内装饰物的构件，营造出一种自然环保的氛围

利用废弃的混凝土空心砌块作为室内墙面的装饰构件，既可废物利用又可作为储物空间

将天然的竹子稍加处理，形成致密的纹理，与废弃的空心混凝土砌块并置于门厅形成别致的茶室玄关

图 5-36 废弃材料的再利用
（图片来源：作者自摄）

用模式详见附录 H。

前文所述德国国会大厦的包裹材料就可以被回收利用，用来包装的材料为铝制机织聚丙烯织物和蓝色聚丙烯绳，而外墙、塔楼和屋顶覆盖的是织物面板。又如前文所述香港大馆设计，立面所有铝材均是 100% 经过回收再造，让新建筑得以在历史建筑群中以别样的方式，表达其现代的形态和质感。此外，铝制立面上有规律的洞孔和纹路还提供了遮阳挡雨以及部分结构作用，在从内到外响应功能需求的同时，也顾及香港当地亚热带湿热的气候。

3. 可循环再生的绿色材料

可循环再生的核心理念在于材料的再生及重组的可能性，材料的选择须充分考虑其适当性，也就是与所期望的设计主题相关（Hubel et al., 1994）。大多数可循环再生的材料并不符合经济效益，除了成本必须衡量外，胡贝尔等人（Hubel et al., 1994）认为还需考虑再生材料的实际利用价值是多少，再生材料的质量如何。因此，让建材自始至终被视为生态和工业循环中的原料来进行设计至关重要，其主要的准则包括尽可能减少原材料消耗；减少加工过程能源和水的消耗；采用模数化结构，提高产品可拆卸、可维修和可回收性；减少废弃物；提高产品多用途的可能性；追求持久的设计（不受流行式样影响）（蒋雯，2010）。

例如，纸来源于木材，研发改变纸的材料属性，使其成为建筑材料的一种，那将成为可以回归大自然并可循环再生的建筑材料。日本建筑师阪茂就对纸的强度深入进行研究，他将纸筒通过防水、防火处理，并强化强度（杨昌鸣 等，2007）。在严格的强度测试之后，由纸合成的纸筒解决了耐久性等问题，可以替代钢筋水泥。1993 年，阪茂的纸筒建筑材料被正式认定为建筑物的构件，它的成功使用，证明材料本身无毒、经济、坚固，实现了可循环再生且对环境无污染的目标。其他类似的材料还包括竹等传统材料。

如日本建筑师阪茂于马德里的 IE 商学院的最新建筑：一个由 173 个纸管组成的临时展馆。该展馆位于 IE 大学马德里校区内，将用于举办高等教育活动和其他活动。IE 商学院院长兼 IE 大学校长 Santiago Inñiguez 认为：IE 的文化和阪茂的工作共同致力于可持续性和多元文化的融合，展馆的结构设计非常高效。基于可持续发展的原则与临时性建筑的需求，展馆由 173 个纸管构成，这些纸管由木质接头固定在纸柱上，如图 5-37 所示。建筑师阪茂说，我尝试在我的设计中运用当地的产品，在这次项目中所有的纸管都是在萨拉戈萨制作的。阪茂还指出 IE 建筑学院的学生参与了纸管的装配工作，并强调了这一教学实践对于他们的重要意义。

旧城中既有建筑的材料使用将为人的身体感知带来视觉、触觉、听觉、嗅觉等信息，对人的重要性不言而喻。可循环再生的绿色建材成为既有建筑绿色改造的核心之一，它在既有建筑空间中所展示出来的颜色、光泽、肌理，甚至是温度和气味，通过触发人的知觉体验，对于空间氛围的塑造有着直接和决定性的影响。不同材料由于物理属性的不同而呈现出不同的情感，带给人的空间体验各有不同。

例如广东惠州南昆山十字水生态酒店，坐落在山清水秀的自然生态环境良好的环境中。设计过程中就采用地方常见的竹、木和卵石，如图 5-38 所示。针对竹木特性经特殊加工和设计组合后，形成酒店独树一帜的风格，从而将对环境的影响降到最低，而且从规划组织到单体构造，均与自然环境融合到非常好，给人以自然、舒适和祥和的氛围，已取得很好的经济和社会效益。

| 主入口 | 室内空间的木构梁 | 位于两栋既有建筑物之间的木构建筑 |

图 5-37　坂茂于马德里 IE 商学院的纸构建筑
（资料来源：《世界知名建筑翻新活化设计》）

| 鸟瞰图 | 外立面细部 | 竹木与卵石材料 |

图 5-38　广东惠州南昆山十字水生态酒店
（图片来源：作者自摄）

材料色彩与肌理的丰富性使其相较于空间而言，更容易折射出其文化含义，给人的感官触动比空间更为直接。随着科技的发展和技术观念的转变，材料表面属性的现象学意义日渐加重，而作为建筑主体的分离或附加的构造要素或不再显现，材料从设计之初便参与到建造的逻辑关系中来，甚至作为建造的切入点与契机成为设计主流。

5.5.2　社会环境责任与专业伦理的养成

1. 企业的环境责任和专业伦理

城市化和工业成长经常被认为是一种癌细胞，只顾自己的生长而不考虑它所寄生的环境，最终结果是走向毁灭（Andrews，2015）。绿色建材的可循环再生的思路，需要培育和倡导包括企业家和设计师在内的企业公民的社会责任感和专业伦理意识。也只有通过这种责任感和专业伦理意识完成的绿色改造建筑，才能维护生态环境，增进社会幸福感。

绿色改造所采用建筑材料的可循环再生性质，将对既有城市环境及未来可持续发展产生极大的影响，而其高昂的成本又使企业望而止步。为避免让工业产品材料的新陈代谢产物进入到自然生物的新陈代谢，故其关键在于企业责任。唯有作为市场经济主体的企业通过建构自身的环境责任感和重构专业伦理道德，才能彻底实现该目标。

强调产品使用后的材料处理是可分解的、可回收的，也就是可循环使用的材料，这应成为市场企业政策和责任的一部分。而与此同时，每个公民的生活习惯也至关重要，卡罗恩认为，我们目前需要的是新的伦理观念，引领每个人改变生活方式、习惯和行为，而这个伦理观念就在于提倡儒家的"一箪食，一瓢饮，在陋巷"的生活方式，也就是节约简朴的生活伦理（潘朝阳，2016）。

法国史学家兼批评家丹纳（Hippolyte Adolphe Taine，1828—1893）认为：要刺激人的才能尽量发挥，再没有比这种共同的观念、情感和嗜好更有效了……要产生伟大的作品必须具备两个条件：第一，自发的、独特的情感必须非常强烈，能够毫无顾忌地表现出来，不用怕批判，也不需要受指导；第二，周围要有人同情，有近似的思想在外界时时刻刻帮助你，使你心中的一些渺茫的观念得到养料，受到鼓励，能孵化、成熟、繁殖（丹纳，2017）。

而对于专业设计师而言，必须通过专业伦理的建构，在设计过程中努力获得社会公众的良好评价。对于业主的需求，必须以第三者的角色去考虑社会的公益性，以公正的立场来完成设计工作。避免违反公共环境责任与公众的利益，须通过社会公益的途径告知业主此项伦理，获得社会的监督与评价。

由此可见，要将既有建筑改造成具有绿色人文理念的建筑及其环境，离不开居住在城市中每一个公民的努力和奉献。唯有让城市中每一位公民能够以主人的身份去参与并实施自家建筑环境的改造，同时让每一个企业意识到城市及其周边环境是自己的家园，形成企业的责任和专业的伦理范围，大家群策群力，互相鼓励、监督与促进，才能完成这种使命。

而这个过程中，需要借助教学机构，从在校生以及企业、社会公众的继续教育着手，提高公众的素质。同时，借鉴先进国家和地区专业人才培养的学科设置，鼓励学者专家参与该领域的理论、方法及应用实践的研究。在建筑院校建立人文绿色改造途径的相关专业技术，增设社会学、环境学、心理学与城市规划角度的等相关课程，开展普适性的教育课程。而这方面，中原大学以及德国职业技术学院已经取得较为成功的经验，他们将课程结合社会实践，通过师生共同参与、完成实际的手作课程，取得较好的社会和学习成效，如图5-39所示。

2. 可循环再生设计的模式

传统建筑设计的标准是一个三角形模型，即坚固、适用和美观。在可持续发展的背景下，设计标准应在原基础上增加生态、公平和经济的标准，也就是须兼顾环境生态的平衡与社会自然资源的公平利用，追求合理利润。在实际绿色建筑材料的研发和选用中，应将社会、生态的效益视为与经济要素等量齐观的因素，而不是作为经济要素的补偿。

可循环再生的绿色建材早已进入实施阶段。1999年5月，当年实施产品计划性抛弃策略最为成功的福特汽车，其创始人亨利·福特的曾孙威廉·福特（William Clay Ford, Jr, 1957—）宣布福特公司将对第一次工业革命的象征——位于密歇根州迪尔本（Dearborn）的胭脂河大型汽车工厂投资20亿美金进行改造，使其成为再次工业革命的标志。福特公司设计团队运用社会、经济和生态环境的标准对厂区所在地的空气质量、栖息地、小区、能源使用、劳资关系、建筑物等重新进行评估后提出：衡量一个地区的健康状况，不仅要满足政府强制的最低标准，也要考虑其他因素，如每立方英尺土壤中蚯蚓的数量、陆地鸟类和昆虫的多样性、附近河流生物物种的多样性，以及该地区对地方居民的吸引力（威廉·麦唐诺 等，2002）。因此，环境健康与否，

中原大学设计学院的教学课程将桃园霄里小区环境整治结合在课程学习中　师生共同参与环境整治　将环境作为课堂，把环境艺术课程结合在自然生态环境的保育理念之中

德国柏林 Martin-Wagner 职业技术学院的双元制教育理念尤其重视师生的手作，师徒制的教育　强调通过实作学习绑扎钢筋　强调户外教学的木构场地

图 5-39　教育模式的改变
（图片来源：作者自摄）

人类共同家园能否可持续发展，是和选用和研发可循环再生且对环境无污染的绿色建材密不可分的（希尔德布兰·弗赖，2010），也是成为践行人文绿色改造理念的关键。

综上所述，从城市发展的本质上来看，既有建筑始终在于改变和转换其自身功能，以适应快速变化的新的社会需求，并在此过程中获得新的价值和意义。在这一过程中，涉及人文领域多个专业的问题，涵括了经济、文化、科技和社会等多个方面。从经济角度上看，其绿色改造要面对城市化演进、城市功能转变和产业结构调整的挑战；从文化角度上看，其绿色改造面临着旧城传统文化的传承、社会观念转变的挑战；从其科技角度上看，其绿色改造面临着传统技艺流失、可循环再生技术的选择和成本控制的挑战；从社会角度上看，绿色改造面临着既有建筑所在小区居民的凝聚力与地方归属感的挑战。这些挑战打破了既有建筑与旧城环境之间的和谐平衡，使得既有建筑绿色改造从物质领域走向人文领域。

5.6　验证实施：既有建筑绿色改造人文途径的实施纲要

针对本书的成果，尤其是有关广州旧城既有建筑绿色改造的人文途径，研究者专门对参与过第 4 章多准则决策研究的绿色建筑专家进行回访。受制于新冠肺炎疫情的影响，采访方式是以电话形式进行。一方面将前期多准则决策研究成果的信息告知专家，同时征求专家关于本研究成果的意见和建议；另一方面获取该领域的最新信息，并以此调整和修正本书的研究成果。在上述信息的基础上，结合过往从事设计及管理工作的经验，针对广州旧城区的既有建筑绿色改造的人文途径，提出实施纲要。期待尽快将研究成果的理论和知识建构，转化成有助于旧城既有建筑绿色改造的实务运用。

5.6.1 人文途径的成果验证

相关领域的专家均认同本次研究的成果，针对相关领域的内容还提出很好的意见和建议，详见附录L。重要的是通过访谈，验证了本研究成果符合当前既有建筑绿色改造的现状及其动向，为本书的最终成果修正和未来的研究深入拓展了思路。

尽管绿色改造人文途径与城市建设的其他相关领域会有所重叠，如健康建筑、城市设计以及社会治理领域等。但于广州旧城的既有建筑绿色改造而言，人文绿色理念下的改造途径是基于当前绿色改造现状的反思。因此，借由绿色改造去统筹节能环保、环境质量、健康生活、城市特色与建筑文化、社会治理等多个领域，比较有现实意义。而从另外一个层面而言，访谈者的意见反映了城市建设的系统性、复杂性与动态性，各个领域的各个部门均存在各自的行政体系、评价标准与管理政策。这也导致重复管理和不可避免的杂乱，给业主以及设计师带来一定的困惑，因此，绿色改造是个很好的抓手，从更高的层面去统筹优化相关部门的管理法规，比较容易做到提纲挈领，达到提高效率的目的。

5.6.2 人文途径的实施纲要

对照本研究的结论，结合第4章广州旧城既有建筑绿色改造的现状调查及其关键影响因素的绩效，以及第5章所探究的广州旧城既有建筑绿色改造的人文途径，及其成果检核的内容，可以发现当前既有建筑绿色改造忽视人文要素的主要原因在于：一方面相关绿色改造的概念、观念等认识不足，另一方面在于绿色改造的相关责任主体的责任与义务混杂不清。

在绿色改造人文途径的相关责任主体方面，需要强化明确以下责任主体的责任和义务。这些责任主体主要包括政府、业主、设计师和社会公民等，结合广州地方建设特点，以及过往实践工作经验，建议可从以下三个领域去着力落实绿色改造的人文途径：一是政府层面；二是社会行业层面；三是教育学术层面。上述责任主体与人文绿色改造的概念之间，可形成矩阵式的管理关系总图，如图5-40所示，以下分别从这三个层面提出建议。

1. 政府机构

在政府机构层面，主要是确立人文绿色理念于既有建筑绿色改造中的地位和作用，须强化政府职责，建构鼓励与处罚政策，健全的监管制度和必要的执法依据。

1）完善监管制度

此前过快城市化的结果，使城市在严控新增建设用地的发展阶段中，须修补过往错误决策所造成城市肌理的破坏和城市文脉的断裂。在人文绿色改造过程中，需要尽可能避免此前改造过程中所表现出来的短期性、功利性、片面性，而应鼓励小范围的、公众参与、循序渐进的改造模式。在建设领域，需要制定一套完善并切实可行的政策和机制作为指导，使既有建筑绿色

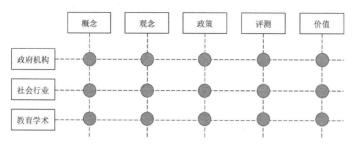

图 5-40 既有建筑绿色改造人文途径的相关责任主体管理矩阵图
（资料来源：作者绘制）

改造的人文途径能够得到政策上鼓励和支持。

2）申报管理制度

鉴于既有建筑绿色改造在规划、开发和操作程序方面都有别于新建筑的建设，也不同于一般的改造项目。因此，既有建筑绿色改造的管理工作，建议从原有的建设管理部门单列出来，与城市更新管理机构合并，共同建立专门的管理机构体系。针对其特殊性制定相应的运作方式及管理手段，包括既有建筑的综合评估、改造区域、可行性研究报告制度、报批相关图纸及监控，以及竣工验收机制等，将其纳入到城市发展政策和各项计划之中。

目前，广州城市更新局已纳入广州市住建局的管理。"三旧"改造项目、绿色建筑及改造的内容由一个部门统筹，这对旧改项目本身而言将缩短审批流程、统一建设标准起到积极作用，但建议旧城中的既有建筑绿色改造仍然需要城市规划管理部门的介入。

此外，在建设用地日益紧张的历史文化名城，虽然城市规划专篇中明确规定了历史保护区以及历史风貌保护区的保护范围和规划限制条件。但在既有建筑改造的实际操作中，绿色改造的力度过大，会造成新一轮环境破坏。而对新建项目的立项，往往边拆边建，有借保护的名义拆除既有建筑，特别是相对次要的既有历史建筑，违背了建立保护区的初衷。因而，建议在当前建设用地规划许可证和建设工程规划许可证的基础上，借鉴"拆除证"制度，针对旧城区的既有建筑，拆除证由绿色改造的独立管理部门以及文化机构核发。在获得"拆除证"后，才能申报建设用地规划许可证。

3）咨询评测服务

为鼓励小区参与旧城区既有建筑的改造，建议借鉴英国的成功经验。对自助式绿色改造，提供必要的监管与指导。特别是普通业主的自宅，及小型商业办公建筑，提供必要的咨询服务和帮助，包括绿色改造的专业技能指导和相关的法律知识辅导，从设计到申请到实施，提供全过程服务与帮助。

评测结果是既有建筑绿色改造可行性研究报告的依据，是既有建筑绿色改造的可行性研究的基础，包括有评估和测绘两部分内容。评测的内容与结果对既有建筑绿色改造至关重要。因此，建议由独立机构进行独立评测，以确保进程和结果的客观、准确、真实、有效。评估是对既有建筑进行全面的现状调查与评估，调查内容一般包括现场记录和文献数据两个方面。由专业人员制定科学的调查方案对既有建筑进行全面而普遍的调查。调查主要包括建筑的能耗、构件设施的完好程度和建筑使用功能的完善程度等方面，既有建筑特别是缺乏原始图纸的既有建筑，需要进行专业测量、重新绘制图纸等系统工作。

4）奖励机制

奖励机制包括容积率奖励和减免税款。容积率奖励起初是美国对历史建筑保护开发的奖励策略，即把历史文物基地上没有使用的开发权转移到其他基地上，使其在容积率控制之外增加一定的建筑面积。在中国台湾也有相应的容积率奖励制度。参照此项政策，根据广州城市更新的现状，建议在不违反法规及技术规范的情况下，对旧城区既有建筑绿色改造实施人文途径的行为给予容积奖励。其次是减免税捐，在现阶段，给予对既有建筑实行人文绿色改造的开发商一定的减免税优惠。例如既有土地和建筑在实施人文绿色改造期间，由于无法使用，可免征此期间的地价税等，因此，可以激发开发商的开发热情，推动既有建筑绿色改造项目的人文途径的实施。

2. 社会行业

勒·柯布西耶（Le Corbusier，1924）认为为了完善，必须建立标准。在行业协会层面，须考虑将人文绿色理念纳入行业规范准则。首先，需要在既有建筑绿色改造的评价标准中给予明确权重，通过法规的引导，使绿色改造的人文途径得到重视和实施。卡罗恩（2013）认为：正因为常规的绿色建筑评价标准，忽略了项目在社会文化价值方面的影响，也没有考虑到更长的服务寿命，以及历史材料和构件的文化内涵，而不恰当地过于强调现在或未来的技术，会导致忽略过去的经验是如何帮助决定可持续发展的。

因此，既有建筑绿色改造评价标准中，有关人文途径的内容修订显得至关重要。

其次，经济政策方面，设立人文绿色改造的专项激励。推动包含人文绿色理念的绿色改造的市场化，建议设立专用基金，针对大规模且经济潜在价值不高的绿色改造项目，由于资金来源相对匮乏，建议由决策机构设立专项使用的基金。资金来源可以来自土地使用权转让金的税收部分，也可接受行政划拨的专项资金，设立专用基金可以为绿色改造提供一定程度上的资助。

再者，受政府委托，对设计企业进行资格审查、签发证照、资格认证，质量检验证等，通过注册建筑师的培训，提高专业设计师的人文绿色理念和业务水平，重塑社会环境道德和专业伦理。通过行业教学教育的培训，提高开发商、投资者对人文绿色理念的认识。

最后，应鼓励社会媒体对重大建设项目的宣传和推广，建立公众参与的网站，积极宣传人文绿色改造的社会意义，引导开发商转变思路，从拆除改为绿色改造，虽然这将加大建设难度与资金投入，但其经济效益与长期回报也将是可观的。

3. 教育学术

在教育学术领域，首先在国家科研课题申报中对人文绿色改造进行立项，其次可通过举办国际交流会议和专题研讨会，提升理论水平，最后需要在高等院校中开设相关课程，包括职业技术学院增设相关课程，同时，管理引导专家学者翻译出版相关人文绿色改造理论研究的著作。其中，关于人才培养可从以下几个方面入手：

1）专业人才培养

考虑到我国当前这类人才的紧缺与急需，应尽快将人才培养同社会设计实践更为紧密地结合起来，不能仅仅停留于学术研究层面，而是引导专业人才研究实际项目、解决具体问题。

2）领导观念引导

建议由建筑院校和文化机构定期举行针对管理层和决策层的专业知识培训，注重对既有建筑绿色改造正面与反面实例的介绍和分析，使其尽量避免由长官意识等主观因素强加的形式化绿色改造和城市风貌僵化。特别是不能照搬照抄，而是应引导、提示甚至点明既有建筑绿色改造的人文途径、评价依据，以供决策参考。

3）公众认知提升

公众包括城市普通市民和同绿色改造项目利益直接相关的社会群体。面向前者，可借助社会传媒的力量，正面引导并积极呼吁其逐步对绿色改造再利用感兴趣，进而产生认同感，阐明绿色改造对城市的积极作用。对于后者，应尊重其知情权和参与权，尽量解决并满足使用者的具体问题和具体要求。应广泛借助民间独立组织、网络资源共享以及小区互助活动等形式开展多层面普及教育，特别是针对青年一代，他们对待既有建筑的态度至关重要，毕竟今天的既有建筑就是明天的文化遗产。

综上所述，既有建筑绿色改造人文途径的实施可从政府政策、社会行业和教育学术三大领域着手，分别采取多种措施分层推进。其核心关键在于观念意识、评测体系与人才培养，实施纲要要素之间的关系简图如图5-41所示。在人文绿色改造的观念意识方面，在概念上，须从可持续发展的维度全面深刻理解绿色概念的含义，既要考虑在绿色改造中落实物质技术的实施，也要重视社会人文要素的考虑。其次在观念上，对传统观念中的物尽其用理念应善加利用，谁改造谁受益的小规模渐进式改造值得提倡，充分发挥小业主营造自我家园的主观能动性，唯此方能培育出地方感、归属感，避免旧城改造所带来拆旧建新错误的重演，尤其是要避免为迎合主管部门意识所带来的形式化的绿色改造。再者，鼓励开发商进行理性而长远的价值投资的决策分析研究，尽量摆脱重重点工程，轻一般项目，或重历史遗产，轻既有建筑的发展现状，尽快使既有建筑的改造走上市场化、社会化的发展道路。最后，要建立科学的评测体系，注重对专业人才的培养，加强领导观念的引导以及大众认知的提升。

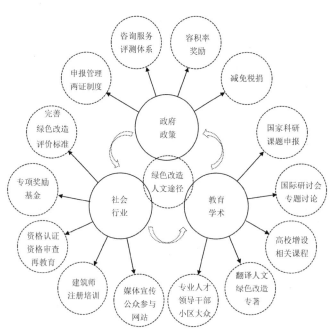

图 5-41 既有建筑绿色改造之人文途径的实施纲要简图（作者绘制）

5.7 小结

本章对人文绿色理念下的广州既有建筑改造的要素进行了具体的论述。从影响既有建筑绿色改造价值提升的要素分析与评估着手，就绿色改造的人文要素及其内涵进行深入探讨。

结合前文提炼的绿色设计理念及广州当前绿色改造的关键因素及其不足，本章分别从整体性设计、多元文化相生、空间生产和可循环再生模式下的社会责任与专业伦理四个方面，建构起人文视角下的广州旧城既有建筑绿色改造途径。

首先，本章提出既有建筑与城市环境的整体性设计思路。通过城市肌理的修复、城市街廓的引导和室内外公共空间的相互渗透，建立起既有建筑与旧城城市空间的关联，引导既有建筑空间融入城市生活，以启动城市公共空间的活力。其次，在多元文化相生的人文途径中，建构了从简单的视觉传递转向整体的空间感知和类化形式，探讨了绿色改造过程中的多元文化形式并存于立面并相互滋生的方式。再者，通过论述既有建筑空间背后的权力与资本、符征与符旨的关系，分析了权力与资本博弈下的空间文化形式，以便于理解空间生产的深层次意义。于此基础上，通过营造公众活动，以及公众参与绿色改造活动本身，来增强地方认同感，留下恒久记忆，建构了再现和延续场所精神的空间生产途径。最后，书中论述了可循环再生模式的绿色建材，倡导重构以自然生态环境保护为己任的社会责任和专业伦理。

总体而言，人文绿色改造途径的核心在于：一方面在绿色改造过程中我们要保持谨慎心态；另一方面在于延续以地方归属感与认同感为中心的场所精神。

书中提出的绿色改造人文途径相互关联相互作用，层层递进，并非分开独立，故需要叠加、动态和综合运用。人文绿色理念下的旧城既有建筑绿色改造，强调以整体开放、动态包容的眼光，秉承适度、适宜的节制态度，将关注回归到人的本身。从而更好应对当前既有建筑绿色改造所面临的困境，最终可满足城市可持续发展和联合国的《2030年可持续发展议程》17个可持续发展目标（Sustainable Development Goals，SDG）。

为验证绿色改造人文途径的合理可行性，本章最后还回访了参与过多准则决策实验法的资深专家。除了将本书的研究成果向专家进行反馈外，还借此机会获得了专家们关于绿色改造人文途径的相关评价和建议。以此为基础，对本研究的最终成果进行了适度修正。书中还结合广州本地的实务经验，就绿色改造人文途径的落地提出实施纲要。后续的第6章将总结本书的结论，并将研究的创新点进行归纳，同时对未来的研究提出展望。

第6章 结论

伴随着城市可建设用地的控制，大规模的城市开发建设模式已不可持续。经济增长和城市建设的同步放缓，使城市发展的重点由大规模、高速发展模式，转向为以城市生态修复和城市文脉肌理修补为特征的城市更新。

围绕城市环境质量的全面提升，城市空间特色的塑造和城市传统建筑文化的传承，以及以地方感和归属感为特征的场所精神再现和延续、社会环境责任专业伦理的养成，已成为城市可持续发展的重要内容。

既有建筑是旧城的重要组成，其绿色改造目的在于提升既有建筑的使用价值，使既有建筑满足城市生活的新要求，同时其改造还肩负着修补过往旧城改造模式所带来的碎片化城市空间，修复旧城生态环境的重任。绿色改造是实现以节能减排为目标，促进城市走向环境、经济和社会可持续发展的必经之路。

6.1 研究结论

本书结合历史文化名城广州旧城的既有建筑绿色改造现状，以适应湿热气候特征的既有建筑为研究对象，从社会文化的视角对当前既有建筑绿色改造集中于物质技术领域的现象进行了反思和探讨。本书首先系统性回顾了绿色改造的文献，在构建人文绿色理念的基础上，针对广州旧城建于1978—2006年期间的既有公共建筑，进行实地调研分析，运用多准则决策和IPA管理绩效分析方法，探究影响既有建筑绿色改造的关键设计因素，在既有建筑的价值构成分析和评估基础上，分析绿色改造设计的人文要素，建构了以整体性设计、多元文化相生、空间生产、社会责任与专业伦理养成为主旨的既有建筑绿色改造的人文途径。研究思维导图如图6-1所示。归纳起来，本研究的结论主要包括以下3个方面。

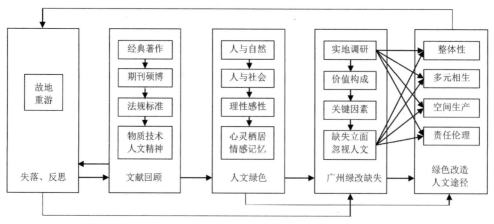

图6-1 论文研究回顾思维导图
（作者绘制）

6.1.1 人文绿色理念：构筑既有建筑绿色改造的理论基础

在既有建筑改造中引入人文绿色理念，是源自广州旧城及其既有建筑绿色改造的反思。作为一种强调以理性为原则、以感性为基础、以身体感知为方法的人文绿色理念，可为既有建筑的改造提供了宽广的视野，拓展了绿色改造的视角，从而为既有建筑绿色改造提供了有力的理论指导和支持。人文绿色理念并非指某一学科、某一领域的某一项具体理论，而是广泛借鉴了与可持续发展有关的多个学科的理论研究成果，包括哲学、社会学、人类学、文化地理学、心理学、建筑学等人文学科，从而归纳形成具有本课题自身特色的人文绿色理念。

人文绿色理念的建构是分别从古代哲学和近现代哲学探究来人文绿色理念的哲学基础。古代哲学主要是比较古希腊和先秦时期的哲学家们关于万物起源思想的异同，主要于物质理性层面探究人与自然的关系。近现代哲学部分主要是剖析西方现象学、文化哲学、社会学和文化地理学等理论，主要是从感性去探究人与人、人与场所的情感和记忆联结，以及城市传统建筑文化的传承和多元文化的相生，为既有建筑的文化价值提升而探索新的人文途径，以此完善当前既有建筑绿色改造所缺失的人文关怀。此两者共同构筑了人文绿色理念的基础。

1. 人文绿色理念的哲学基础

源于万物起源认识的差异，反映着人类直观体验自然后所获得的认知变化。其中属于万物一元的人与自然万物的关系，在能源危机、环境危机和人类生存危机，以及东西方文化交融背景下显得格外重要。天、人、地"三才"关系的和谐统一是人文绿色理念的哲学基础，也是可持续发展理论的核心。先秦时期天人合一的一元论思想是古人追求人与社会、人与自然融合关系的智慧结晶。而古希腊关于万物起源的思想奠定了西方世界关于人与自然二元对立的思想基础。自工业革命后，二元对立的思想也是人类破坏自然生态环境的思想根源之一。西方学界通过反省与批判性思考所提出可持续发展的理论，其思辨结果又与先秦时期人与自然的"天人合一"思想是一致的。

2. 人与社会环境的和谐稳定

绿色建筑作为可持续发展理论在人类赖以生存的建筑空间中的实践，其核心宗旨不仅仅包括环境与经济面向，还应包括人及社会环境和谐的面向。重新审视既有建筑，从人的行为和意识入手，发掘出一系列被现代主义忽视或排斥的空间场所意义与模式，确立超越物质功能之外的文化价值和精神价值，才能弥补绿色改造于人文领域的不足。而既有建筑的改造过程中，在关注节能等重要绿色改造的数据指针的同时，重新认识场所，并设法延续场所精神，才能利于在改造过程中增强、维护与传承地方认同感与归属感，才能促进人与城市环境的情感联结，才能有助于社会的稳定、繁荣和可持续发展。

3. 建筑现象学助力既有建筑绿色改造新模式

近现代西方哲学中的现象学从关注时间和环境，转向探寻自然与人的内在关系，在印证了绿色是社会发展之趋势的同时，其影响下的建筑现象学理论也为既有建筑改造提供了重要的理论基础。知觉现象学作为建筑现象学的重要组成部分，由其衍生出的空间文化哲学，促进了绿色改造过程中从简单的视觉传递转向整体的空间感知。以场景活动、公众参与、权利资本博弈认知为代表的集体记忆方式，促进了既有建筑场所的空间生产，为实体空间领域的既有建筑绿色改造研究带来新的思路。

综上所述，人文视角下的既有建筑绿色改造，强调从城市、社会、文化、经济和价值出发，以日常生活为基础进行思考，从中找到传统与现代的联系性，主动、充分地挖掘既有建筑场所环境的附加值，形成更高的社会效益，并最终达到城市可持续发展的目的。

在当前城市发展转型的时代背景和社会需求下，既有建筑及其周边环境作为一个不可分割的整体，必然无法排斥科技文化等新元素的介入。而人文绿色理念正为这种新旧交融提供了理论基础，整体性城市环境设计才能有助于旧城城市肌理的修复。多元文化相生才是既有建筑文化价值的提升之道。改造过程中空间生产活动以及企业与公民的环境责任感和专业伦理的养成，有助于公民走向自觉自发的有助于社会可持续性发展的道路。

因此，在人文绿色理念的基础上，推进整体性设计、多元文化相生、空间生产、社会环境责任感和专业伦理的养成，才能使既有建筑的绿色改造成为旧城可持续发展的重要途径。

6.1.2　人文要素：发现广州旧城既有建筑绿色改造所缺失的关键因素

本书从广州旧城改造的历程分析入手，透过多准则决策分析与 IPA 绩效分析，得出广州旧城既有建筑绿色改造所不足或缺失的重要因素之一在于：外立面的协调统一性。结合既有建筑的价值构成分析，反映了当前既有建筑绿色改造过程中所忽视的人文要素。作为城市文化载体的既有建筑，在绿色改造过程中不仅意味着节能减排，还要考虑用户的情感和记忆。因此，基于人文视角所探究的既有建筑绿色改造途径，弥补了当前绿色改造集中在物质技术的领域而忽视社会文化要素的不足。

本书在绿色改造节能环保的基础上，通过人文绿色理念的建构，从当前绿色改造偏向于物理环境的专业技术维度，将绿色改造的概念延伸到既有建筑的城市社会文化属性。书中还建构了关于既有建筑绿色改造的四个维度：城市肌理、建筑空间文化、空间生产、社会环境责任与专业伦理。

城市肌理的维度，即绿色改造不仅要考虑自身的"四节一环保"的基本物质改造要求，还需要从城市环境出发，实现有效改善城市街道接口、修补城市肌理、营造内外渗透的公共空间等目标。

建筑空间文化的维度，即从既有建筑外立面改造的角度来诠释地方建筑文化的传承与续写，其目的在于塑造多元文化符号元素的相生，以拼贴的方式延续传承城市文脉。

空间生产的维度，即以空间生产的社会角度，从场所活动事件的营造，鼓励人的参与并取得鲜活体验和记忆，增强既有建筑所在场所的方位感和归属感，以此实现强化空间的集体记忆，使改造活动本身成为属于当代活的传统的创造。

社会环境责任与专业伦理的维度，体现在建构环境保护的社会责任与专业伦理。唯有公民通过建构自身的环境责任和重构社会伦理道德，才能实现绿色改造材料可循环再生，方能引领每个人改变生活方式、习惯和行为，使绿色成为人们日常生活的一种方式。

6.1.3 整体多元开放渐进：广州旧城既有建筑绿色改造的人文途径

人文视角下的既有建筑绿色改造途径建构了既有建筑绿色改造的基本方法。随着城市与社会的发展，既有建筑会因为空间功能、物理效能等方面的落后而走向衰败，而要改变这种衰败的状态，要实现长久存续必然要完成改造。与传统的改造所强调的满足物质功能的需求不同，人文绿色理念指引下的既有建筑改造是基于节能减碳为物质基础，以整体性、多元文化相生、空间生产和环境责任与专业伦理为特征，以情感记忆和场所精神延续为主体内容的改造模式，契合了人与城市环境可持续发展这一基本要求。绿色改造不仅关注既有建筑与城市文化、生态环境的融合，也从文化多元性、社会认同等方面加强既有建筑的环境适应性。过程中关注经济效益和社会效益的相互转化，从而降低了既有建筑的改造成本，透过提升其有形价值增值和无形社会效益，从而提高其绿色改造的经济可行性。

1. 整体性改造设计途径修补旧城空间肌理

整体性改造设计途径是从城市空间肌理的修补、城市街廓视线的引导、城市公共空间渗透三个方面着手。城市空间肌理的修补是在客观现状的价值评估基础上，通过既有建筑的功能置换，寻找与城市空间的联结，优化既有建筑绿色改造的空间尺度，以呈现城市空间格局的秩序关系。城市街廓视线的引导是以城市街道空间接口的连续性和视线通廊的完整性来强化城市空间格局，展示城市空间的特色。城市公共空间的渗透则是通过既有建筑的部分公共属性，由私密空间与城市的公共空间的有机融合形成渗透，以空间功能的模糊化来柔化城市与建筑的界限，从而重塑城市环境的空间活力。整体性改造设计途径延续了旧城肌理的空间格局，重塑了旧城公共空间活力，从而强化了旧城肌理的连续性、可读性。

2. 多元文化相生途径促进旧城城市文脉延续

多元文化相生途径是透过既有建筑实体空间的改造模式予以实现，实体空间的塑造主要分为嵌入式、叠加式和并置式三种为复合型的基本模式。结合整体性途径完成城市空间肌理的修补，再以类型化、细部节点反映既有建筑多元文化相互依存、共同生长的目标，促进旧城城市文脉的延续。多元文化相生刺激了旧城与既有建筑文化间的相互影响，而后共同生长。书中还结合从实体空间原型的提取、模数的控制、材质的关联和节点细部的符号几个方面着手，在空间感知和体验上建立起既有建筑和城市文化的联系。

3. 空间生产活动再现以延续场所精神

以公众参与为特征的空间生产是以知觉现象学为理论指引，从场所活动事件的营造，鼓励人的参与并取得鲜活体验。既有建筑的空间生产是透过场景事件的营造，建立空间对话的平台，透过公众参与，增强既有建筑所在场所的方位感和归属感而得以实现。过程中强调人作为空间活动的主体，通过人的活动促进整体空间氛围的形成，从而塑造属于人的身体感觉的空间形式，以此强化空间的集体记忆，延续场所的精神，实现实体空间与空间文化形式的相容。

4. 基于社会环境责任和专业伦理养成的可循环再生模式

既有建筑改造过程中，废弃材料的可循环再利用作为一种适宜性中间技术，已被视为既有建筑绿色改造实践过程中的重要环节。绿色改造所采用建筑材料的可循环再生属性，将对城市可持续发展产生极大的影响。于既有建筑绿色改造而言，一方面应加强行业企业的环境责任意识，另一方面在设计伊始就要选用在建筑生命周期结束后可循环再生的建筑材料，让新型绿色建筑材料回归自然。由此，建构环境生态保护，营造可持续家园的环境责任与专业伦理意识，是实现可循环再生材料为基础的绿色改造的重要环节。

综上所述，既有建筑绿色改造的人文途径，在实践过程中还需要完善和优化由相关法规政策、管理等，以构成公平公正的社会环境。同时，还需要加强专业培养专业人才和实施科普教育，向社会输送由专业者和志愿者组成的人力资源，形成理论与实践之间的良性循环。人文途径在实际的应用中，还需要根据实际情况进行交叠使用，这种灵活性正是人文绿色理念多元相生的本质，也契合了城市可持续发展所需要的多样性，也因此，决定了人文绿色理念下的既有建筑绿色改造途径是一个开放动态的方法论体系。

6.2 研究的创新点

6.2.1 研究方法创新

本书从人文的视角来探究既有建筑绿色改造的途径，拓展了绿色建筑的研究新领域。

不同于当前主流的绿色建筑关于节能减排的研究方法，也不同于自然学科以理性逻辑分析为基础的量化统计、科学实验、计算器模拟等研究方式，本书在人文学科的理论指导下，采用了系统性文献回顾、参与式观察、多准则决策实验等研究方法，基于质性和量化结合的三角交叉检视方式去探究人文途径及验证研究成果。

针对专家的深度访谈，其所反馈的现状信息与上述研究成果的基本吻合，反过来也验证了本研究方法组合的适当性，因此，本书的创新在于研究方法。书中透过参与式观察，以及多准则决策实验研究方法的综合运用，很好地规避了在人文研究领域中，受访者与访谈内容均不愿公开的矛盾限制，但又能确保所获得信息的相对客观、准确可靠。

本书将管理学中的多准则决策方法运用到绿色改造的研究领域也是创新。透过决策实验室分析法将 DEMATEL 与 ANP 共同汇整绿色改造的反馈信息，以决定绿色改造中设计要素间的关键因素。基于 DANP 的因果图，再进一步使用重要度－绩效值分析关键因素的作用程度，为既有建筑绿色改造的设计要素分析奠定了可靠的数据基础。这种研究方法的创新，也可以为其他领域的人文研究，提供较为有效的方法和经验。

6.2.2 研究理论创新

本书在传统中国的"天人合一"的自然哲学思想的基础上，融合近现代西方建筑现象学理论，对绿色进行追本溯源与分析，剖析了自然主义、现象学等理论对既有建筑绿色改造的影响。从古代哲学和近现代哲学的角度探究绿色空间文化的哲学基础，从本源上完善和建构了人文绿色理念，为既有建筑绿色改造研究提供一种新的思路和理论基础。

6.2.3 研究成果创新

本书透过将既有建筑的改造置于城市更新的背景范畴下，建构了以人文绿色理念为基础，完善包括公民参与等多种社会因素在内的以持续性为特征的既有建筑绿色改造的人文途径，从而促进绿色改造形成多专业、跨领域和渐进式的协同合作模式。

6.3 后续研究

旧城既有建筑的绿色改造属于涉及面广、内容繁杂且具有一定深度的专业研究课题。虽然在有限的篇幅中，本书已就人文视角下的既有建筑绿色改造进行了有重点地、较为系统地分析，并提出了相应的理论观点和具有针对性的人文途径。鉴于自身经历、阅历的局限性，以及研究的时效性，本书所述内容难免有错漏、不妥之处，而课题本身亦有着较大的完善和发展空间。在此，对后续研究提出几点展望：

6.3.1 人文绿色改造的评价标准

限于篇幅与学识，本书目前侧重于从建筑学的角度，辅助以知觉现象学、人文地理学和管理学的理论成果去研究广州旧城的既有建筑绿色改造。然而，绿色改造是一项复杂庞大的工程，它还涉及心理学、生物学等复杂的人文专业和领域，须在后续研究中进一步就绿色改造的人文途径展开评价标准方面的研究，尽快将研究成果转化成指导既有建筑绿色改造的实践标准。

6.3.2 人文绿色改造的后评估

目前本书所述各项绿色改造的人文途径主要还是在绿色改造的策划环节上。研究围绕既有建筑与周边城市环境的关系，以及既有建筑的本体空间、形式等内容展开。但对于人文绿色改造后的使用后评估，基于研究限制和信息获取的局限性，还没有展开。后续研究工作可对此内容继续深入研究，及时将后评估反馈于绿色改造的前期策划上。而实际上，这些工作对于整个既有建筑绿色改造的成功与否起着重要的影响作用，因此需要在后续研究中将展开此方面的研究工作。

6.3.3 人文绿色改造的友善环境

人文绿色改造途径中的社会环境责任与专业伦理，一方面要求约束人类不必要的奢侈和浪费；另一方面要求设计者必须清楚自己所扮演的角色，担负起应有的社会责任，以负责任的态度使绿色改造成为对社会和环境具有正面的贡献。因此在设计过程中，满足不同年龄层、不同社会阶层的社会设计及其友善环境显得至关重要。

社会设计在于关注社会弱势群体的社会生活需求，为弱势群体而设计成为设计师的专业伦理之一。而友善环境的基本要求在于透过友善设计使既有建筑的环境适合所有人，以尊重自然、创造美观舒适的环境、满足人的健康愉悦需求，最终达到可持续发展为目标。因此，在绿色改造的设计过程中，需要将人的各种要素纳入规划设计，包括残障人士、行动不便者、幼儿、年长者等所有人，透过无障碍设施及环境的通用设计。结合土地、环境、物种等自然因素整体考虑，使人与土地的连接及关系得以和谐共存，这方面是职业建筑师在未来既有建筑绿色改造设计中可重点拓展的领域。

既有建筑绿色改造属于一个系统工程。本书研究内容与成果是在明确的研究范围界定之内，随着社会文化发展与科技进步，人文绿色理念的内涵外延也会在不断更新与拓展，因而绿色改造的人文途径也将呈现动态的深化与调整。因此，研究者将在今后的既有建筑绿色改造的设计实践与研究领域中紧跟绿色建筑发展脉络，不断拓宽与深化既有建筑绿色改造的设计内容，为客观科学地推进既有建筑绿色改造的研究与实践不断努力。

附录 A　质性研究与量化研究的比较

量化与质性研究的方法比较　　　　　　　　　　　　　　　　　　　　　附表 A-1

量化	质性
描述社会现象是如何普及的	提供生活较深入的探索
回答一个影响既有建筑绿色改造的关键设计的问题 基于问卷获得统计资料	回答一个影响既有建筑绿色改造的准则与构面的问题 以及探究如何弥补绿色改造的缺失或不足
表达专业领域中的局外人观点	表达专业领域中内部人的观点（由下而上）
遵循预设的工具 可复制 包含较广的样本 可量化，在相对较短的时间可触及较大母群	弹性 延续包含较小的样本 资料有较大的效力
侦测的规则性并可预测改变	研究的过程有助于促进改善

（资料来源：《质性研究：理论、方法及本土女性研究实例》。作者整理）

量化与质性研究的观点比较　　　　　　　　　　　　　　　　　　　　　附表 A-2

	量化	质性
主题的观点	特定变项的证明及操作型定义	整体的，个人在其社会环境的脉络中
研究者的位置	客观的，分开观察及正确测量变项	主观的，与个案紧密的个人接触
数据库	可量化，特定变项间的相关数据	质性的，描述行动及脉络中与个人有关的意义
观点	规范的，一般的命题解释变项间的因果关系	解释的，提供对个人意义的本质及社会脉络的洞识
观点测试	控制的，以实验支持或从理论演绎来验证的假设	同感的，将研究者的解释与个案及其他观察者相配合

（资料来源：《质性研究：理论、方法及本土女性研究实例》。作者整理）

量化与质性研究的特点比较　　　　　　　　　　　　　　　　　　　　　附表 A-3

内容	面向								
技术	时间	强度	侵入性	理论弹性	可量化性	跨文化适用性	复制性	解释深度	对研究者的威胁
普查资料	横断，历史的	非常广	非侵入性	边际弹性	非常高	可能	非常高	非常浅薄	无
参与式观察	横断，非历史	非常彻底	非常侵入	非常弹性	低	高	低	深入	非常高
非结构性访谈	一次	彻底	侵入	相当弹性	低	相当高	低	浅薄	高
个案研究	一次，历史的	广泛	非侵入	无弹性	高	轻微	中度	深入	非常低
实验性方法	一次	彻底	非常侵入	无弹性	高	轻微	非常高	浅薄	中度

（资料来源：《质性研究：理论、方法及本土女性研究实例》。作者整理）

附录 B　既有建筑绿色改造文献之系统性回顾成果

既有建筑绿色改造文献之系统性回顾：经典专著

序号	作者	专著名称	核心内容	影响力
1	R. Carson	寂静的春天，1962 年	以文学手法叙述了农药、杀虫剂等化学药物的滥用对人类生存环境造成的难以弥补的危害	世界环保运动的启蒙之作
2	Brenda 和 Robert	绿色建筑——为可持续发展而设计，1991 年	从生态建筑、可持续建筑到绿色建筑的渐进式发展历程，体现了人类在处理自身与自然的关系中从认识到实践领域的进步	绿色建筑的核心是为我们指引解决建筑能源消耗问题的一条出路
3	A. W. Crosby	写给地球人的能源史，2008 年	论述人类从太阳、风力、水力、煤炭（凝固的太阳能）、石油（液态的太阳能）、核聚变通过电力获取能量的历史	引发对环境与科技的思考
4	W. McDonough, 和 M. Braungart	从摇篮到摇篮，2002 年	向大自然学习，从养分管理观念出发，让物质得以不断循环与利用	所有东西皆为养分，皆可回归自然
5	J. Hancock	人类与环境的权利，2009 年	提出免于毒污染的权利与享有资源的权利。重新定义环境与这两种权利之间的道德关系和法律关联	在维护人权的同时，也能同时保护环境
6	Colin Rowe	拼贴城市，1984 年	该书质疑现代主义乌托邦理想所引出的两种极端，即城镇景观和科学幻想倾向，作者指出这两者或过于保守空泛，或忽略了城市结构、割断了社会的连续性。于城市而言，秩序与混乱、永恒与偶发、变革和传统、区域和世界、私密和公共等矛盾冲突都是不可避免的，而拼贴正是一种片断的统一，拼贴所产生的多样性和复杂性使得城市真正具有旺盛而真实的生命力	以拼贴城市的理念来化解现代主义乌托邦和传统之间的矛盾，并认为这是处理两者矛盾的唯一办法。这种策略不仅适用于建筑、城市设计，还可应用于社会问题上。通过拼贴来消解占据主导地位的现代主义城市的建构理想
7	Jane Jacobs	美国大城市的死与生，1961 年	从经济与城市活力的角度入手，以当时的纽约和芝加哥等美国大城市为例，考察分析了城市结构的基本元素及其在城市生活中发挥功能的方式。城市活力依托于城市的复杂性，而城市的复杂性离不开新旧建筑的共存。一个地区内包含年代和状况各不相同的既有建筑不仅有利于城市经济，同时也是城市街道和地区发生丰富多样性的四大条件之一。强调不同的使用人群在不同的时间段内占据同一个空间，共享相同的设施	该书提出既有建筑、老街的经济价值和城市建筑多样性的混合观点，为评估城市活力提供了新的视点。面对强调公共性和体验性的新时代生活需求，既有建筑要重回城市生活体系便必须重视功能的混合使用
8	M. Christine Boyer	城市的集体记忆，1994 年	书中讨论了既有建筑与城市集体记忆的关系，在城市的整体语境中，建筑以其特殊的形态为人们提供对于城市的记忆，而城市的集体记忆有赖于既有建筑的层积，即便是不同时期形成的建筑在当下已无法继续生成城市中的某种新的结构形式，但这类建筑却依然能够让人们从中得到多样性的城市体验	从城市记忆的角度证明既有建筑的存在对于人们获得城市多样性体验的重要性

序号	作者	专著名称	核心内容	影响力
9	Rossi Aldo	城市建筑学，1946年	作者认为城市是共时的产物，是人类集体记忆的层积，是多重历史信息的叠加，并在此基础上提出建筑类型的理论，在城市与建筑的设计中发现并运用类型，不仅能够达到保持与传承文化的目的，亦能够产生创新和变化	强调了从深层次的空间原型上寻找建筑内在联系的设计原则，为调和既有建筑再利用改造过程中新旧之间的矛盾，提供了理论基础和设计方向
10	Kevin Lynch	都市意象，1959年	作者凭借观摩城市的心得，把波士顿、洛杉矶和泽西城做了一次有秩序的分析，将组成城市的各种要素做了系统分析，提出城市设计应着重于视觉的感受，把都市视为人体，将城市解剖为通道、边缘、地域、节点和地标五大类	把空间、结构、连续性、可见性、穿透性、主导性等详细引述，互相对证，阐明大都市的自明性

（资料来源：相关专著。作者整理）

既有建筑绿色改造文献之系统性回顾：国外绿色建筑评价标准　　　　　附表 B-2

序号	名称	评价因子	认证方式	特点
1	BREEAM（Building Research Establishment Environmental Assessment Method）英国 1990 年	包括 9 个方面：节能性能、运营管理、健康和福利、交通便利性、节水、建材使用、垃圾管理、土地使用和生态环境保护。综合各指标算出 BPS 得分，获得整体评估分数，根据存在时间不同，利用 BPS+ 设计建造和经运管理的得分获取总分	加上环境权重得出最终分数，分别为：合格、良好、优良、优异四级	内容全面完整，被国际认可与使用，影响北美、中国香港的评估方式，适用于新建建筑、既有建筑整修、新增部分、混合使用
2	Green Building Challenge（GB TOOL）加拿大 1998 年	评估因子：资源消耗、环境负荷、室内环境质量、服务质量、经济、运转前置计划和交通	包括相对评估结果与绝对数值计算结果，相对评估结果会因选择而决定评估项目的权重值	主要考虑全球生态可持续发展，探讨建筑物在不同生命周期中对环境、能源与资源的冲击
3	LEED（Leadership in Energy and Environmental Design）美国 2000 年	由 BREEAM 发展而来，评价因子包含可持续基地发展、节水、能源和大气污染、材料和资源、室内环境质量、更新设计程序六部分内容	计算采用计分，认证按等级分：认可等级、银奖级、金奖级和白金奖级四个等级	适用建筑类型：商业与重大更新案、既有建筑。运营管理、住宅
4	CASBEE（Comprehensive Assessment System for Building Environmental Efficiency）日本 2002 年	以分析建筑物生命周期能源及 CO_2 为主，利用软件计算能源消耗量及 CO_2 产生量。针对既有建筑、改造建筑、新建独立式住宅、城市规划、学校、热岛效应、房产评估的评价标准	实施建筑五级评价划分，冠以绿色标签，评估建筑物对外环境产生负荷的影响，作为可持续建筑物的评估基准	依照规划设计、施工完成及修正更新等修正调整，包括既有建筑改造

资料来源：相关绿色评价标准。作者整理。

既有建筑绿色改造文献之系统性回顾：我国绿色建筑相关法规 附表 B-3

序号	年代	法规名称	内容
1	2006 年	绿色建筑评价标准	第一部借鉴国际先进经验制定的多目标、多层次的绿色建筑综合评价标准
2	2007 年	绿色建筑评价技术细则	详细规定评价标准细则
3	2008 年	绿色建筑技术评价细则补充说明（规划设计部分）	细则补充
4	2009 年	绿色建筑技术评价细则补充说明（运行使用部分）	细则补充
5	2008 年	声环境质量标准	为防治噪声污染，本标准规定了五类声环境功能区的环境噪声限值及测量方法
6	2009 年	太阳能供热采暖工程技术规范	对太阳能供热采暖系统的设计、选型、施工和验收进行规范
7	2009 年	公共建筑节能改造技术规程	节能诊断、改造判定原则和方法、外维护结构热工性能改造、采暖通风空调生活热水供应系统改造、供配电与照明系统改造、检测与控制系统改造、可再生能源利用、节能改造综合评估等
8	2009 年	公共建筑节能检测标准	建筑物室内平均温度、湿度检测，非透光外围护结构热工性能检测，透光外围护结构热工性能检测，建筑外围护结构气密性能检测，采暖空调水系统性能检测，空调风系统性能检测
9	2009 年	居住建筑节能检测标准	节能检测标准
10	2010 年	民用建筑太阳能光伏系统应用技术规范	规定太阳能光伏系统设计的规划、建筑和结构设计、太阳能光伏统安装、工程验收
11	2010 年	民用建筑绿色设计规范	规范建筑的场地与室外环境、建筑设计与室内环境、建筑材料、给水排水、暖通空调、建筑电气的绿色设计
12	2015 年	既有建筑绿色改造评价标准	第一部绿色改造的评价标准

（资料来源：相关建筑法规。作者整理）

既有建筑绿色改造文献之系统性回顾：绿色改造评价标准 附表 B-4

序号	作者	篇名	研究领域	核心内容	结论展望
1	丁建华（2013）	公共建筑绿色改造方案设计评价研究	绿色改造设计方案评价	构建完整的改造方案设计的绿色评价体系	缺乏所在地的地域性、气候性要素评价
2	李超（2013）	既有公共建筑低能耗改造的评价方法研究	低能耗评价方法	建立既有公共建筑低能耗改造评价的模型	完善相关技术；但指标权重有待市场检验
3	黄丽艳（2017）	中国绿色建筑评价指标体系应用研究	绿色建筑评价指标	从评价因素的影响权重进行比较分析	既有建筑绿色评价滞后、忽视营运评价
4	赵夏（2017）	既有建筑绿色改造评价准浅析	绿色改造评价标准的得分	从评价方法、指标体系及其条文数量分析	采用专业分项作为指标体系
5	刘莉、张言韬、武一（2017）	既有校园建筑绿色改造评价指标体系研究	建立既有校园建筑绿色改造评价指标体系	利用层次分析法、模糊数学原理确定指标的权重，建立评价模型	对既有校园绿色建筑改造进行评价
6	谢仕煌（2012）	绿建筑补助运用于建筑物整建维护之研究	有效建立绿建筑补助应用于既有建筑整建维护	以绿建筑为方向，提出补助整建维护应用之评估指标体系	提出建议，重要性依次为：环境安全、自然资源和创新

序号	作者	篇名	研究领域	核心内容	结论展望
7	刘光盛（2011）	中国台湾既有建筑物室内健康环境效率模型（以生命周期成本评估 CO_2 减量为例）	建立室内健康环境的模型	以环境效率、国际永续指标 CASBEE 建筑环境效率评估系统为理论结构	探讨既有建筑物室内健康环境效率模型
8	高源（2014）	整合碳排放评价的中国绿色建筑评价体系研究	低碳建筑，构建整合碳排放评价的中国绿色建筑评价体系框架	探讨碳排放评价指针项、数学模型、指针基准、权重因子、评级基准和评价结果表达方式	制定建筑特征标准工具打分表，开发便于用户自评价的软件及建筑碳排放 LCA 辅助工具
9	陈妍君（2011）	以 CO_2 消减量探讨中国台湾既有建筑物环境改善效率之研究——以室内健康环境为例	建构室内健康环境改善效率计算方法	运用适宜之生命周期成本计算方法即 CO_2 排放量相关量化依据	提供室内环境改善决策模式
10	王铨绪（1998）	既有建筑物使用维护阶段之绿建筑评估机制探讨	完善中国台湾绿建筑评估体系	经由专家访谈，从管理、执行和技术探讨及拟定评估项目的雏形	建构使用维护阶段的日常节能及水资源的绿建筑评估机制
11	汪涛（2012）	建筑生命周期温室气体减排政策分析方法及应用	政策建议，建立评价指标体系	探索单体建筑生命周期温室气体减排的政策分析方法	建立了建筑生命周期中温室气体排放的核算体系及公式

（资料来源：相关文献。作者绘制）

既有建筑绿色改造文献之系统性回顾：经济政策制度　　　　　　　附表 B-5

序号	作者	篇名	研究领域	核心内容	结论展望
1	王清勤与王军亮（2016）	中国既有建筑绿色改造技术研究与应用现状	回顾总结、政策导向	回顾、总结、调研、统计、归纳改造的技术与障碍	建立贷款贴息、税收优惠、财政补贴等激励机制
2	田永英与张峰（2015）	既有公共建筑绿色化改造市场发展的障碍与对策研究	政策制度的建议	构建基于合同能源管理服务的结构	从制度设计、信息披露、技术创新、模式方面切入
3	王俊与李晓萍（2017）	既有公共建筑综合改造的政策机制、标准规范、典型案例和发展趋势	政策及趋势	从政策机制、标准规范、案例和发展趋势阐述绿色改造	发展趋势是能效、环境、防灾性能和技术的综合提升
4	谢骆乐与李德英（2017）	既有公共建筑综合性改造利益相关者分析	利益相关者分析	从节能改造、环境提升和安全性改造分析各利益相关方	识别各类公共建筑在运行综合改造机制过程中的障碍
5	侯静与武涌（2014）	既有公共建筑节能改造市场化途径研究	国家相关政策及建议	构建基于长期能效提升目标，由政府购买节能量	建立调动不同性质公共建筑业主积极性的策略
6	张海文（2014）	德国既有建筑节能改造研究——经济学视角的分析	经济学角度分析德国	分析德国既有建筑节能的制度框架、融资模式、风险管理、绩效评估	提出了中国对既有建筑节能改造的政策建议
7	丰艳萍（2010）	既有公共建筑节能激励政策研究	激励政策研究	研究既有公共建筑节能激励机制和节能激励政策设计	能源价格扭曲、节能资金市场不完善，提出政策建议

续表

序号	作者	篇名	研究领域	核心内容	结论展望
8	张琦（2010）	既有建筑节能改造管理研究	管理与经济的角度分析投融资机制	提出节能改造设计方案评价和投资效益分析方法	节能改造合同定价机制及银行担保优惠贷款模式
9	刘玉明（2009）	既有居住建筑节能改造经济激励研究	北方采暖区既有居住建筑改造模式	节能改造的经济效益、外部性效益、经济激励机制等方面研究	从主体、对象、方法、模式和强度五个方面构建政策和组合模式
10	孙晟维（1998）	既有居民活动中心空间机能转型可行性之研究（以台北市万华区为例）	机能转型研究	建立空间机能转型的适应性检核表	建构公共空间转换可能性的手法
11	吴雅婷（2013）	推动既有建筑物执行绿更新运用于民间之探讨	政策制度优化	分析既有建筑绿建筑评估系统中的减碳效益	提出合并奖励补助金及申请绿建筑标识的计划

（资料来源：相关文献。作者整理）

既有建筑绿色改造文献之系统性回顾：综合改造技术　　附表 B-6

序号	作者	篇名	研究领域	核心内容	结论展望
1	刘红娟与尹锦艳（2017）	夏热冬暖地区既有公共建筑绿色化改造初探	绿色改造技术研究总结	外围护结构改造、空调系统改造	加强可再生能源以及海绵化改造
2	邵文晞（2017）	中国绿色化改造典范案例分析：北京凯晨世贸中心专案	寒冷地区办公类改造技术总结	呼吸幕墙、空调、太阳能、中水、结构、采光、空气	改造技术的总结回顾，未考虑碳排放
3	李峥嵘与赵明明（2017）	既有公共建筑节能改造方案对比分析	节能改造，外维护结构改造	外墙及窗分别对空调负荷的影响	窗的改变具有较高节能效果
4	彭波与彭力（2017）	武汉市既有公共建筑节能潜力与改造适宜技术分析	夏热冬冷地区办公、宾馆类的改造节能技术	节能改造适宜技术和相关节能设计方法	不同类型建筑应采用不同节能措施
5	鲁倩妮（2017）	西安地区既有公共建筑节能分析与改造（以西安长安大学朱雀幼儿园为例）	寒冷地区节能改造案例研究	通过现场调研、访谈使用者感受方式，探寻存在问题及改造方式	缺访谈统计及分析，未涉及环境，建构适宜性强的技术策略
6	邓琴琴与宋波（2016）	公共机构绿色改造成套技术研究与工具开发	成套技术方案及其优化比选方法	以国家机关办公建筑、学校等典型公共机构为研究对象	有利于公共机构绿色建筑节能改造与测评工作
7	姜妍（2017）	既有公共建筑改造中光伏建筑整体性设计研究	案例说明光伏整体性设计模式	分析能耗现状和光伏整体性的优势	从原则与方法两方面进行分析和探讨
8	潘则宇（2014）	既有建筑物开口遮阳组合隔热效益之研究	节能技术，量化研究	透过固定式外遮阳与玻璃隔热贴膜的组合，研究探讨各向开窗的隔热效益	组合遮阳的隔热效果均大于单一遮阳设施
9	李清洋（2017）	德国既有居住建筑改造中的绿色技术研究及借鉴意义	德国既有居住建筑改造法规、技术总结	外围护结构外墙、门窗、屋面和供暖、通风系统	新能源、材料的循环利用方面分析所运用的绿色技术

序号	作者	篇名	研究领域	核心内容	结论展望
10	郑海超（2017）	既有公共建筑围护结构绿色改造技术研究	围护结构技术，模拟软件分析能耗	提升外围护结构美学性能和保温隔热性能	应区分公共建筑的属性
11	朱晓姣与宋波（2015）	公共机构既有建筑绿色改造技术适宜性研究	适宜性技术	既有建筑改造技术体系和适宜性技术	适合于区域绿色改造技术规划与筛选
12	陈平与蔡洪彬（2016）	数字技术与绿色更新：既有公共建筑绿色更新方案设计研究框架建构	绿色改造方案的数字技术方法	从数字技术介入建筑设计及功用特征，建构数字技术辅助方法与框架	数字技术发展推动绿色建筑设计与数字技术手段的整体性融合
13	赵一博与刘昱（2013）	公共机构既有建筑绿色改造量化分析基础理论研究	量化分析理论方法研究	分析不同赋权方法及其优缺点和适用情况	选择最优方法计算改造评价指标权重系数

（资料来源：相关文献。作者整理）

既有建筑绿色改造文献之系统性回顾：成本造价　　　　　　　附表 B-7

序号	作者	篇名	研究领域	核心内容	结论展望
1	高洪双与郑荣跃（2015）	既有公共建筑绿色改造技术增量成本与效益分析	增量成本研究	将绿色建筑的增量成本作为研究主体	节能对增量成本的影响最大，节水次之
2	刘静乐与王恩茂（2017）	既有公共建筑节能改造的全寿命周期费用研究	全生命周期费用研究	四大费用为改造费用，使用费用，拆除费用和政府补贴	建立 LCC 估算模型并且引入碳排放权交易理论
3	张从怡（2014）	旧建筑更新节能改善效益之研究（以绿建筑更新改造计划为例）	采用全生命周期成本评估及工程经济学分析	采用统一标准的工程预算，估算节能改善之生命周期成本及回收年限	节能潜力及经济效益顺序为：空调系统；室内照明；建筑外壳
4	冯美娟（2017）	以广东地区高校建筑为例节能改造方案效益评价	适宜的节能改造措施	采用净现值模型对方案进行经济效益评价	缺技术经济效益分析模型

（资料来源：相关文献。作者整理）

既有建筑绿色改造文献之回顾：设备改造节能技术　　　　　　　附表 B-8

序号	作者	篇名	研究领域	核心内容	结论展望
1	唐贤文（2012）	广州地区既有公共建筑能耗特点与节能对策探讨	能耗分析与节能	能耗分析与对策、节能技术与措施	加强空调、绿色照明、能源计量器具配备和太阳能利用
2	陶耀光与沈志明（2017）	扬州某酒店节能改造案例分析	夏热冬冷地区酒店类的节能改造技术案例	以合同能源管理模式开展综合节能改造	缺乏该管理模式的特点及基地环境的分析
3	谭志文与刘薇薇（2017）	既有建筑节能改造探索与实践—以湖南某政府机关办公建筑绿色改造为例	夏热冬冷地区办公类的改造节能技术	模拟分析改造前后用电负荷变化、采取合同能源管理的模式实施光伏屋面改造	形成绿色改造流程，由节能改造向绿色改造过渡

序号	作者	篇名	研究领域	核心内容	结论展望
4	李峥嵘（2007）	上海既有公共建筑节能改造效果评估研究	空调暖通机电设备	对目前较常实施的冷水机组改造进行了深入研究	建立了冷机的能耗和费用模型
5	李清洋（2017）	德国既有居住建筑改造中的绿色技术研究及借鉴意义	德国既有居住建筑的改造法规、技术总结	外围护结构外墙、门窗、屋面和供暖、通风系统	在新能源、材料的循环利用方面分析所运用的绿色技术
6	王健翔（2011）	既有公寓大厦共享建筑设备改造评估工具之研究	改造评估工具	建立管委会检查表、专家诊断表、住户意见调查表、改造技术和成效评估工具	以此作为改造决策，以利于改造计划推动
7	李玉明与潘毅群（2009）	上海市既有公共建筑节能改造适用技术研究	适用技术研究，建立办公和宾馆建筑的模型	围护结构、空调系统和照明系统的各项技术改造措施	模拟计算各项技术的全年能耗，并进行投资回收分析

（资料来源：相关文献。作者绘制）

既有建筑绿色改造文献之系统性回顾：改造的设计策略　　　　　附表 B-9

序号	作者	篇名	研究领域	核心内容	结论展望
1	王超益（2016）	首钢旧工业建筑绿色改造再利用研究	北京工业遗产再利用案例研究	绿色改造原则、策略及案例说明	缺乏既有建筑改造后续评估
2	刘红娟（2016）	广西夏热冬暖地区既有公共建筑节能改造策略研究	广西湿热气候节能策略	通过案例分析，从单体和区域角度提出节能策略	城市区域节能策略较模糊，可操作性不强
3	张保超（2016）	既有建筑绿色改造设计策略探讨	设计策略	提出绿色改造概念、目标和设计方法	缺能源设备
4	郑信维（2014）	以建筑节能观点探讨既有公共图书馆空间改善策略之研究（新北市）	图书馆绿色改造策略	分析优秀案例总结外壳、环境、设备和永续发展策略	用之于其他改造图书馆，缺乏改造前后耗能数据的比较
5	王峙（2007）	既有住宅建筑绿色改造研究	针对住宅提出目标，阐明技术策略	节能改造、环境的可持续发展	展现具体技术思路与方法汇总，略显过时

（资料来源：相关文献。作者整理）

既有建筑绿色改造文献之系统性回顾：人文策略　　　　　附表 B-10

序号	作者	篇名	研究领域	核心内容	结论展望
1	曹磊、赵东琦和曹易（2017）	历史街区改造的绿色生命循环模式：以天津市和平区小白楼安善里和宝善里为例	历史街区，改造更新，可持续发展	通过对历史街区的价值评估，提出有利于资源可持续利用的老旧街区改造方案	为历史街区改造更新提供借鉴
2	刘晓曼与罗小龙（2014）	历史街区保护与社会公平：基于居住者需求的视角	历史街区，社会公平	历史街区成为城市中的贫困住区，导致居民在社会空间与物质空间两个方面均被边缘化	强调历史街区保护的同时，也要关注街区内的民生问题，保障历史街区保护中的社会公平

序号	作者	篇名	研究领域	核心内容	结论展望
3	张维亚（2014）	国外城市历史街区保护与开发研究综述	国外历史街区研究的动向	关于国外城市历史街区保护与开发研究的英文文献的研究	总结出目前城市历史街区保护与开发研究的八个方面
4	黄珂（2014）	绿色建筑设计的人文策略：以低技术手段与软设计方法构建绿色生活	绿色建筑，人文策略	拓宽绿色建筑设计理念，形成具有低技术和软设计特点的绿色建筑设计人文策略	提出绿色建筑设计应建构整体思维，以人文绿色策略作为绿色科技手段的补充
5	鲍黎丝（2014）	基于场所精神视角下历史街区的保护和复兴研究：以成都宽窄巷子为例	历史街区，场所精神	对历史街区的场所精神进行解读，并以个案研究方式剖析了场所精神在其保护和复兴中的重要作用	营造场所精神的途径
6	陈双、赵万民等（2009）	人居环境理论视角下的城中村改造规划研究：以武汉市为例	城中村、旧城改造、人文	城中村承担着特殊城市社会功能。纯粹市场化的改造模式忽略了其良性社会功能，忽视了大量弱势群体的公平发展机会	应以人居环境可持续发展为目标，重新审视并适时调整市场化改造城中村的策略及相应规划技术，以适应转型期城市空间的社会需求
7	万丰登（2017）	基于共生理念的城市历史建筑再生研究（博士论文）	历史遗产保护与更新	建构共生理念，从历史建筑的多维价值出发，对影响其再生的关联因素进行剖析	结合共生理念提出整体开放、动态包容的共生设计观
8	崔剑锋、范乐等（2019）	历史文化街区绿色改造措施及要点	历史街区，绿色改造	历史文化街区因年久失修，急需改造，但在改造中很少考虑到绿色建筑概念的引用	文章将绿色建筑技术应用于历史文化街区的改造，结合当地文化特色，改善当地居民生活质量
9	仇保兴（2009）	城市老旧小区绿色化改造	绿色改造模式	将老旧小区绿色改造分为必备项目和拓展项目	通过绿化美化或历史文化传承与改造增加小区居民的认同感

（资料来源：相关文献。作者整理）

历史建筑保护文件 附表 B-11

序号	中文名称	相关主要内容	发布地点	发布时间
1	雅典宪章	通过《城市规划大纲》，保存具有历史价值的古建筑	希腊	1931 年 1 月
2	威尼斯宪章	历史古迹包括建筑物、城市或乡村，完全保护和再现历史文物建筑的审美和价值	威尼斯	1964 年 5 月
3	保护世界文化和自然遗产公约（UNESCO）	从历史、艺术或科学角度看具有突出的普遍价值的建筑物、建筑群、碑雕和碑画、具有考古性成分或结构、铭文、窟洞以及联合体，国际社会有责任通过提供集体性援助来参与保护	法国巴黎	1972 年 10 月
4	内罗毕建议（UNESCO）	历史地区是各地人类日常环境的组成部分，代表着形成其过去的生动见证，为文化、宗教及社会活动的多样化和财富提供了最确切的见证，拆毁和不适当的重建工程正给这一历史遗产带来严重的损害	肯尼亚内罗毕	1976 年 11 月

序号	中文名称	相关主要内容	发布地点	发布时间
5	巴拉宪章	保护文化意义的地方包括土地、景观、建筑物、建筑群或其他作品，也包括空间和视野，捍卫地方所蕴藏的文化价值	澳大利亚	1979 年 8 月
6	佛罗伦萨宪章	将历史园林纳入保护，历史遗址是与值得纪念的历史事件相联系的特定风景区	意大利	1981 年 5 月
7	阿普尔顿宪章	建筑环境的保护和发展是一项重要的文化活动；保护是管理过程的重要组成部分	加拿大	1983 年 8 月
8	华盛顿宪章	规定了保护历史城镇和城区的原则、目标和方法，寻求私人和社会生活的协调，鼓励对构成人类记忆的文化财产的保护	美国	1987 年 10 月
9	考古遗产保护与管理宪章	考古遗产构成人类过去活动的基本材料，须依靠各学科专家的有效合作，包括政府、学术人员、公司企业以及公众	瑞士	1990 年 10 月
10	具有文化遗产价值场所的保护宪章	保留土著及其有关的文化遗产组合，包括景观、建筑、结构和花园、考古和传统遗址，以及神圣的地方和纪念碑	新西兰	1992 年 10 月
11	奈良真实性原则	遗产真实性评估须纳入世界文化多样性的理论框架中，真实性不能基于固定标准而应出于对多文化的尊重并加以考虑和评判	日本奈良	1994 年 11 月
12	关于水下文化遗产的保护与管理宪章	保护和管理内陆和近海水域的水下文化遗产，包括人类生存的所有痕迹及人类活动的所有表现形式	保加利亚	1996 年 10 月
13	国际文化旅游宪章	将遗产保护与旅游结合，尊重遗产，改善当地小区文化生态，在保护的基础上对遗产地和相关文化活动进行展示和诠释	墨西哥	1999 年 10 月
14	木结构遗产保护准则	明确木结构遗产保护和保存中普遍适用的原则，指较高文化价值或构成某古迹遗址一部分的整体或部分各类木制建筑物	墨西哥	1999 年 10 月
15	关于乡土建筑遗产保护宪章	由小区自己建造房屋的一种传统和自然方式，对社会和环境的约束做出反应，包含必要的变化和不断适应的连续过程	墨西哥	1999 年 10 月
16	建筑遗产分析、保护和结构恢复策略	引入医学诊断原则，提出了保护的基本概念；建筑遗产的价值体现在所处时代特有建筑技术的独特产物的完整性	津巴布韦	2003 年 10 月
17	西安宣言	环境的重要性包括与自然环境之间的相互关系；人类社会和精神实践、习俗、传统的认知、创造并形成的非物质文化遗产，从规划层面提出了解决问题和实施的对策、途径和方法	中国西安	2005 年 10 月
18	保护具有历史意义的城市景观宣言（UNESCO）	具有历史意义的城市景观指的是自然和生态环境中的任何建筑群、结构和空地的集合体，是人类在城市环境中的居住地，强调将当代建筑恰当地融入历史城市景观中的必要性	法国巴黎	2005 年 10 月

注：表格中的中文名称后未注明的均为 ICOMOS 所发布的国际宪章。

［资料来源：ICOMOS（国际古迹遗址理事会）及 UNESCO（联合国教科文组织）发布的相关文献。作者整理］

序号	研究领域	成果分析	研究讨论
1	改造的节能技术（包括机电空调设备等专项节能和综合性节能技术）	1. 围护结构：从研究外围护结构的性能出发，通过模拟软件分析能耗变化，总结外围护结构的技术；通过将固定式外遮阳与玻璃隔热贴膜二者的组合方式研究探讨各向开窗的隔热效益。 2. 机电设备：从常用空调暖通机电设备改造切入，对冷水机组改造进行了研究，建立冷水机的能耗和费用模型；分析改造前后的用电度数报表，评估外遮阳的节能效益；通过软件模拟方式，在获取改造前后用电负荷的数值后，通过前后能耗资料对比，以此作为判断节能方案的优劣。 3. 技术建构：建立光伏建筑一体化设计模式；探讨城市建筑节能数据库的建设及技术应用；建立了绿色改造方案的数字技术方法与研究框架（朱炜 等，2016）	1. 节能研究成果显著，节能技术与理论研究日趋深入与成熟。 2. 既有建筑通过外围护结构的保温隔热材料非常有效，有利于减少能源消耗和 CO_2（Ouyang et. al., 2008）。 3. 自然通风、采光以及综合遮阳等改造设计措施在大陆仅作计算机模拟分析，缺少对改造前后节能实际效果比对；中国台湾则采取分析改造前后的用电度数报表，评估外遮阳的节能效益
2	绿色评价体系的建构与完善	1. 通过整合碳排放评价构建中国绿色建筑评价体系框架。 2. 以改造方案设计时间为切入点，建构公共建筑改造方案设计的绿色评价软件与操作平台。 3. 建立室内健康环境的模型，以环境效率、国际永续指标 CASBEE 建筑环境效率评估系统为理论结构。 4. 构建整合碳排放评价的中国绿色建筑评价体系框架，探讨碳排放评价指标项、数学模型、指标基准、权重因子、评级基准和评价结果表达方式。 5. 探索单体建筑生命周期温室气体减排的政策分析方法，建立了建筑生命周期中温室气体排放的核算体系及公式	1. 绿色建筑营运方面的成果不足，绿色改造评价的研究成果还较少。 2. 绿色建筑设计成果与实际运营使用之间存在较大差异，设计与实效相背离。 3. 研究对象多集中在住宅，从方案设计时间切入研究相关评价方法较多。 4. 近几年从碳排放评价指标的角度切入来完善绿色建筑评价体系和室内环境健康等研究增多，中国台湾研究的时间较早，反应新的方向
3	改造的经济效益、政策激励和管理机制	1. 从管理与经济的角度分析既有建筑节能改造的投融资机制；通过法规、经济等政策引导，达到以市场机制引领绿色改造的目的。 2. 从能源价格扭曲、节能资金的市场化运作角度分析既有公共建筑节能激励机制和节能激励政策；构建基于长期性效提升目标，建立有效调动不同性质公共建筑业主积极性的策略，提出相关政策及建议。 3. 从经济学角度分析德国既有建筑节能的制度框架、融资模式、风险管理、绩效评估	1. 营运方面的绿色标识项目很少，反映项目营运阶段的维护、更新和管理的成本较大。 2. 业主存在被动应付检查，如何从政策、经济和管理的源头上激励业主完成绿色改造主动性的研究成果较为丰富，目前缺乏政策资金奖励制度，实际营运效果还有待检验和完善
4	改造的成本控制	1. 采用全生命周期成本评估及从工程经济学角度分析节能改善的效益，从改造的四大费用出发。 2. 从全生命周期角度研究估算模型，并且引入碳排放权的交易理论	1. 全生命周期的成本未考虑拆除建筑物的新增垃圾处理及碳排放量。 2. 考虑电费价格，应该对绿色改造项目给予补贴（Ouyang et al., 2008）
5	绿色改造的策略	1. 从建筑单体和区域角度提出绿色节能设计的策略探讨绿色改造概念、目标和方法。 2. 从节能的观点探讨住宅和公共图书馆空间的改善策略	缺乏改造前后耗能数据的比较，缺乏整体环境和从历史文脉保护与传承的角度思考绿色改造

（资料来源：本研究成果。作者绘制）

附录 C　东西方古代万物起源哲学思想概要

古希腊万物起源思想概要　　　　　　　　　　　　　　　　　　附表 C-1

哲学家	主要哲学思想	关于宇宙万物起源之说
苏格拉底（Socrates，公元前469—前399年），非贵族出身的平民哲学家，父亲为石匠，母亲为接生婆，其学说体现在来自他的学生柏拉图的对话录	提出精灵说：即人的心中存在一种神圣的超越自然的感应，探究德行的概念和意义。苏氏通过界定对方使用的概念及其意义，形成归纳法与辩证法，提出须明确神明对善恶的判定标准以便作为行动指南，从而批判宗教习俗	苏氏相信安纳萨格拉提出的心智是一切自然法则和秩序的原因；认为人的死亡可以是一种灭绝，不再有知觉，有如睡眠；或是一种变动，灵魂由身体移居别处，让灵魂解脱从而可自由拜访贤哲；人的存活有如患病，死亡有如痊愈
柏拉图（Plato，公元前427—前347年）出身贵族，母亲为雅典立法者梭伦的后裔，其思想受数学影响较深，著《理想国》《法律篇》	批判埃利亚与辩士学派，建构理型论、知识论，其哲学思想注重理性，强调以科学态度追求真理，目的在于培养真正造福百姓的政治家，以客观不计利害的态度学习包括数学、天文学和声学在内的哲学，养成客观的求真心态，柏拉图《迪吾美斯》讨论宇宙万物之起源	借助神话的德米奥格，根据理型把原初质料塑造成万物；在有形可见之物中，不具备知性的无论如何不可能比具备知性的更美，心智不可能存在于没有灵魂的东西中，人生的目的在于通过认识理型解脱灵魂，所谓理型即客观恒存之物
亚里士多德（Aristotle，公元前384—前322年）出生于马其顿沿岸的爱欧尼亚城；父亲为御医，思想受生物学影响，创立吕克昂（Lyceum）府，曾为亚历山大（Alexander the Great，公元前356—前323年）大帝的老师。被称为漫步学派	开设哲学、历史学、公民学、自然科学（生物学）、修辞学、文学和诗学，还创立图书馆与自然历史博物馆，提出认识三段论，创立包括范畴论、解释论、分析前轮及后轮、题论（探讨辩证法）在内的形式逻辑学，以及形而上学、修辞学、美学，还有伦理学和政治学的作品，提出四因说，注重经验成为亚里士多德学术思想的核心，用生物学、有机的范畴解释万物。区分理论科学（认识）、实践科学（实践智慧）和创制科学（技艺或技巧）	万物由火、气、水和土四种元素组成，不同事物由四种元素按不同比例构成；提出自然运动与强制运动说，区分宇宙为天界和地界领域，宇宙被认为存在边界，把最高存在者视为非人格的神，即不动的推动者为万物运动的根源。 提出四因说，即形式因，数据因，动力因和目的因，兼顾四因就能够理解世界万物的存在，提出存有（Being），实体恒存而独立，只有神才有资格成为真正的实体，神乃独立存在的思想，为哲学家的神

（资料来源：《一本就通：西方哲学史》。作者整理）

先秦老庄之宇宙万物起源思想观点概要　　　　　　　　　　　附表 C-2

生平及著作	主要思想	宇宙万物起源之学说
老子，姓李名聃，生于春秋末（约公元前570—？）；殷商彭祖国的后裔，宋国贵族之后；曾为孔子之师，著《老子》，道家创始人	创世之说：老子将自然、天、道、德、有、无、玄、常、仁、义、礼建构为相互关联的哲学体系	道作为老子哲学思想的核心是建立在客观自然的基础上的，老子运用理性思辨的原则揭示了肯定与否定、有限与无限的辩证关系。老子的宇宙论包括了宇宙生成和演化论的建立：1. 在道之本体论基础上，道法自然为其核心，道并非有意志、有人格的神或上帝，而是以自然为基本法则去产生天地万物；2. 老子认为天下万物生于有，有生于无，有与无为道的统一，道生一，一生二，二生三，三生万物，万物负阴抱阳，冲气以为和，说明由道生成万物是经历由少到多的过程，包含时间的流逝；3. 而阴阳为万物的构成，万物都是对立的统一体，呈现川流不息、循环不止的反反复复的运动过程，谓之反者道之动，寂兮寥兮，独立不改，周行而不殆，可以为天下母
庄子，姓庄名周（公元前369—前286年）战国蒙邑人；著《庄子》	追求天地与我并生，而万物与我为一的境界	庄子继承老子思想，认为道是基于人有意识的追求，从宇宙的高度讨论人的本体认识，把道内化为人生的一种精神境界；天提倡无知之知，弃绝万物区别，回到万物未生成状态；把主、客观在道之上统一起来，将人内在精神与外在世界融合，进一步发展了老子的哲学

（资料来源：《中国哲学简史》。作者整理）

現象学及其代表人物与主要内容

附表 C-3

领域	代表作者	专著名称	核心内容
文化地理学	Edward Charles Relph (1944)	Place and Placelessness (1976) Space and Place (1976)	一个关于地方如何经历以及它们如何变化的现象学说明。采用现象学的描述方法分析人对场所、空间、环境的主观体验，如恋乡感、地方感，属第一批研究地方概念的书籍，是地理学中最早的现象学研究之一。已被广泛引用，为人类地理经典
	Yi-Fu Duan 段义孚 (1930—)	A Study of Environment Perception (场所倾向、环境知觉的研究) 1991年	阐述场所与空间的概念及其相互关系，一个地方与空间是基于移动关系而相互依赖。引入了时间概念，描述了地方、空间和时间这三者是如何的相互作用的，无论我们源自哪里，我们的所处的文化深入地影响着我们对于地方、空间和时间的理解
		Space and Place Dwelling, Place Envionment (场所与空间) 1991年	
建筑现象学	Charles Willard Moore (1925—1993)	Body, memory, and architecture (身体，记忆和建筑) 1992年	内容包括：超越身体的边界；建筑的机械化；美感；20世纪的感觉模型；身体-意象理论；身体、记忆与社会；身体运动场所、路径、模式与边界；纪念场所中的人性
	David Seamon (1948-)	Dwelling, Place Envionment (住所、场所与环境) 1989	从建筑物和环境思考如何维持人类身份认同感和生活感。使用现象学方法探索诸如环境经验、地方感、建筑作为环境设计和场所制作等主题。从文化和象征方面讨论如何促进人类的居住体验，提供了传统环境和设计专业中人与环境关系的创新方法
	Christian Norberg-Schulz, 1926-2000	Genius Loci：Toward a Phenomenology of Architecture (场所精神：走向建筑的现象学) 1980年；The Concept of Dwelling (居住的概念) 1993年；(建筑中的意向) 1965年；(存在、建筑、空间) 1971年	通过存在的观点将研究回归到建筑本体，最早最系统完整讨论建筑现象学的著述，深受海德格尔的影响，是最早将马丁·海德格尔引入该领域的建筑理论家之一
	Steven Holl (史蒂文.霍尔)	Anchoring (锚固) 1989年 Questions of Perception：Phenomenology of Architecture (感知问题：建筑现象学) 1994年	论述建筑现象问题的知觉领域，以知觉现象学为主线进一步表达与补充现象学在建筑领域的运用
	Juhani Pallasmaa, 1936- (帕拉斯玛)	The Eyes of the Skin, Architecture and Senses (皮肤之眼) 1996年	呼吁对人类体验的现象学加以重视，摒弃以往视觉为主的设计思想，提出了一个意义深远的问题，为什么五种感官中只有视觉在建筑文化和设计中占主导地位？其他四个感官的压制导致了我们建筑环境的整体认识不足，对建筑空间的体验和参与建筑的缺失，失去了改善生活的能力
	Peter Zumthor (1943-)	Thinking Architecture (冥想建筑) 1998年；Atmospheres (氛围) 2006年	描述建筑的九种主题 (材料的对比、气氛、真实的魅力、周围之物、空间之音、亲密性的层次、物体上的光线、空间的温度)，尽管未提及建筑现象学，但是采用的手法体现了建筑触觉与感知现象学领域的内容，批判当前建筑领域一种重视视觉而压制其他感觉的倾向，呼吁人们从以视觉为主导的枷锁中挣脱出来，从新回归体验的建筑中去
	Alberto Perez Gomez (1949-)	Architecture and the Crisis of Modern Science (建筑学与现代科学的危机) 1983年	现代社会已经面临建筑危机，造成这种危机的原因在于现代科学的发展，使人们忽略了人类生活中丢失的意义，现象学的介入为解决这一现状提供了契机与可能。建筑与其所在地及其居民相连，作为社会的交流场所；它的美丽和意义在于它与人类健康和自我理解的联系

(资料来源：相关理论著作。作者整理)

建筑现象学之场所理论与空间知觉理论的内容比较　　　　附表 C-4

理论	要素	核心内容
场所理论	场所构成	施植明将场所分为物质结构和场所精神，物质结构包括聚落建筑和景观环境，构成人们生活的基本环境
	场所精神	场所精神指场所的意义特色，具有稳定性和包容性。场所精神不随岁月变迁而变化，能包容异质内容，是掌握场所本质与特色的关键
	空间特质	场所空间特质中，既包括认同与定向，也包含转化与整合。认同与定向解释场所中心、路径、区域的空间结构；转化与整合是场所拓展的方式，人们能否将一个地点转化为场所，关键在于将其周边更大范围的空间整合进熟悉场所的能力
	生活体验	人们在场所环境中的经历和意义，以及体验活动与场所空间环境之间的关系，如人们在场所中的日常生活、民俗活动、仪式行为等
空间知觉理论	视觉构成	视觉不是简单地由复杂形式和构件符号堆砌的影像画面，而是由空间视差、透视效果、光线色彩等在内组成的视觉元素集合
	知觉构成	除视觉外，空间知觉领域还包含触、听、嗅觉活动，以及时空记忆等心理过程，如建筑材质肌理可同时被视觉和触觉感知，而光影与寂静的交织又能唤醒人们内心沉淀的记忆
	类型记忆	类型提取是一种表达了人们对场所空间的集体记忆并将其物化的重要设计方法，从历史建筑环境中抽取的类型，虽经过简化和抽象，在本质上与真实历史是一脉相承的
	特殊要素	知觉现象理论研究者们往往对一些特殊知觉要素进行专项分析与设计，比如光影、水体、细部等，以营造氛围

（资料来源：作者根据史靖原《建筑现象学视角下的巴渝古镇人居环境空间保护与发展》整理）

空间文化形式之概要　　　　附表 C-5

代表	简介	主要思想	备注
瓦尔特·本雅明（Walter Benjamin，1892—1940）	德国文学理论家与批评家，探讨现代性观念与理论及都市现代性，与法兰克福学派来往密切	采用文学批评手法：通过微小但特殊的概念来剥除对象的组成部分，以类似立体派的风格来折射对象。1. 认为城市是由消费品所构成的迷思世界，是崇拜物品的物化世界。2. 以逛街为研究方法，延续诗人波特莱尔的城市漫游者的经验，3. 只有生活在异地才能够发现异地陌生的事实，4. 城市犹如文本，可以透过它的历史、经验与记忆的关系来审视，而波特莱尔无目标式的闲逛，以线式的描述方式揭示了城市所深藏的空间意义	马克思主义者与神秘主义者，辩证唯物论与迷恋神学的唯美主义者的综合体
德塞尔托（Michel de Certeau，1925—1986）	法国，宗教科学，博士，受 1968 年法国学生运动影响，转而研究现代社会的问题	1. 城市空间应该容许人们运用听觉、嗅觉、味觉、触觉、感情及理智，来与自然、物质世界及其他人紧密合作，达成亲切、有关联性的能动与互动空间；2. 通过权利的实施，透过空间的规划与组织来达到建构的目的，事先掌控生活世界的动向并转换成符合平凡大众的需求，只强调操作及时间	文化或思想的消费本身即是生产过程，消费者所形成的表述与作者的原意并不一致

代表	简介	主要思想	备注
哈勃玛斯（Jurgen Habermas, 1925—）	西方公认的20世纪社会、政治的关键性思想家，属于法兰克福学派（Frankfurt School）的第二代成员，继承阿多诺（Adorno）霍克海姆（Horkheimer）的思想衣钵	批判后现代主义，他认为新历史运动（neohistorialism）、后现代运动（Post-modernism）及替代建筑（alternative architecture）是对抗现代运动的三股力量，批判过于强调公众参与，强调素人建筑反而塑造成另一种威权式的纪念性建筑。1.关于社会与政治议题的理性讨论，对公共政策的形成有所影响；2.创造出更多事件的可能性	哈勃玛斯强调程序，弱于在理想与现实之间取得共识，掌握由上而下的趋势；傅柯强调实质的微观政治，对实际了解透彻，精于由下而上实践，全局观弱
亨利·列斐伏尔（Henri Lefebvre, 1901—1991）	认为哲学是种生活经验，1958年后远离法国共产党。他认为哲学是一种与政治实践紧密结合的活动，其理论点燃了1968年法国的学生运动。语言、知识、视觉、商品化与官僚化对抗着身体、生活、其他感官、日常实践	1.《空间的生产》（The Production of Space）指出意向（image）的先入为主贬抑了对空间的认识，摧毁生活经验的丰富性，是将社会空间转变成物化的抽象经验。2.三元论：空间实践（spatial practices）、空间的再现（representation of space）与再现的空间（representational spaces），分别代表身体感知的意识（consciousness）、构思（conceived）和生活（lived）。3.空间实践代表人们日常行为与实践，空间的再现代表知识与权力的抽象空间，如规划与法规，再现的空间则是想象空间，透过空间实质元素表征生活经验，如摄影、电影和艺术家	建筑师是造成空间疏离本质的共犯。让人们关切的是质感而不是文本。中心与边缘的对抗关系是由知识与权力构筑而成的抽象空间，对抗源于空间实践的人们日常生活经验写照的具体空间
索绪尔（Ferdinand de Saussure）罗兰·巴特（Roland Barthes, 1915—1980）	瑞士语言学家敏锐的社会观察力，文化涵构的批评家；代表作《符号帝国》（The Empire of Signs）、《符合学与城市》	1.生活上任何事物都可以视为符号（sign）包括实质物体空间与非实质的语言和姿态等；2.不必由书本、地址辨析方向而是借由行走、观察、习惯和感觉来辨认城市；旅行指南误导城市印象，变成令人眼盲的帮凶，系统掩饰文明残暴的一面，忽视扭曲文明的影响；3.日常生活、文化景观表象下深藏复杂性与不稳定性	世界充满符号，不过并不像字母、标志、军服般简单，绝对是相当复杂。唯有心眼都不盲的阅读者才能真实凝视城市
巴希拉赫（Gaston Bachelard, 1884—1962）	法国哲学家、科学家与现象学家，深受心理学与超形式主义影响；代表作《空间诗意》	1.批判笛卡儿过于简化的想法强调复杂化；2.白日梦是记忆与想象相连的，凭着诗意向度的白日梦，可以再恢复住家本质意义；3.人文主义地理学家戴维·西蒙（David Seamon）将日常生活行为与动作解释为场所芭蕾（place ballet），具有吸引性、多样性、舒适性、独特性、邀请性、依恋性；4.家是属于个人记忆的领域，房子为梦想与记忆的家园，进而形成诗意的栖居	任何生活空间都有其特殊的时空作为逻辑
爱德华·扎伊尔德(Edward Said)	美籍阿拉伯中东人。代表作《文化与帝国主义》《世界文本与批评》《东方主义》	1.旅行跨越地点限制，隐喻着打破实质空间与理论思想的隔阂；2.多样性（角色）实存类型（漫游者、游牧和静止）移动性知识、空间与跨越性的空间（殖民地）；3.提出东方事实是西方的创造物，透过西方精心刻画出来的产品实现制约与征服。4.东方是欧洲最大且最富足的、最古老的殖民地，也是其文明与语言的根源，更是其文化的竞争者	通过分类、定型、区划来划定权利范围，游牧者代表弱势

代表	简介	主要思想	备注
波迪尔 （Pierre Bourdieu，1930—）	法国哲学家、人类学家、社会学家，代表作《实践理论大纲》（Outline of a Theory of Practice）、《实践的逻辑》（The Logic of Practice）	反对一切符号统治，反对任何合法形式的不平等；1. 趣味分野与社会等级，一切文化实践中存在的趣味，实际上与教育水平和社会出身（父亲职业）两大因素相关；2. 纯粹凝视与功能满足，艺术自主性场域的形成；3. 形式与功能的对立对应着自由的趣味与必然的趣味之间的对立，前者通过对后者的排斥将自身合法化；4. 权力的大小与相对于拥有资本的数量和结构而发生变化	波迪尔认为统治者不再进行粗暴愚蠢的身体强制而是变成温和的文化实践形式，被支配者接受支配者的理念，意识不到这是符号统治
德勒兹（Gliies Deleuze，1925—1995）	法国哲学家，观念结合傅柯（Foucault）与尼采，晚期受心理分析家瓜塔里（Guattari）影响	包括：流牧者（nomad）、痕迹（striated）、折叠（fold）、地下径（rhizome）、去畛域化（deterritorialization）。具体反映在身体的移动；交通与通信设施；迁徙与移民；公民与跨国际主义；观光与旅行，固定的疆域、范围、路径都被视为属于权利者的专利，隐性移动被视为对抗权力，游牧者的生活才是创造力的实践	无根不定（nomadic）的观念取代传统根植（sedentary）的观念

（资料来源：相关理论著作。作者整理）

附录D 多准则决策的受访人员背景

多准则决策实验方法之受访人员背景   附表D

专家代号	服务单位	职称	年资
A1*	上海绿之都建筑科技有限公司 上海济光职业技术学院	绿建咨询部技术总监 加拿大注册建筑师 LEED铂金奖获得者	25年
A2*	广州市规划局	一级注册建筑师 高级建筑师	28年
A3*	华南理工大学	教授 主编多部国家行业标准	35年
A4*	广州市设计院 广东利海集团	一级注册建筑师 总建筑师	28年
A5*	广州市设计院	一级注册建筑师 副总建筑师 绿色三星项目获得者	28年
A6	广州市设计院	一级注册建筑师 部门主管	32年
A7	广东利海集团	设计管理中心高级经理	15年
A8	中海地产	副总经理	25年
A9	广东省高教建筑规划设计院	设计总监	12年
A10	广州市设计院	电气专业副总工程师	23年
A11	广东轻工业设计院	总建筑师	27年
A12	景森设计股份有限公司	高级建筑师	12年
A13	华南师范大学基建处	一级注册建筑师 高级建筑师	23年
A14	暨南大学	一级注册建筑师	18年
A15	福建工程学院	建筑师	18年
A16	中原大学	博士生	4年
A17	广东工业大学	副教授 建筑师	23年
A18	广东建设职业技术学院	副教授	25年
A19	广州市规划勘察设计研究院	一级注册建筑师 高级工程师	18年

注：*号者为工作25年以上资深专家，其余为参加受访问卷的专业设计人员、管理者以及学者。
（作者绘制）

附录 E　多准则决策的问卷一

探讨影响既有建筑绿色改造建筑设计之关键因素 D-ANP 问卷

各位专家先进：

您好！

首先感谢您于百忙之中拨冗协助填答此份问卷。本问卷为学术性问卷，主要探讨影响既有建筑绿色改造的建筑设计评价标准之关键因素，希望借由您的专业意见与指教，协助完成本研究工作。本问卷采用不具名方式填写，所填答的数据仅供学术研究之用，绝不单独对外发表，请安心依您个人实务经验与实际情形答复问卷上所有题目。

敬祝！

万事如意！

平安快乐！

郭建昌敬上

Email：974753037@qq.com

联络电话：0966530442

2018 年 6 月 6 日

本问卷计分为三大部分，填答说明如下：

1. 研究架构图：说明本研究之研究架构，无须填答。
2. 问卷填答方法：以范例说明如何填答 DANP 问卷，无须填答。
3. 构面关联性问卷：请您就本研究之构面间之影响程度进行评分。
4. 准则关联性问卷：请您就本研究之准则间之影响程度进行评分。

问卷调查说明

一、问卷填答方法

1. 本问卷采用决策实验室法（DEMATEL）进行准则关联性探讨。

2. 请您就问卷所列影响既有建筑绿色改造建筑设计之关键因素与其准则之关联性，进行评分，评分说明：0 ~ 2 分为关联性高低评分范围，0 分为完全没影响，1 分为稍微有影响；2 分为一定会影响，评分尺度如下：

尺度	0	1	2
关联性	完全没影响	稍微有影响	一定会影响

3. 范例说明：

表格中相同准则不需要互相比较影响程度，格子已画上对角线，不用评分，其余的空格皆需要填入评分。

例一：列准则 A 对行准则 A 不用评分。

例二：您认为列准则 A 对行准则 C 会影响但不确定有多大时，即于表格内填入 1。

例三：您认为列准则 E 对行准则 B 完全没有影响时，即于表内填入 0，建议您填写顺序得有 A–B，A–C，A–D，A–E，之后再 B–A，B–C，B–D……

二、构面说明及构面关联性问卷

1. 构面说明：

构面	说明
场地设计（A）	场地交通流线顺畅，使用方便，场地车行、人行路线设置合理。包括场地内无障碍设施完善，且与场地外人行通道无障碍连通；保护既有建筑的周边生态环境，合理利用既有构筑物、构件和设施；合理设置机动车和自行车停车设施；场地内合理设置绿化用地；场地内硬质铺装地面中透水铺装面积的比例达到 30%
单体设计（B）	优化既有建筑的功能分区，室内无障碍交通设计合理。包括建筑功能空间分区合理，交通流线顺畅，建筑室内无障碍设施完善，且与建筑室外场地人行通道无障碍连通，改扩建后的建筑风格协调统一，且无大量新增装饰性构件，新增装饰性构件的造价不大于改扩建工程总造价的 1%
围护结构（C）	建筑围护结构具有良好的热工性能。包括热工性能比原有围护结构提升幅度达到 35%；由围护结构形成的供暖空调全年计算负荷比原有围护结构的降低幅度达到 35%；围护结构热工性能达到国家现行有关建筑节能设计标准的规定；建筑主要功能房间的外墙、隔墙、楼板和门窗的隔声性能优于现行国家标准《民用建筑隔声设计规范》
建筑环境（D）	场地内无环境噪声污染；建筑场地经过场区功能重组、构筑物与景观的增设等措施，改善场区的风环境；建筑及照明设计避免产生光污染，玻璃幕墙可见光反射比不大于 0.3，或不采用玻璃幕墙；采用合理措施改善室内及地下空间的天然采光效果；安全疏散等消防设计满足国家相关规范要求

2. 构面关联性问卷：（请填答评分）

构面	场地设计（A）	单体设计（B）	维护结构（C）	建筑环境（D）
场地设计（A）				
单体设计（B）				
维护结构（C）				
建筑环境（D）				

三、准则说明及准则关联性问卷

1. 准则说明：

构面	准则	准则描述
场地设计（A）	A1 场地交通流畅	场地车行、人行路线设置合理，满足交通需求，场地内无障碍设施完善，且与场地外人行通道无障碍连通
	A2 保护周边生态	保护既有建筑周边生态环境；合理利用既有构筑物、构件和设施
	A3 机动车停放合理	自行车停车设施位置合理、方便出入，有遮阳防雨措施；机动车停车设施采用地下停车库、立体停车库等方式节约集约用地；合理设计地面停车位，不挤占步行空间及活动场所
	A4 场地绿化合理	居住建筑场地绿地率达到 25%，公共建筑绿地面积、屋顶绿化面积之和与场地面积的比例达到标准；场地绿化采用乔、灌、草结合的复层绿化，且种植覆土深度和排水能力满足植物生长需求
	A5 满足场地透水	场地内硬质铺装地面中透水铺装面积的比例达到 30%
单体设计（B）	B1 功能分区优化	建筑功能空间分区合理，交通动线顺畅；建筑室内无障碍设施与室外无障碍设施连通，满足《无障碍设计规范》GB 50763 的要求
	B2 立面协调统一	改扩建后的建筑风格协调统一，展现地方传统建筑文化特色
	B3 空间分隔灵活	公共建筑室内空间能够实现灵活分隔与转换
围护结构（C）	C1 被动式节能措施	合理采取外遮阳措施；对于居住建筑，通风开口面积与房间地板面积的比例；合理采用引导气流的措施
	C2 热工性能良好	建筑围护结构热工性能比原有围护结构提升幅度达到 35%，由围护结构形成的供暖空调全年计算负荷比原有围护结构的降低幅度达到 35%；围护结构中屋面、外墙、外窗（含透光幕墙）部位的热工性能参数优于国家现行有关建筑节能设计标准规定值 5%；由围护结构形成的供暖空调全年计算负荷不高于按国家现行有关建筑节能设计标准规定的计算值
	C3 房间隔声标准	外墙、隔墙、楼板和门窗的隔声性能优于现行国家标准《民用建筑隔声设计规范》GB 50118 中的低限要求
建筑环境（D）	D1 场地噪声标准	场地内环境噪声符合现行国家标准《声环境质量标准》GB 3096 规定的限值
	D2 改善风环境	典型风速和风向条件下，建筑物周围人行区风速低于 5m/s，且室外风速放大系数小于 2；过渡季、夏季典型风速和风向条件下，场地内人活动区不出现涡旋或无风区
	D3 无光污染	玻璃幕墙可见光反射比不大于 0.3，或不采用玻璃幕墙；室外夜景照明光污染的限制符合现行行业标准《都市夜景照明设计规范》JGJ/T 163 的有关规定
	D4 改善采光环境	居住建筑中，起居室、卧室的窗地面积比达到 1/6；公共建筑中，主要功能房间 70% 以上面积的采光系数满足现行国家标准《建筑采光设计标准》GB 50033 的要求
	D5 满足消防规范	满足《建筑设计防火规范要求》GB 50016—2014 的要求

2. 准则关联性问卷：（请填答评分）

准则	A1 场地交通流畅	A2 保护周边生态	A3 机动车停放合理	A4 场地绿化合理	A5 满足场地透水	B1 功能分区优化	B2 立面协调统一	B3 空间分隔灵活	C1 被动式节能措施	C2 热工性能良好	C3 房间隔声标准	D1 场地噪声标准	D2 改善风环境	D3 无光污染	D4 改善采光环境	D5 满足消防规范
A1 场地交通流畅																
A2 保护周边生态																
A3 机动车停放合理																
A4 场地绿化合理																
A5 满足场地透水																
B1 功能分区优化																
B2 立面协调统一																
B3 空间分隔灵活																
C1 被动式节能措施																
C2 热工性能良好																
C3 房间隔声标准																
D1 场地噪声标准																
D2 改善风环境																
D3 无光污染																
D4 改善采光环境																
D5 满足消防规范																

附录 F 多准则决策的问卷二

影响既有建筑绿色改造建筑设计之关键因素绩效值问卷

请您针对上述对绿色改造建筑设计评价标准所区分的 16 项关键因素的优先级，就您认为此 16 项关键因素的表现程度以 0 ~ 100 分的五格尺度方式填答分数，其填表方式说明如下。

一、问卷填答方法：

请您就在该准则的表现进行 0 ~ 100 分的评分，评分尺度说明如下：

尺度	0	25	50	75	100
表现程度	非常不好	不好	普通	好	非常好

二、问卷：（请填答评分）

准则	表现程度评分
A1 场地交通流畅	
A2 保护周边生态	
A3 机动车停放合理	
A4 场地绿化合理	
A5 满足场地透水	
B1 功能分区优化	
B2 立面协调统一	
B3 空间分隔灵活	
C1 被动式节能措施	
C2 热工性能良好	
C3 房间隔声标准	
D1 场地噪声标准	
D2 改善风环境	
D3 无光污染	
D4 改善采光环境	
D5 满足消防规范	

附录 G 多准则决策过程中的关系影响矩阵

绿色改造设计要素之问卷整合直接关系影响矩阵（Z）

准则	A1	A2	A3	A4	A5	B1	B2	B3	C1	C2	C3	D1	D2	D3	D4	D5
A1	0.0	0.9	1.8	1.4	1.0	1.2	0.2	0.2	0.1	0.1	0.5	1.2	0.8	0.2	0.1	1.2
A2	1.0	0.0	1.5	2.0	1.9	0.5	0.2	0.1	1.1	0.8	0.8	1.4	1.5	0.8	0.4	0.3
A3	1.9	1.4	0.0	1.5	1.2	1.2	0.1	0.2	0.1	0.2	0.6	1.5	0.6	0.1	0.3	1.4
A4	1.6	1.8	1.3	0.0	1.8	1.1	0.1	0.1	0.8	0.7	0.3	1.4	1.4	0.5	0.4	0.3
A5	1.1	1.8	1.2	1.7	0.0	0.4	0.0	0.0	0.1	0.1	0.1	0.2	0.4	0.0	0.0	0.0
B1	1.1	0.6	1.2	1.1	0.3	0.0	0.6	1.1	0.6	0.4	0.6	0.8	0.5	0.3	0.7	1.4
B2	0.1	0.2	0.1	0.1	0.0	0.6	0.0	0.4	0.5	0.9	0.4	0.3	0.4	0.5	0.5	0.2
B3	0.0	0.1	0.1	0.1	0.0	0.8	0.2	0.0	1.1	0.9	0.7	0.5	0.5	0.3	0.7	1.2
C1	0.2	1.0	0.3	0.9	0.1	0.6	0.5	1.1	0.0	1.9	1.0	0.4	1.3	0.4	0.5	0.1
C2	0.1	0.9	0.1	0.7	0.2	0.5	0.7	1.2	1.7	0.0	0.9	0.5	1.0	0.2	0.2	0.2
C3	0.3	0.6	0.5	0.3	0.1	0.6	0.3	0.8	0.7	0.9	0.0	1.4	0.2	0.2	0.2	0.2
D1	1.2	1.1	1.2	1.2	0.0	0.5	0.2	0.6	0.5	0.5	1.4	0.0	0.5	0.1	0.2	0.1
D2	0.7	1.3	0.4	1.4	0.3	0.4	0.4	0.5	1.4	1.1	0.4	0.3	0.0	0.3	0.2	0.1
D3	0.2	0.8	0.2	0.5	0.0	0.2	0.5	0.2	0.5	0.5	0.2	0.1	0.2	0.0	1.1	0.2
D4	0.2	0.4	0.3	0.4	0.0	0.5	0.2	0.7	0.6	0.5	0.4	0.2	0.2	0.9	0.0	0.2
D5	1.2	0.2	1.2	0.3	0.0	1.4	0.2	0.9	0.1	0.2	0.2	0.1	0.2	0.2	0.2	0.0

（资料来源：本研究成果。作者绘制）

绿色改造设计要素之建立正规化直接关系矩阵（S）

准则	A1	A2	A3	A4	A5	B1	B2	B3	C1	C2	C3	D1	D2	D3	D4	D5
A1	0.000	0.065	0.124	0.097	0.070	0.081	0.011	0.011	0.005	0.005	0.032	0.086	0.054	0.016	0.005	0.081
A2	0.070	0.000	0.108	0.140	0.134	0.038	0.016	0.005	0.075	0.059	0.054	0.097	0.102	0.054	0.027	0.022
A3	0.134	0.097	0.000	0.108	0.086	0.086	0.005	0.011	0.016	0.043	0.102	0.043	0.005	0.022	0.097
A4	0.113	0.124	0.091	0.000	0.124	0.075	0.005	0.005	0.059	0.048	0.022	0.097	0.097	0.032	0.027	0.022
A5	0.075	0.129	0.081	0.118	0.000	0.027	0.000	0.000	0.005	0.005	0.005	0.011	0.027	0.000	0.000	0.000
B1	0.075	0.043	0.081	0.075	0.022	0.000	0.043	0.075	0.043	0.027	0.043	0.054	0.038	0.022	0.048	0.097
B2	0.005	0.016	0.005	0.005	0.000	0.043	0.000	0.027	0.038	0.065	0.027	0.022	0.027	0.032	0.032	0.011
B3	0.000	0.005	0.005	0.005	0.000	0.059	0.016	0.000	0.075	0.065	0.048	0.032	0.038	0.022	0.048	0.086
C1	0.011	0.070	0.022	0.065	0.005	0.043	0.032	0.075	0.000	0.134	0.070	0.027	0.091	0.027	0.038	0.005
C2	0.005	0.065	0.005	0.048	0.011	0.032	0.048	0.081	0.118	0.000	0.065	0.032	0.070	0.016	0.016	0.016
C3	0.022	0.043	0.038	0.022	0.005	0.043	0.022	0.059	0.048	0.065	0.000	0.097	0.016	0.011	0.011	0.016
D1	0.086	0.075	0.086	0.081	0.000	0.038	0.016	0.043	0.032	0.032	0.097	0.000	0.032	0.005	0.016	0.005
D2	0.048	0.091	0.027	0.097	0.022	0.027	0.027	0.038	0.097	0.075	0.027	0.022	0.000	0.022	0.016	0.005
D3	0.016	0.059	0.005	0.038	0.000	0.016	0.032	0.016	0.038	0.038	0.011	0.005	0.016	0.000	0.075	0.011
D4	0.016	0.027	0.022	0.027	0.000	0.038	0.016	0.048	0.043	0.032	0.011	0.016	0.016	0.065	0.000	0.011
D5	0.081	0.016	0.086	0.022	0.000	0.097	0.011	0.065	0.005	0.016	0.016	0.005	0.016	0.011	0.011	0.000

（资料来源：本研究成果。作者绘制）

绿色改造设计要素之建立总影响关系矩阵（*T*）

附表 G-3

准则	A1	A2	A3	A4	A5	B1	B2	B3	C1	C2	C3	D1	D2	D3	D4	D5
A1	0.158	0.226	0.270	0.266	0.178	0.203	0.053	0.089	0.106	0.102	0.126	0.216	0.170	0.065	0.061	0.165
A2	0.253	0.220	0.287	0.354	0.264	0.191	0.073	0.107	0.209	0.190	0.173	0.258	0.254	0.116	0.098	0.123
A3	0.298	0.276	0.183	0.300	0.208	0.225	0.054	0.100	0.121	0.124	0.149	0.249	0.179	0.064	0.082	0.191
A4	0.286	0.322	0.273	0.225	0.252	0.219	0.061	0.103	0.188	0.172	0.141	0.254	0.244	0.095	0.094	0.124
A5	0.191	0.251	0.199	0.252	0.102	0.121	0.031	0.051	0.085	0.080	0.076	0.122	0.127	0.042	0.041	0.067
B1	0.205	0.188	0.213	0.225	0.116	0.123	0.085	0.153	0.143	0.126	0.133	0.175	0.150	0.072	0.103	0.177
B2	0.053	0.076	0.055	0.068	0.033	0.088	0.023	0.068	0.089	0.111	0.068	0.069	0.076	0.055	0.059	0.043
B3	0.070	0.087	0.077	0.090	0.042	0.126	0.047	0.061	0.139	0.129	0.104	0.096	0.102	0.053	0.083	0.128
C1	0.118	0.200	0.131	0.199	0.087	0.142	0.077	0.153	0.114	0.229	0.155	0.136	0.196	0.075	0.090	0.074
C2	0.098	0.177	0.103	0.166	0.080	0.121	0.086	0.148	0.206	0.098	0.140	0.126	0.163	0.059	0.065	0.075
C3	0.107	0.140	0.124	0.126	0.065	0.119	0.054	0.117	0.122	0.134	0.070	0.174	0.096	0.045	0.050	0.071
D1	0.204	0.209	0.208	0.222	0.097	0.145	0.055	0.112	0.126	0.123	0.177	0.123	0.139	0.051	0.065	0.084
D2	0.158	0.222	0.144	0.233	0.112	0.127	0.067	0.108	0.192	0.170	0.111	0.133	0.113	0.069	0.067	0.073
D3	0.072	0.125	0.066	0.109	0.046	0.070	0.054	0.057	0.092	0.090	0.055	0.062	0.074	0.030	0.102	0.045
D4	0.073	0.095	0.079	0.098	0.042	0.091	0.040	0.088	0.096	0.085	0.056	0.072	0.072	0.089	0.032	0.050
D5	0.163	0.106	0.170	0.121	0.062	0.170	0.039	0.113	0.067	0.074	0.073	0.087	0.086	0.041	0.047	0.066

（资料来源：本研究成果。作者绘制）

绿色改造设计要素之关键要素的因果关联

附表 G-4

准则	A1	A2	A3	A4	A5	B1	B2	B3	C1	C2	C3	D1	D2	D3	D4	D5
A1	0.158	0.226	0.270	0.266	0.178	0.203	0.053	0.089	0.106	0.102	0.126	0.216	0.170	0.065	0.061	0.165
A2	0.253	0.220	0.287	0.354	0.264	0.191	0.073	0.107	0.209	0.190	0.173	0.258	0.254	0.116	0.098	0.123
A3	0.298	0.276	0.183	0.300	0.208	0.225	0.054	0.100	0.121	0.124	0.149	0.249	0.179	0.064	0.082	0.191
A4	0.286	0.322	0.273	0.225	0.252	0.219	0.061	0.103	0.188	0.172	0.141	0.254	0.244	0.095	0.094	0.124
A5	0.191	0.251	0.199	0.252	0.102	0.121	0.031	0.051	0.085	0.080	0.076	0.122	0.127	0.042	0.041	0.067
B1	0.205	0.188	0.213	0.225	0.116	0.123	0.085	0.153	0.143	0.126	0.133	0.175	0.150	0.072	0.103	0.177
B2	0.053	0.076	0.055	0.068	0.033	0.088	0.023	0.068	0.089	0.111	0.068	0.069	0.076	0.055	0.059	0.043
B3	0.070	0.087	0.077	0.090	0.042	0.126	0.047	0.061	0.139	0.129	0.104	0.096	0.102	0.053	0.083	0.128
C1	0.118	0.200	0.131	0.199	0.087	0.142	0.077	0.153	0.114	0.229	0.155	0.136	0.196	0.075	0.090	0.074
C2	0.098	0.177	0.103	0.166	0.080	0.121	0.086	0.148	0.206	0.098	0.140	0.126	0.163	0.059	0.065	0.075
C3	0.107	0.140	0.124	0.126	0.065	0.119	0.054	0.117	0.122	0.134	0.070	0.174	0.096	0.045	0.050	0.071
D1	0.204	0.209	0.208	0.222	0.097	0.145	0.055	0.112	0.126	0.123	0.177	0.123	0.139	0.051	0.065	0.084
D2	0.158	0.222	0.144	0.233	0.112	0.127	0.067	0.108	0.192	0.170	0.111	0.133	0.113	0.069	0.067	0.073
D3	0.072	0.125	0.066	0.109	0.046	0.070	0.054	0.057	0.092	0.090	0.055	0.062	0.074	0.030	0.102	0.045
D4	0.073	0.095	0.079	0.098	0.042	0.091	0.040	0.088	0.096	0.085	0.056	0.072	0.072	0.089	0.032	0.050
D5	0.163	0.106	0.170	0.121	0.062	0.170	0.039	0.113	0.067	0.074	0.073	0.087	0.086	0.041	0.047	0.066

注：横向列表中的灰色背景代表 8 项关键要素所对应的相互影响权重值，深色字体为竖向列项中于灰色背景数值中相互比较后的最大数，意味着影响深色所在列项的关键因素是其所对应的横项，如 0.287，表示 A2 是影响 A3 的关键因素。

（资料来源：本研究成果。作者绘制）

附录 H　废弃材料的可循环再生模式

序号	材料名称	用途	可循环再生模式	备注
1	木材	隔断及装饰，包括实木模板、素面模板、地板、横梁、楼板、旧门窗、扶梯、隔板	直接：加工处理，直接用于其他用途，如建筑室内外的装饰。 再生：通过工业技术，改变其物质形态，加工成新的木料如人造板刨花板、夹芯板、复合板，用于隔断；与废弃塑料融合生产木塑复合材料；蒸汽加压并增加胶粘剂形成承重构件	杂质控制；承重构件的加工技术有待突破；甲醛处理技术有待改进
2	砖	隔墙、承重墙、装饰构件，包括黏土砖、复合砖	测试结构性能，合格且较为完整的可循环用于建筑的外墙沉重，性能不能满足的，用于砌筑非承重隔墙以及室外构筑物、花坛、树池等；或者为再生混凝土的骨料，但吸水性强导致强度下降	禁止黏土砖后，新型产品的复合砖可循环再利用价值不高
3	石	料石用于承重柱、梁、构件、围护、隔断和装饰；板材用于外表面	通过鉴定，形态好的大体量石材直接使用，或加工成石板用于外立面装饰；碎石可采用填充于新的框架或者与水泥砂浆混合定型后重新使用	既有建筑绿色评价滞后、忽视营运评价
4	废弃钢	钢筋混凝土及钢结构等构筑物的主要建材	废钢铁可直接入炉炼钢，相对冶炼，污染、能耗都小；化学成分混杂，回炉炼铁时品位下降	拆除时各种型号的废旧钢材集中堆放，没有分类
5	废旧玻璃	建筑主体外围护或室内空间隔断装饰等构筑物的主要建材	废旧玻璃可加工成装饰板、人造大理石板、地面砖、陶瓷锦砖、玻璃纤维、玻璃沥青混凝土、平板玻璃、玻璃罐等	加工投资少周期短、工艺简单，技术待突破
6	废弃混凝土	与钢材混搭使用用于建筑主体结构、外围护或室内空间隔断装饰等主要建材	再生混凝土由废弃混凝土块经破碎、清洗和分级后，按外观尺寸相互配合形成再生骨料，部分代替天然骨料，加入水泥砂浆搅拌制成混凝土。再生混凝土的强度与加工工艺、基体强度、配合比以及再生骨料替代率等关系密切	复杂工序、高额成本、表面粗糙、孔隙多、吸水率大，抗硫酸盐和酸侵蚀性稍差

废弃材料的可循环再生模式　　附表 H

（资料来源：《亚热带的绿建筑挑战》。作者整理）

附录 I　空间概念的通用矩阵

空间概念的通用矩阵 　　　　　　　　　　　　　　　　　　　　　　　附表 I

序号	物质空间 （经验的空间）	空间再现 （概念化的空间）	再现空间 （生活的空间）
绝对空间	墙、桥、门、楼梯、梯板、天花板、街道、建筑物、城市、山岭、大陆、水域、领域标志、实质边界与障碍、门禁、小区……	地籍与行政地图；欧式几何学地景描述；禁闭、开放空间、区位、定置和位置性的隐喻（指挥与控制相对容易）——牛顿与笛卡儿	围绕着壁炉的满足感；菲比所致的安全感或监禁感；拥有、指挥与支配空间的权利感；对于范界以外他者的恐惧
相对空间 （时间）	能量、水、空气、商品、人员、信息、货币、资本的循环与流动；加速与距离摩擦的缩减……	主题与地形图（例如伦敦地铁系统）；非欧式几何和拓扑学；透视画；情景知识、运动、移动能力、移置、加速、时空压缩和延展的隐喻；（指挥与控制的困难需要更复杂的技巧）——爱因斯坦与黎曼	上课迟到的焦虑；进入未知之境的惊骇；交通堵塞的挫折；时空压缩、速度、运动的紧张或欢快
关系空间 （时间）	电磁能量流动与场域；社会关系；地租与经济潜势表面；污染集中区；能源潜能；随风飘送的声音、气味和感觉	超现实主义；存在主义；数字空间；力量与权力内化的隐喻（指挥与控制极度困难）——莱布尼兹、淮海德、德勒兹、本杰明	视域、幻想、欲望、挫败、记忆、梦想、幻想、心理状态（例如广场恐惧症、眩晕、有笔恐惧症）

（资料来源：《新自由主义化的空间》。作者整理）

附录 J　广州旧城既有公共建筑调查表

广州旧城既有公共建筑调查表

序号	名称属性	既有建筑信息		改造特点 改造时间	既有建筑总图位置	改造后图片
1◇	白天鹅宾馆	建造时间	1980—1983	采用腰鼓平面，中庭设有故乡水。2017 改造，改造后的立面无变化		
		地点	沙面南街			
		规模	11.7 万，高层93m，容积率4.3			
		结构	框剪结构			
2	中国大酒店	建造时间	1980—1984	平面为 H 形，解决用地高差22m。2010 年改造，以机电设备、室内装修为主。改造后的立面无变化		
		地点	流花路			
		规模	15.6 万，高层62m，容积率9.2			
		结构	框剪结构			
3☆	花园酒店	建造时间	1981—1985	两座 Y 形塔楼，顶层设有直径36m 的旋转餐厅。2015 年改造，以环境设备为主，改造后的立面无变化大		
		地点	环市东路			
		规模	16.5 万，高层98m，容积率3.75			
		结构	框剪结构			
4☆	广州少年儿童图书馆	建造时间	1982	原为广州图书馆，2015 年改造为少年儿童图书馆，服务主体改变，以室内外环境为主，改造后的立面无变化		
		地点	中山四路			
		规模	1.8 万，多层，容积率不详			
		结构	框架结构			
5	华侨酒店	建造时间	1983	早期酒店，改造年代不详，改造内容以室内外环境为主，改造后的立面变化大		
		地点	站前路			
		规模	2.9 万，高层，容积率不详			
		结构	框架结构			

序号	名称属性	既有建筑信息		改造特点 改造时间	既有建筑总图位置	改造后图片
6 ☆	江南大酒店	建造时间	1984—1988	主楼28层，高98m。带花槽的台阶式裙楼烘托主楼，2001年改造，以室内外环境和设备为主，改造后的立面无变化		
		地点	江南中路			
		规模	4.7万，高层98m，容积率4.7			
		结构	框剪结构			
7	中国人民银行广东分行	建造时间	1984—1987	大楼外饰面采用咖啡色玻璃锦砖，垂直白色玻璃锦砖饰线相间，改造年代不详，改造后的立面无变化		
		地点	沿江路			
		规模	2.6万，106m，超高层，容积率不详			
		结构	框架核心筒			
8 ☆	海洋石油大厦	建造时间	1984—1987	大楼平面由南楼与东楼组成直角形。外观色彩鲜明，线条清晰，高雅大方有独特的风格。改造后的立面无变化		
		地点	江南大道与江南西路交界处			
		规模	3万，高层，容积率不详			
		结构	框架结构			
9 ☆	广东省立中山图书馆	建造时间	1986	回字形平面，庭院式图书馆。2010年绿色改造，扩建仍为图书馆，改造后的立面无变化大		
		地点	文明路			
		规模	3.5万，多层，容积率1.12			
		结构	框架结构			
10 ☆	广州文化中心假日酒店	建造时间	1986—1989	平面呈T形成。外立面由下而上采用阶梯式后退的造型。2014年改造为办公楼，功能改变为主的配套装修，改造后的立面无变化		
		地点	环市东路			
		规模	4.7万，100.9m，容积率不详			
		结构	框剪结构			

序号	名称属性	既有建筑信息		改造特点改造时间	既有建筑总图位置	改造后图片
11	广州儿童活动中心	建造时间	1986—1988	雕塑感强，错落有致，2013改造，将登峰酒店扩建为儿童活动中心的一部分，立面无变化		
		地点	童心路			
		规模	1.6万，高层，容积率不详			
		结构	框架结构			
12	广州国际金融大厦	建造时间	1986—1990	18层东西塔及五层裙楼组成，外墙由陶瓷锦砖和花岗石石块，以古钱币为造型元素，改造以室内外环境为主，改造后的立面无变化		
		地点	东风西路			
		规模	7.4万，高层，容积率不详			
		结构	框剪结构			
13 ☆	远洋宾馆	建造时间	1986	以海洋为主题元素，21层，2013改造，以装修升级改造为主，改造后的立面变化大，现代简约风格，与原海洋风格迥异		
		地点	环市中路			
		规模	3.9万，高层，容积率不详			
		结构	框剪结构			
14	广东省供销大厦	建造时间	1987	原为办公大楼，2004年改造为天一酒店，改造后的立面变化大，以现代简约风格为主		
		地点	同福东路			
		规模	高层，容积率不详			
		结构	框架			
15	广东大厦	建造时间	1987	采用层层收缩的形体，形成高低错落的屋顶花园和露天天台。2015年节能绿色改造，改造后的立面无变化		
		地点	东风中路			
		规模	5.8万，高层67m，容积率：5.3			
		结构	框剪结构			

序号	名称属性	既有建筑信息		改造特点改造时间	既有建筑总图位置	改造后图片
16 ☆	华夏大酒店	建造时间	1987—1994	属于旧城区拆旧建新的改扩建项目，2001改造是以节能、装修为主，改造后的立面无变化		
		地点	侨光路			
		规模	8.1万，超高层，容积率14.7			
		结构	框剪结构			
17	广州百货大厦	建造时间	1988—1990	建筑平面为矩形，四角圆弧形，现外形墙为绿色玻璃，为广百扩建工程，改造后的立面无变化		
		地点	北京路			
		规模	2.1万，高层			
		结构	框剪结构			
18 ☆	广东国际大厦	建造时间	1988—1990	一栋63层主楼，曾经是广州最高楼。2008—2010实施以内部装修和供热、智能化、客房排水系统为主的改造，立面无变化		
		地点	环市中路			
		规模	18万，超高层198m，容积率：9.4			
		结构	筒中筒			
19 ☆	广州世界贸易中心大厦	建造时间	1992竣工	南北两塔，塔楼平面呈三角形。2001—2008就机电、水和空调设备等进行节能改造，外立面无变化		
		地点	环市中路			
		规模	9.6万，超高层121m，容积率：14			
		结构	框剪结构			
20 ☆	江湾新城	建造时间	1988—1996	5层裙楼和3栋点式塔楼。后被阳光城收购，2018—2019微改造，以环境整治为主，拆除匝道，立面无变化		
		地点	珠江北岸			
		规模	17.5万，超高层，容积率5.9			
		结构	框剪结构			

序号	名称属性	既有建筑信息		改造特点 改造时间	既有建筑总图位置	改造后图片
21	广州市第一人民医院英东门诊医疗中心	建造时间	1989—1994	医院长期处于超负荷运作，2019—2022做整体改扩建，包括环境整治，原立面未改		
		地点	盘福路			
		规模	3.2万，多层			
		结构	框架结构			
22 ☆	广州嘉应宾馆	建造时间	1991	改名为嘉福国际大酒店。裙楼设计结合地貌，沿主干道作阶梯形错落。主楼高度三阶变化锐角转折，改造以室内装修为主，改造后的立面无变化		
		地点	环市中路			
		规模	3.3万，高层			
		结构	框剪结构			
23 ☆	广东电视台	建造时间	1991	平面呈人形，立面用垂直线条多层次退级手法，使三个不同立面的端部形成优美的抛物线，以内部装修改造为主，改造后的立面无变化		
		地点	环市东路			
		规模	3.8万，高层			
		结构	框架结构			
24 ☆	好世界广场大厦	建造时间	1992—1996	广州首座具有高智能系统的大厦，第一座采用钢管混凝土结构体系的建筑物，改造以室内装修为主，改造后的立面无变化		
		地点	环市东路			
		规模	5.6万，高层，容积率20			
		结构	框剪结构			
25	建银大厦	建造时间	1992—1999	外观考究，楼宇智能化管理，以室内装修改造为主，改造后的立面无变化		
		地点	东风中路			
		规模	9.6万，超高层，容积率14.7			
		结构	框剪结构			

序号	名称属性	既有建筑信息		改造特点改造时间	既有建筑总图位置	改造后图片
26 ☆	广州大厦	建造时间	1995—1997	该大厦采用玻璃幕墙,颜色和图案,以室内外环境改造为主,改造后的立面无变化		
		地点	北京路			
		规模	5.6万,超高层,容积率8			
		结构	框架结构			
27 ☆	广东省人民医院门诊住院大楼	建造时间	1997—2002	裙楼呈八字形,塔楼呈Y字形,以正对医院正门为对称,改造后的立面无变化		
		地点	中山二路			
		规模	8.8万,高层,容积率8.91			
		结构	框剪结构			
28 ☆	广百新翼大厦	建造时间	1998—2002	与广百大厦连成一体。外墙采用透明绿色玻璃幕墙,改造后的立面无变化		
		地点	北京路			
		规模	8.41万,高层,容积率15			
		结构	框架剪力墙			
29 ☆	广发银行大厦	建造时间	1993—1996	银白色蜂窝铝板,镶嵌绿色玻璃幕墙。2016年,办公场地装修,属于局部改造,改造后的立面无变化		
		地点	农林下路			
		规模	6.08万,超高层,容积率13.4			
		结构	框架核心筒			
30 ☆	广州出入境管理办公大楼	建造时间	1997—1999	银白色蜂窝铝板,镶嵌绿色玻璃幕墙。弱电工程改造,属于局部性改造,改造后的立面无变化		
		地点	解放南路			
		规模	2.22万,高层,容积率11.2			
		结构	框架剪力墙			

序号	名称 属性	既有建筑信息		改造特点 改造时间	既有建筑总图位置	改造后图片
31	广东省公安办公大楼	建造时间	1995—1997	庄严、雄伟，2011 会议室装修，属于局部办公改造，改造后的立面无变化		
		地点	黄花路			
		规模	6.08万，高层，容积率：6.3			
		结构	框架核心筒			

［资料来源：《广州市志（卷三）》《广东建设年鉴 2015–2019》、维基百科。作者绘制；图片来源：带☆号为作者自摄，带◇号来自广州市设计院，其余来自百度地图］

附录 K　广州重大节事与城市建设

广州重大节事与城市建设　　　　　　　　　　　　　　　　　　附表 K

重大节事名称	举办年份	建设投资规模	城市建设
第六届全国运动会	1987 年	3.1 亿元（天河体育中心）	城市空间由旧城向东拓展至天河区；以拆旧建新的模式在旧城改造拉开序幕，在旧城开始建设高架路、内环路以及地下轨道交通建设
第九届全国运动会	2001 年	16.7 亿元（奥体中心）；城市建设总投资约 420 亿	建成奥体新城以及城市基础设施；城市空间继续由天河区向东发展至黄埔区的黄村；旧城以环境整治为主
亚洲运动会	2010 年	72.5 亿元（场馆及亚运城），城市建设总投资 1090 亿元	城市整体空间结构形态调整，转向南拓，并以重点基础设施建设为主；旧城开始注重历史文化保护建设
广州国际商品交易会（广交会）	2003 年建成新馆，每年 2 次	总规划用地 43 万 m^2，总建筑面积 39.5 万 m^2	主要目的就是带动琶洲岛的开发建设，实施城市空间的南拓战略，缓解旧城区会展中心规模的不足

（作者绘制）

附录 L　既有建筑绿色改造人文途径的验证实施

为验证既有建筑绿色改造的人文途径的合理可行性，本研究分别采访了相关的专家。这些专家当中，由于涉及管理岗位的敏感领域，多数受访者都不愿意公开受访人的名字、职业和所服务的机构。为反映其意见和建议，本书在分别归纳整理访谈内容的基础上，针对研究成果的合理可行性，就相关法规标准、城市建设管理、公众参与等领域，综合形成有代表意义的大学学术研究者 A、城市建设的资深管理者 B，长期从事建筑设计领域的资深设计师 C。这些并非指代具体的受访者，仅代表参与这个领域的专家，对本书成果提出合理可行性的意见和建议。

1. 学术研究者 A

学术研究者 A 认为本论文成果较为合理可行，弥补了当前绿色改造所缺失的人文要素，具有一定实践意义。

当前的既有建筑绿色改造之所以没有从旧城街区的城市肌理、城市文脉、公共空间以及人的活动去考虑，原因在于这些原本属于建筑学本身的学术范畴。然而当前的绿色建筑及绿色改造多从主动式设计入手，对机电设备、环保、节能等内容考虑的较深、较广，而忽视绿色建筑本身需要考虑社会人文要素。这也和绿色建筑评价的导向有关，其根本原因在于人文领域的评价较难以数据指针的形式呈现。尽管新版的绿色建筑评价强调了这方面的理念，但尚无具体实施标准。

此外，专家认为：本研究中的既有建筑绿色改造人文途径，部分已在当前健康建筑中给予呈现，从另外一个侧面反映其研究成果的合理性。健康建筑与绿色建筑并非平级关系，也不是作为绿色建筑的一部分。但从健康建筑的评价内容来看，它是关于人的感受的评价，是从人的舒适性和身心健康等人的情感方面来进行评价的。健康建筑作为较新的领域，现已形成一套完整的评价标准，暂定于 2020 年 9 月 1 日开始试行。研究者随后分析了健康建筑的评价内容，如小区健康活动的标准，其评价是以可计量的标准形式呈现的，具有可实施性。但是，该部分内容仅仅是针对新建建筑及其住宅小区的环境，并非针对既有建筑及其更广泛改造的领域而提出相关人文关怀的内容。故其评价方式值得关注，也值得绿色改造人文途径在具体实践中去参考借鉴。目前，上海新天地是全球第一个获得 Well Community 金级认证，2019 年 8 月获得，由上海建科院完成。

2. 城市建设的资深管理者 B

广州旧城既有建筑绿色改造的人文途径中，整体性设计、多元文化相生等均涉及旧城的城市设计，不仅是绿色改造所忽视的，也已切中当前旧城城市更新的弊端。如能在旧城的既有建筑绿色改造中实施落地，将有助于历史文化名城保护规划的落实。

在城市规划管理领域，人文途径的部分内容在广州历史文化名城保护规划、城市设计，以及城市建设的报建报批中会给予部分体现。然而，既有建筑绿色改造后，对城市及建筑文化领域的贡献并不大，受访者认为造成目前局面的主要原因之一在于：广州旧城既有建筑绿色改造的项目，不同于通过土地招标、拍卖、挂牌等新建项目的批复，绿色改造项目的规划批复并无具体的城市规划要点，也就是执行改造设计的设计师们并没有获得明确的城市规划与建筑设计要点。而新建项目在报送城市规划管理部门审查时，通常会将规划设计要点的内容逐一呈现。在项目技术审查通过后，再进行复核性行政审查，其设计效率与执行效果比较好。而旧城区既有建筑的绿色改造，是通过专家的层层评审，然后给予实施，因此，绿色改造项目在城市规划管理方面，还有待强化。

受访者反馈，当前，广州城市规划管理部门已制定了旧城既有建筑改造的设计指引，该指引是在城市公共空间设计导则的基础上优化而成的。该指引会涉及诸如旧城区的骑楼、道路交叉口、立面色彩、城市天际线、立面灯光设计等，但这些内容属于设计通则的性质，更多的是价值观的引导，还不能成为具有城市建设的法律约束效应。因此，该部分的设计指引缺乏控制，其实施后的效果还差强人意。

尽管广州已完成历史文化名城保护规划，针对旧城区新建的建筑高度、体量、材质、色彩、天际线和灯光设计等设置设计指引，但对既有建筑物的改造，却缺乏明确指引。关于这个环节，目前是通过专家评审会的形式给予约束，尤其是针对广州旧城的中轴线、重要历史地段的项目，以及重点地区的城市景观设计，均以专家评审会的形式提出专家的建议或意见。如广州旧城区海珠广场的恒基中心就是典型案例，目前正在进行整体性改造的广场，将以城市设计导则形式控制整体街区的骑楼、开放空间等。

此外，关于城市设计对旧城既有建筑改造的作用和地位，受访者反馈，目前并未发挥出其有效合理的作用。2014年至2015年国家发布城市规划的管理意见，鼓励各地大力推行城市设计，但城市设计本身存在定位的问题，城市设计并非法定规划体系的内容，也就是不具备法律约束能力。

当前，控制性规划与修建性详细规划的地位也同样面临反思，在经济下行的压力日趋加大的趋势下，加快审批、优化建设流程成为当务之急。在1978年以前，城市建设项目基本上是以业主、领导为主导，还没有真正意义上的城市设计。而后期于广州珠江新城、白云新城实施完成的城市设计，执行现状堪忧。城市设计的实施，往往缺乏统筹部门，由于缺乏法律强制性的执行地位，本来于城市设计中所明确控制的高度、色彩以及骑楼、公共空间、过街廊道等技术指标，在实施过程中均未能得到很好的执行与控制。例如珠江新城中轴线两侧的主要公共建筑裙楼，原设计是要求设置风雨走廊，目的是将公共建筑物串联起来，为市民提供舒适的休闲、交流公共空间。然而因为各个开发商难以形成统一意见，目前依旧未能统筹实施。此外，为获得最大利益，业主、开发商依旧在不断突破高度控制，被业界俗称为以"单飞"的形式突破城市设计。近年来，由于专项规划由各个部门完成，因此存在追求本部门及本区域的利益最大化的倾向，卫生、教育、交通、国土空间规划、消防部门等专项规划均各自为政，仅着眼于本部门、本区域来开展规划设计工作。

当前绿色建筑标识是以英美为主导，反映出各国都希望有自己的一套评价标准的现状。各国在设立节能评价标准的同时，其实也是在为对方设置障碍。毕竟后面是巨大的城市建设的产业链条，如建筑材料与机电设备等，市场化节能改造的背后是城市GDP的来源。在20世纪70年代以来的能源危机的背景下，发达国家针对高能耗的机电设备，为了达到节能减碳目的，一方面设置节能绿色评价标准，以指引绿色建筑和绿色改造，另外还设置碳排放交易市场，以此促进环保节能。也因此，评价标准在某种程度上成为限制发展中国家发展经济的工具。因此，我们不必纠结标准，在践行节能减排的理念上，以满足可持续发展，满足人的舒适性、健康生活为最终目标，做好设计才是根本。这也从另一个侧面反映出人文途径中所倡导的社会环境责任与专业伦理养成的重要性。

3. 资深设计师 C

广州旧城既有建筑绿色改造人文途径的研究成果中，人文绿色改造的概念更加广泛，有助于公众参与的社会治理。

绿色人文理念不仅仅是为了绿色改造的节能减排。针对旧城既有建筑，其绿色改造的目标是城市的可持续发展。一方面要体现在硬件的成熟，即节能、减排、减废、环保等绿色建筑技术标准，以及海绵城市理念在城市街道以及公共空间的实施，因此需要完善适宜的技术。而非那种一刀切模式，生搬硬套技术标准与法规，那将带来新的灾难；另一方面，既有建筑的权属人、权利人必须得到尊重。绿色环保需要持续的资金投入，经济层面能否接受，需要与改造的单位协调。而作为政府主导的改造项目，主要还是聚焦在公共环境的问题，而非私人领域。如永庆坊、恩宁路的改造，由于财政资金的支持，不可能用于个人项目，需要社会资本的导入，社会资本参与改造。其目的是要共赢，共同获利，利益共享。因此，其营运需要获得公众认可，可考虑将参与的企业引入物业管理，或者是共同经营物业，从而获得可持续性改造的资金。

关于既有建筑绿色改造于立面改造存在问题，同样也存在于微改造等历次改造过程中。立面改造对于公众而言，关联性意义不大。历史文化街区中的既有建筑改造项目，应该发挥专家作用，这方面在城市建设的相关规划法都有，但如何落地？这一直是个难题。

广州旧城的越秀区就设立了地区总规划师的职位，邀请华南理工大学的教授共同参与到每一个项目的审查，包括旧城公共空间、口袋公园、人行道等立面改造。经地区总规划师审查后，改造项目才能给予公示，由街道组织效果图展示。所涉及立面须获得居民的同意，让居民知道改造了什么，改造的结果如何？从而获得公众参与与支持。因此，在这方面进行了很好的尝试。但是，获得财政资金支持的，还不能用于建筑物的背立面，只能用于公共街道的两侧。如中山路至海珠广场的起义路，以恢复旧城的中轴线，其结果均须通过多层次的专家评审，不同于过往的领导个人决策。事实上，目前会更加尊重专家的意见，而且是由国家院士、建筑大师等组成的团队参与，而非一般的技术人员组成专家团队。

此外，近两年广州的微改造，使公众参与得以推广实施。过去公众参与的方式是规划公示，公众难以实质性地参与，规划公示的是城市扩张发展过程中的宏伟蓝图，与普通公众关系不大，仅为形式上的公开参与。而针对旧城存量资源的开发再利用，根据城市更新管理办法，政府与参与的企业、公众之间需要沟通协调，如不能动员公众参与，仅仅靠自上而下，则无法实施落地。

例如旧村的改造中，村民的意见非常重要。按规定，改造项目的意愿须得到80%以上的村民同意，按国家村民组织管理规定，表决数量须达到2/3多数同意。涉及旧村改造的方案须征得村民代表的80%同意，而关于拆补方案，须100%村民参与投票并获得同意。旧村存在血缘关系，都是亲人、熟人。但旧城就不一样了，居民不再有血缘关系。老旧小区不同于新建小区或建筑物，并没有专门的物业管理机构，只能依靠街道或居委会来组织居民参与，通过投票决定，然后由技术部门介入，参加摸底调研。在改造刚刚开始启动的时候，居民多数持观望的态度，但随着旧改的深入，以及改造成效的显现，居民参与的意愿在逐步增强。

亚运期间的既有建筑立面改造模式，居民还是较不满意的。因为改造过程中的施工会涉及侵害隐私权。随着亚运结束，既有建筑装饰构造的陈旧和破损，改造后的建筑物无法持续更新，迫使管理层思考城市更新的目的是什么？是为了展示形象，还是为了环境质量改善。经过反复讨论后，明确了城市更新的目的不是为了立面，而是为解决实质性的公共问题。具体而言，主要是市政基础设施、建筑物以及环境的更新完善。例如水浸街、适老性设施不足、楼梯无扶手、台阶步级损坏、消防设施老旧损坏，存在安全隐患等。经过统计，老旧小区需要改造的项目总共计有 60 项改造内容，分为必改项和选改项，其中立面改造为自选项。技术部门据此在与居民沟通的过程中获得了明确的内容和指引，微改造开始获得公众支持，并踊跃参加。

当前广州旧城的公众参与共有三种方式：一是街道组织；二是自发组织，居民自建改造组织，热心居民成立自建委员会，在旧城的荔湾区较为普遍；三是依托高校力量，由热心专家组织开展工作坊。三种方式都体现了公众实质性参与老旧小区改造方式的进步，然而在绿色改造过程中的公众参与还显得不够重视。

图表索引

图 1–1　固定资产投资总额变化及分布比例柱状图 004

图 1–2　研究缘起之要素关系简图 006

图 1–3　物质领域与人文领域的期刊论文数量分布柱状图 013

图 1–4　广州市旧城区范围图 019

图 1–5　既有建筑绿色改造研究范畴 020

图 1–6　历史城区既有建筑绿色改造的双向渗透性 022

图 1–7　研究流程简图 032

图 1–8　本书研究框架 034

图 2–1　旧金山海滨区的整体性改造 046

图 2–2　绿色建筑发展大事记 047

图 2–3　既有建筑节能市场关系简图 051

图 3–1　东西方哲学发展史概略简图 057

图 3–2　古代中国之语言、图形、文字发展史简图 059

图 3–3　古代中国之彩陶、黑陶与山水画 060

图 3–4　山西应县木构建筑：释迦塔 067

图 3–5　中国传统建筑的整体性格局 067

图 3–6　宋代萧照：山居图 067

图 3–7　存在于世与场所精神关系简图 071

图 3–8　场所精神之研究简图 077

图 4–1　独具特色的岭南传统建筑与多元文化 089

图 4–2　广州陈家祠建筑特色（一） 091

图 4–3　广州陈家祠建筑特色（二） 092

图 4–4　沙面建筑风格 093

图 4–5　广州中山纪念堂 094

图 4–6　民国时期的广州旧城印象 095

图 4–7　广州发展中心大厦智能遮阳系统 097

图 4–8　广州旧城区既有公共建筑分布示意图 099

图 4–9　广州旧城区核心位置的广百大厦及其新翼 102

图 4–10　广东省立中山图书馆旧址（一） 105

图 4–11　广东省立中山图书馆旧址（二） 105

图 4–12　广东省立中山图书馆现状总平面图 105

图 4–13　广东省立中山图书馆现状 106

图 4–14　沙面的历史沿革 107

图 4-15　白天鹅宾馆及其引桥位置与旧城肌理比较分析简图....................................109

图 4-16　广东省立中山图书馆与旧城肌理比较分析简图....................................109

图 4-17　广州旧城的广百新翼总平面与旧城肌理比较....................................112

图 4-18　广州旧城荔湾广场、恒宝广场总平面与旧城肌理比较....................................112

图 4-19　广州旧城改造后的某既有建筑与周边建筑立面比较....................................114

图 4-20　广州旧城竹筒屋所构成的城市肌理....................................114

图 4-21　德国海德堡旧皇宫的现状....................................121

图 4-22　多准则决策 DEMATEL 与 ANP 基本框架....................................124

图 4-23　绿色改造设计准则 $D+R$ 重要度柱状图....................................128

图 4-24　绿色改造设计准则 $D-R$ 原因度柱状图....................................128

图 4-25　绿色改造设计要素权重排序柱状图....................................129

图 4-26　影响绿色改造之关键设计要素间的关系网络图....................................131

图 4-27　绿色改造之关键设计要素的绩效值分布图....................................133

图 5-1　德国慕尼黑皇宫的改造....................................144

图 5-2　法国巴黎超高层 Montparnasse Tower 改造....................................147

图 5-3　俄罗斯圣彼得堡 Apraksin Dvor 改造项目....................................148

图 5-4　俄罗斯圣彼得堡 Apraksin Dvor 改造项目规划分析简图一....................................148

图 5-5　俄罗斯圣彼得堡 Apraksin Dvor 改造项目规划分析简图二....................................148

图 5-6　汉堡易北爱乐音乐厅的城市景观....................................150

图 5-7　比利时港区安特卫普市的港口总部大楼（Port House）....................................151

图 5-8　香港大馆与城市公共空间的相互渗透....................................151

图 5-9　美国马丁·路德·金恩纪念图书馆....................................153

图 5-10　广东省立中山图书馆的空间系列....................................153

图 5-11　既有建筑改造后的功能设置类型....................................155

图 5-12　纳尔逊阿特金斯艺术博物馆....................................155

图 5-13　日本群马县前桥市商业设施改造为美术馆的空间效果....................................157

图 5-14　日本群马县前桥市商业设施改造为美术馆的动线....................................157

图 5-15　既有建筑的空间形式改造简图....................................158

图 5-16　日本春日大社国宝殿改造....................................158

图 5-17　新加坡国立博物馆....................................158

图 5-18　前川国男建筑师设计的京都会馆改造....................................161

图 5-19　俄罗斯卢日尼基体育场....................................161

图 5-20　广东省立中山图书馆的外立面形式....................................161

图 5-21　广州白天鹅宾馆中庭....................................162

图 5-22　香港大馆立面符号....................................163

图 5-23　广州白天鹅宾馆的立面....................................163

图 5-24 澳大利亚墨尔本战争纪念馆改造——新馆部分 164

图 5-25 澳大利亚墨尔本战争纪念馆改造——新旧关系部分 164

图 5-26 西班牙巴塞罗那的诺坎普球场绿色改造之效果比较 167

图 5-27 西班牙巴塞罗那的诺坎普球场绿色改造之示意图 167

图 5-28 德国国会大厦"包裹行动" 168

图 5-29 台北深坑老街与剥皮寮老街 169

图 5-30 澳大利亚堪培拉技术公园 171

图 5-31 德国国会大厦的公众参与 171

图 5-32 德国海德堡小镇的某住宅 176

图 5-33 可循环再生的建筑材料系统 177

图 5-34 桃园 77 艺文町 177

图 5-35 废弃建材处理模式简图 178

图 5-36 废弃材料的再利用 178

图 5-37 坂茂于马德里 IE 商学院的纸构建筑 180

图 5-38 广东惠州南昆山十字水生态酒店 180

图 5-39 教育模式的改变 182

图 5-40 既有建筑绿色改造人文途径的相关责任主体管理矩阵图 184

图 5-41 既有建筑绿色改造之人文途径的实施纲要简图 186

图 6-1 论文研究回顾思维导图 188

表 1-1 固定资产投资总额变化及分布比例 003

表 1-2 历史街区内的建筑分类 020

表 1-3 本书各章节内容概况一览表 033

表 4-1 绿色改造设计要素之重要度与关联度 127

表 4-2 绿色改造设计要素之求极限化超级矩阵 130

表 4-3 绿色改造设计要素之决定关键准则 131

表 4-4 绿色改造设计要素之绩效值评价尺度 132

表 4-5 绿色改造设计要素之关键准则 IPA 分析 132

附表 A-1 量化与质性研究的方法比较 195

附表 A-2 量化与质性研究的观点比较 195

附表 A-3 量化与质性研究的特点比较 195

附表 B-1 既有建筑绿色改造文献之系统性回顾：经典专著 196

附表 B-2 既有建筑绿色改造文献之系统性回顾：国外绿色建筑评价标准 197

附表 B-3 既有建筑绿色改造文献之系统性回顾：我国绿色建筑相关法规 198

附表 B-4 既有建筑绿色改造文献之系统性回顾：绿色改造评价标准 198

附表 B-5 既有建筑绿色改造文献之系统性回顾：经济政策制度 199

附表 B-6　既有建筑绿色改造文献之系统性回顾：综合改造技术 200

附表 B-7　既有建筑绿色改造文献之系统性回顾：成本造价 201

附表 B-8　既有建筑绿色改造文献之回顾：设备改造节能技术 201

附录 B-9　既有建筑绿色改造文献之系统性回顾：改造的设计策略 202

附表 B-10　既有建筑绿色改造文献之系统性回顾：人文策略 202

附表 B-11　历史建筑保护文件 203

附表 B-12　既有建筑绿色改造系统性文献回顾之研究成果归纳与讨论 205

附表 C-1　古希腊万物起源思想概要 206

附表 C-2　先秦老庄之宇宙万物起源思想观点概要 206

附表 C-3　现象学及其代表人物与主要内容 207

附表 C-4　建筑现象学之场所理论与空间知觉理论的内容比较 208

附表 C-5　空间文化形式之概要 208

附表 D　多准则决策实验方法之受访人员背景 211

附表 G-1　绿色改造设计要素之问卷整合直接关系影响矩阵（Z） 217

附表 G-2　绿色改造设计要素之建立正规化直接关系矩阵（S） 217

附表 G-3　绿色改造设计要素之建立总影响关系矩阵（T） 218

附表 G-4　绿色改造设计要素之关键要素的因果关联 218

附表 H　废弃材料的可循环再生模式 219

附表 I　空间概念的通用矩阵 220

附表 J　广州旧城既有公共建筑调查表 221

附表 K　广州重大节事与城市建设 228

参考文献

[1] 《当代中国建筑师》丛书编委会，2000. 何镜堂 [M]. 北京：中国建筑工业出版社.

[2] 白晓，何俊萍，2012. 关注日常生活的建筑现象学与中国式缺失 [J]. 江西科学，30（3）：353–356，385.

[3] 鲍黎丝，2014. 基于场所精神视角下历史街区的保护和复兴研究——以成都宽窄巷子为例 [J]. 生态经济，30（4）：181–184.

[4] 蔡家和，2017. 儒家的永续发展之道：从天人合一观谈起 [J]. 鹅湖月刊，500：55–64.

[5] 蔡晓梅，苏晓波，2016. 迷失的优雅：广州白天鹅宾馆景观演变中的文化政治 [J]. 旅游学刊，31（3）：16–25.

[6] 藏明，2008.《庄子·齐物论》对可持续发展的启示 [J]. 聊城大学学报：社会科学版（2）：306–307.

[7] 曹磊，赵东琦，曹易，2017. 历史街区改造的绿色生命循环模式——以天津市和平区小白楼安善里和宝善里街区为例 [J]. 天津大学学报：社会科学版，19（6）：530–535.

[8] 曾旭正，2010. 地点、场所或所在：论"place"的中译及其启发 [J]. 地理学报（台湾）（58）：115–132.

[9] 曾增，殷绪顺，2009. 从中国古典园林美学看现代酒店中庭设计：以广州白天鹅宾馆为例 [J]. 中国高新技术企业（9）：88–89.

[10] 曾昭奋，1996. 有机更新：旧城发展的正确思想——吴良镛先生《北京旧城与菊儿胡同》读后 [J]. 新建筑（2）：33–34.

[11] 陈伯冲，1996. 建筑形式论：迈向图像思维 [M]. 北京：中国建筑工业出版社.

[12] 陈平，蔡洪彬，王月涛，2017. 数字技术与绿色更新：既有公共建筑绿色更新方案设计研究框架建构 [J]. 城市建筑（4）：34–37.

[13] 陈其澎，2011. 身体与空间：一个以身体经验为取向的空间对话 [M]. 新北：畅通文化.

[14] 陈双，赵万民，胡思润，2009. 人居环境理论视角下的城中村改造规划研究——以武汉市为例 [J]. 城市规划，33（8）：37–42.

[15] 陈水德，2008. 传统文化的内因子及其再生价值 [J]. 淮南师范学院学报，04：32–36.

[16] 陈筱军，2014. 老旧小区综合整治中的消防问题 [J]. 城市住宅（12）：56–57.

[17] 仇保兴，2016. 城市老旧小区绿色化改造：增加我国有效投资的新途途径 [J]. 建设科技（9）：14–19.

[18] 崔剑锋，范乐，王燕语，等，2019. 历史文化街区绿色改造措施及要点——以成都市大慈寺历史文化街区为例 [J]. 四川建筑，39（2）：30–32，34.

[19] 单霁翔，2010. 从"文化景观"到"文化景观遗产"（上）[J]. 东南文化（2）：7–18.

[20] 单霁翔，2010. 从"文化景观"到"文化景观遗产"（下）[J]. 东南文化（3）：7–12.

[21] 单霁翔，2013. 从"功能城市"走向"文化城市"[J]. 新湘评论（7）：36–38.

[22] 邓燕玲，王金叶，2017．现代酒店庭院改造分析与启发——以广州白天鹅宾馆故乡水中庭为例 [J]．现代城市，12（2）：22-25．

[23] 丁建华，2013．公共建筑绿色改造方案设计评价研究 [D]．哈尔滨：哈尔滨工业大学．

[24] 都铭，张云，2008．城市纪念性历史场所改扩建策略——以墨尔本战争纪念堂为例 [J]．华中建筑（2）：43-47．

[25] 段险峰，王朝晖，1998．旧城中心区更新规划的价值取向——以广州市荔湾区更新规划为例 [J]．城市规划汇刊（4）：46-49，66．

[26] 范一飞，2016．从"折叠"理论探讨建筑更新设计新思路：以北京奥运公园既有建筑更新为例 [J]．住宅科技，36（9）：48-54．

[27] 方东平，杨杰，2011．美国绿色建筑政策法规及评价体系 [J]．建设科技（6）：56-57．

[28] 方可，2000．当代北京旧城更新：调查·研究·探索 [M]．北京：中国建筑工业出版社．

[29] 冯江，2010．明清广州府的开垦：聚族而居与宗族祠堂的衍变研究 [D]．广州：华南理工大学．

[30] 冯友兰，2005．中国哲学简史 [M]．香港：三联书店（香港）有限公司．

[31] 傅佩荣，2011．一本就通：西方哲学史 [M]．台北：联经出版社．

[32] 高源，2014．整合碳排放评价的中国绿色建筑评价体系研究 [D]．天津：天津大学．

[33] 公晓莺，2013．广府地区传统建筑色彩研究 [D]．广州：华南理工大学．

[34] 龚伯洪，1999．广府：文化源流 [M]．广州：广东教育出版社．

[35] 广东建设年鉴编撰委员会，2019．广东建设年鉴 2018[M]．广州：广东人民出版社．

[36] 广州市城市规划发展回顾编辑委员会，2006．广州城市规划发展回顾（1949—2005）[M]．广州：广东科技出版社．

[37] 广州市地方志编撰委员会，2019．广州市志（卷三）[M]．广州：广州出版社．

[38] 郭建昌 等，2018a．都市生态主义视角下历史场所之绿色改造：以广东省立中山图书馆革命广场改造为例 [C]//2018 全球在地化——地方性的生活场域：中原大学室内设计学系第十七届国际学术研讨会论文集，中坜：中原大学．

[39] 郭建昌 等，2018b．透过达文西与宋应星设计绘图的异同——探讨天人合一的永续环境设计观 [C]//2018 智慧 × 韧性人居环境的新挑战国际论坛及学术研讨会，台中：东海大学．

[40] 郭建昌，2011．广州发展中心大厦智能遮阳系统设计 [J]．华中建筑，29（1）：49-51．

[41] 郭建昌，2018a．德国职业教育及校园建筑设计初探 [C]//2018 虚实 X 跨界国际学术研讨会论文集，桃园：铭传大学．

[42] 郭建昌，2018b．影响既有建筑绿色改造之关键设计要素 [J]．建筑与规划学报，19（2）：81-101．

[43] 郭建昌，李婷婷，2018c．透过产品计划性抛弃策略的完善探讨可循环再生的绿色建材 [J]．先进工程期刊，19（2）：81-101．

[44] 郭建昌，李婷婷，2019．广州白天鹅宾馆建筑空间的文化形式 [C]//2019 国立台北艺术大学艺术行政与管理学术研讨会，台北．

[45] 郭建昌，李婷婷，黄程，等，2018d. 透过系统性回顾文献探讨大陆既有建筑之绿色改造 [J]. 设计学研究（21）：23-44.

[46] 郭建昌，余永莲，2000. 广州沙面城市空间形态的保护与发展浅析 [C]//2000 年中国近代建筑史国际研讨会论文集，广州.

[47] 郭湘闽，2006. 走向多元平衡：制度视角下我国旧城更新传统规划机制的变革 [M]. 北京：中国建筑工业出版社.

[48] 郭晓敏，刘光辉，王河，2018. 岭南传统建筑技艺 [M]. 北京：中国建筑工业出版社.

[49] 郭玉霞，2009. 质性研究资料分析：NVivo8 活用宝典 [M]. 台北：高等教育文化事业有限公司.

[50] 郭肇立，1998. 聚落与社会 [M]. 台北：田园城市文化事业有限公司.

[51] 何碧超，门汉光，黄玲俐，2017. 广州白天鹅宾馆更新改造工程冷热水系统介绍 [J]. 给水排水，53（8）：94-97.

[52] 何恒钊，屈国伦，谭海阳，等，2016. 广州白天鹅宾馆改造工程暖通空调系统绿色节能设计 [J]. 暖通空调，46（1）：33-37.

[53] 何韶颖，2018. 清代广州佛教寺院与城市生活 [M]. 北京：中国建筑工业出版社.

[54] 贺玮玲，黄印武，2008. 瑞士瓦尔斯温泉浴场：建筑设计中的现象学思考 [J]. 时代建筑（6）：42-47.

[55] 胡必晖，2016. 城市有机更新下沿街建筑立面改造的设计方法研究 [J]. 建筑与文化（4）：182-183.

[56] 胡宜中，邱永亮，蒋鹏，2017. 结合决策实验室法与网路程序分析法评估烘焙师傅于国际竞赛获奖之关键因素 [J]. 观光休闲学报（1）：101-127.

[57] 胡幼慧，1996. 质性研究：理论、方法及本土女性研究实例 [M]. 台北：巨流图书公司.

[58] 华霞虹，庄慎，2016. "改妆" 记 [J]. 时代建筑（4）：24-28.

[59] 黄承令，2005. 感人的纪念性公共艺术 [M]. 台北：艺术家出版社.

[60] 黄承令，2012. 新竹县关西镇：客家文化生活环境资源调查暨整体规划 [M]. 台北：中原大学文化资产研究中心.

[61] 黄承令，2018. 设计史论 [Z]. 中原大学设计学博士学位学程讲义.

[62] 黄捷，王瑜，孙竹青，2015. 生活世界与岭南城市居住文化 [M]. 北京：中国建筑工业出版社.

[63] 黄珂，2014. 绿色建筑设计的人文策略——以低技术手段与软设计方法构建绿色生活 [J]. 南方建筑（6）：70-75.

[64] 黄丽艳，2017. 中国绿色建筑评价指标体系应用研究 [J]. 河北北方学院学报：自然科学版，33（7）：32-37.

[65] 黄信二，2009. 书评：杨慧杰《天人关系论》[J]. 哲学与文化，36（12）：163-169.

[66] 黄信二，2016. 台湾当代中国哲学研究之趋势分析 [J]. 哲学与文化（1）：165-180.

[67] 黄信二，2018. 哲学史论 [Z]. 中原大学设计学博士学位学程讲义.

[68] 季铁男，1992. 建筑现象学导论 [M]. 台北：桂冠图书股份有限公司.

[69] 建筑学名词审定委员会，2014. 建筑学名词 [M]. 北京：科学出版社.

[70] 江亿，2011. 我国建筑节能战略研究 [J]. 中国工程科学，13（6）：30-38.

[71] 江亿，彭琛，燕达，2012. 中国建筑节能的技术路线图 [J]. 建设科技（17）：12-19.

[72] 姜超，周永灿，2017 产品设计教学中可视化设计概要关键因素之研究 [J]. 设计学研究（1）：23-43.

[73] 姜夔，2003. 论庄子的自然观与环境保护 [J]. 贵州财经大学学报（4）：76-78.

[74] 蒋楠，王建国，2016. 近代建筑遗产保护与再利用综合评价 [M]. 南京：东南大学出版社.

[75] 蒋涛，陈军，2008. 建筑现象学的方法与贡献 [J]. 华南理工大学学报：社会科学版（5）：77-80.

[76] 蒋雯，2010. 产品创新设计理论与方法综述 [J]. 包装工程，31（2）：130-134.

[77] 赖嘉术，2017. 城市公共图书馆原址改扩建或迁建方案探讨——以广东省立中山图书馆改扩建工程及湛江图书馆建设工程为例 [J]. 低碳世界（22）：174-175.

[78] 李昊，2011. 物象与意义：社会转型期城市公共空间的价值建构（1978—2008）[D]. 西安：西安建筑科技大学.

[79] 李颖，刘云亚，2002. 广州市骑楼街的保护与发展 [J]. 城市规划汇刊（1）：63-67，89.

[80] 李昭淳，周国昌，邢华伟，等，2010. 住房和城乡建设部低能耗建筑示范工程——广东省立中山图书馆改扩建项目 [J]. 建设科技（6）：88-90.

[81] 廖幼华，2004. 历史地理学的应用：岭南地区早期发展之探讨 [M]. 台北：文津出版社有限公司.

[82] 林树森，2013. 广州城记 [M]. 广州：广东人民出版社有限公司.

[83] 林宪德，2000. 亚热带的绿建筑挑战 [M]. 台北：詹氏书局出版.

[84] 林宪德，2011. 绿色建筑：生态·节能·减废·健康 [M]. 北京：中国建筑工业出版社.

[85] 林宪德，2014. 诚实面对绿建筑 [J]. 建筑学报（台北）（90）：21-27.

[86] 林宪德，石昭永，2014. 台湾第一座零碳建筑：绿色魔法学校 [J]. 建筑学报（台北）（90）：40-45.

[87] 刘丹，2016. 清代广东贡院：考古、文献与历史 [J]. 岭南文史（2）：34-41.

[88] 刘莉，张言韬，武一，2017. 既有校园建筑绿色改造评价指标体系研究 [J]. 建筑与预算（6）：5-9.

[89] 刘全，2007. 斯蒂文·霍尔与建筑现象学 [J]. 中外建筑（6）：38-41.

[90] 刘先觉，2008. 现代建筑理论：建筑结合人文科学自然科学与技术科学的新成就 [M]. 北京：中国建筑工业出版社.

[91] 刘晓曼，罗小龙，许骁，2014. 历史街区保护与社会公平——基于居住者需求的视角 [J]. 城市问题（12）：32-37.

[92] 刘于琪，刘晔，李志刚，2017. 居民归属感、邻里交往和社区参与的机制分析——以广州市城中村改造为例 [J]. 城市规划（9）：38-47.

[93] 卢永毅，2009．建筑理论的多维视角：同济建筑讲坛 [M]．北京：中国建筑工业出版社．

[94] 陆扬，2008．社会空间的生产——析列斐伏尔《空间的生产》[J]．甘肃社会科学（5）：133-136．

[95] 栾博，丁戎，2007．雅各布斯与芒福德核心思想的比较与启示：读两本著作引发的思考 [J]．城市环境设计（2）：96-98．

[96] 蒙培元，2003．关于中国哲学生态观的几个问题 [J]．中国哲学史（4）：5-11．

[97] 蒙培元，2009．中国哲学生态观的两个问题 [J]．鄱阳湖学刊（1）：96-101．

[98] 牟宗三，2003．牟宗三先生全集 [M]．台北：联合报系文化基金会．

[99] 倪文岩，刘智勇，2009 从广州信义会馆解读产业建筑再利用的设计策略 [J]．华中建筑（7）：122-127．

[100] 潘朝阳，2016．天地人和谐——儒家的环境空间伦理与关怀 [M]．台北：台湾学生书局有限公司．

[101] 潘小慧，2014．从中西思想谈人与自然的和谐之道 [J]．哲学与文化（7）：23-36．

[102] 钱宗武，江灏 译注，1998．尚书 [M]．台北：台湾古籍出版有限公司．

[103] 阮仪三，2001．护城踪录：阮仪三作品集 [M]．上海：同济大学出版社．

[104] 佘畯南，1983．从建筑的整体性谈广州白天鹅宾馆的设计构思 [J]．建筑学报（9）：39-44．

[105] 沈克宁，1998．建筑现象学初议——从胡塞尔和梅罗·庞蒂谈起 [J]．建筑学报（12）：44-47．

[106] 史靖塬，2014．建筑现象学视角下的巴渝古镇人居环境空间保护与发展 [J]．中外建筑（8）：76-78．

[107] 史向前，陆建华，2018．墨子答问 [M]．台北：台北出版社．

[108] 史作柽，2014．读老子：笔记 62 则 [M]．台北：典藏艺术家庭股份有限公司．

[109] 史作柽，2014．史作柽的六十堂哲学课——中国哲学精神溯源 [M]．台北：典藏艺术家庭股份有限公司．

[110] 史作柽，2015．水墨十讲——哲学观画 [M]．台北：典藏艺术家庭股份有限公司．

[111] 孙以楷 等，2018．老子答问 [M]．台北：台北出版社．

[112] 孙永生，2010．以旅游发展为动力的旧城改造 [D]．广州：华南理工大学．

[113] 谭羽，2011．白天鹅：唤醒广州的商业地标 [J]．珠江水运（Z3）：66-71．

[114] 汤萱，2009．"天人合一"与环境伦理 [J]．广东工业大学学报：社会科学版，9（3）：53-56．

[115] 唐君毅，1991．唐君毅全集第四卷：中国文化之精神价值 [M]．台北：台湾学生书局印行．

[116] 田莉，郭旭，2017．"三旧改造"推动的广州城乡更新：基于新自由主义的视角 [J]．南方建筑（4）：9-14．

[117] 万丰登，2017．基于共生理念的城市历史建筑再生研究 [D]．广州：华南理工大学．

[118] 汪芳，2003．查尔斯·柯里亚 [M]．北京：中国建筑工业出版社．

[119] 王博，2004. 易传通论 [M]. 台北：大展出版社.

[120] 王京明，1994. 永续发展的意义：老子哲学与能趋疲律的观点 [J]. 深圳大学学报：人文社会科学版（1）：4.

[121] 王俊，李晓萍，李洪凤，2017. 既有公共建筑综合改造的政策机制、标准规范、典型案例和发展趋势 [J]. 建设科技（11）：12-15.

[122] 王俊，王清勤，叶凌，2016. 国外既有建筑绿色改造标准和案例 [M]. 北京：中国建筑工业出版社.

[123] 王俊，王清勤，叶凌，等，2012. "十二五"国家科技支撑计划项目——既有建筑绿色化改造关键技术研究与示范 [J]. 建设科技（11）：38-39.

[124] 王璐，2008. 重大节事影响下的城市形态研究 [D]. 广州：华南理工大学.

[125] 王培华，2001. 史记读本 [M]. 北京：北京师范大学出版社.

[126] 王前，黄宁，2019. 城市修补背景下的既有建筑立面更新研究 [J]. 中外建筑（3）：32-34.

[127] 王清勤，王军亮，范东叶，等，2016. 我国既有建筑绿色改造技术研究与应用现状 [J]. 工程质量，34（8）：12-16.

[128] 王仁宏，胡宜中，王如钰，2016. 台湾民宿经营关键指标与绩效之实证研究 [J]. 观光与休闲管理期刊（2）：113-137.

[129] 王世福，沈爽婷，2015. 从"三旧改造"到城市更新——广州市成立城市更新局之思考 [J]. 城市规划学刊（3）：22-27.

[130] 王喆，2014. 城市 CBD 的历史街区改造：以大慈寺片区为例 [J]. 城市建设理论研究（21）.

[131] 邬尚霖，2016. 低碳导向下的广州地区城市设计策略研究 [D]. 广州：华南理工大学.

[132] 吴良镛，1994. 北京旧城与菊儿胡同 [M]. 北京：中国建筑工业出版社.

[133] 吴良镛，2000. 菊儿胡同试验后的新探索：为《当代北京旧城更新：调查·研究·探索》一书所作序 [J]. 华中建筑（3）：104.

[134] 吴贤国，李惠强，郭劲松，2000. 垃圾废料作为建筑材料的综合回收利用途径 [J]. 建筑技术（5）：318-319.

[135] 夏昌世，莫伯治，1963. 漫谈岭南庭园 [J]. 建筑学报（3）：11-14.

[136] 夏铸九，2016. 异质地方之营造：公共空间、校园与小区营造 [M]. 台北：唐山出版社.

[137] 夏铸九，王志弘，1993. 空间的文化形式与社会理论读本 [M]. 台北：明文书局股份有限公司.

[138] 肖汉江，雷莹，2011. 现代主义建筑的经典——白天鹅宾馆 [J]. 华中建筑，29（1）：5-9.

[139] 肖毅强，林翰坤，2013. 广州竹筒屋的气候适应性空间尺度模型研究 [J]. 南方建筑（2）：82-86.

[140] 萧瑞麟，2017. 不用数字的研究：质性研究的思辨脉络 [M]. 台北：五南图书出版股份有限公司.

[141] 谢树放，2009. 试论宋明理学之"天人合一"仁学生态伦理思想 [J]. 大连理工大学学报：

社会科学版，30（2）：105-109.

[142] 许倬云，2006. 万古江河：中国历史文化的转折与开展 [M]. 台北：英文汉声出版股份有限公司.

[143] 杨昌鸣，张娟，2007. 建筑材料资源的可循环利用 [J]. 哈尔滨工业大学学报：社会科学版（6）：27-32.

[144] 杨帆，2016. 基于低碳经济理念的废旧建筑材料回收利用探讨 [J]. 建筑与预算（4）：5-8.

[145] 杨慧杰，1994. 天人关系论 [M]. 台北：水牛图书出版事业有限公司.

[146] 杨榕，宋凌，马欣伯，等，2014.《世界绿色建筑政策法规及评价体系 2014》简介 [J]. 建设科技（6）：25-26.

[147] 姚之浩，田莉，2017. 21 世纪以来广州城市更新模式的变迁及管治转型研究 [J]. 上海城市规划（5）：29-34.

[148] 佚名，1976. 书经 [M]. 台北：台湾商务出版社.

[149] 尹波，王清勤，2008. 既有建筑综合改造研究方向与发展趋势——"十一五"国家科技支撑计划重大项目系列课题内容 [J]. 建设科技（6）：83-88.

[150] 余谋昌，2001. 生态哲学：可持续发展的哲学诠释 [J]. 中国人口·资源与环境（3）：3-7.

[151] 袁奇峰，李萍萍，2000. 历史街区的保护与应对：以广州沙面近代历史文化保护区为例 [C]//2000 年中国近代建筑史国际研讨会论文集，广州.

[152] 袁奇峰，林木子，1998. 广州市第十甫、下九路传统骑楼商业街步行化初探 [J]. 建筑学报，03：26-29，23.

[153] 张超，2003. 废弃混凝土路面板在道路改建中的再利用 [J]. 交通运输工程学报（4）：5-9.

[154] 张传奇，1998. 论可持续发展的哲学基础 [J]. 求是学刊（6）：16-22.

[155] 张光直，1986. 考古学专题六讲 [M]. 北京：文物出版社.

[156] 张锦东，2013. 国外历史街区保护利用研究回顾与启示 [J]. 中华建设（10）：70-73.

[157] 张娟，2008. 建筑材料资源保护与再利用技术策略研究 [D]. 天津：天津大学.

[158] 张蕾，王畅，2018. 城市更新中老街区既有建筑的改造研究——南京中山北路、乐业村、凤颐村民国街区保护与更新概念设计 [J]. 建材与装饰（21）：80-81.

[159] 张丽娜，2006. 现象学在今天：诺伯格·舒尔茨建筑现象学研究方法的现实意义 [J]. 华中建筑（10）：15-16.

[160] 张群，梁锐，陈静，2008. 阿尔瓦·阿尔托建筑现象学思想评述 [J]. 西安建筑科技大学学报：社会科学版（3）：55-59.

[161] 张松，2008. 历史城市保护学导论：文化遗产和历史环境保护的一种整体性方法 [M]. 上海：同济大学出版社.

[162] 张维亚，2007. 国外城市历史街区保护与开发研究综述 [J]. 金陵科技学院学报：社会科学版（2）：55-58.

[163] 赵健，李鸿飞，2009. 我国酒店业实施经营战略管理的措施研究——以白天鹅宾馆为例 [J]. 商场现代化（5）：97-98.

[164] 赵麦茹，韦苇，2006. 先秦儒家生态经济思想及其对当代的启迪 [J]. 北京理工大学学报：社会科学版（5）：51–55.

[165] 赵卫东，2015.《易传》与《荀子》天人观比较 [J]. 宗教哲学（71）：31–48.

[166] 哲学大辞典编辑委员会，2007. 哲学大辞典（下）[M]. 上海：上海辞书出版社.

[167] 郑静，1999. 广州骑楼街空间分布特征与保护措施 [J]. 城市规划（11）：18–25，64.

[168] 郑宁，2007. 关于建筑改造之中西比较研究 [D]. 天津：天津大学.

[169] 中国历代艺术编辑委员会编，1995. 中国历代艺术——工艺美术篇 [M]. 台北：大英百科科技股份有限公司.

[170] 中国历代艺术编辑委员会编，1995. 中国历代艺术——绘画艺术篇（上、下）[M]. 台北：大英百科科技股份有限公司.

[171] 中国历代艺术编辑委员会编，1995. 中国历代艺术——建筑艺术篇 [M]. 台北：大英百科科技股份有限公司.

[172] 钟俊鸣，1999. 沙面 [M]. 广州：广东人民出版社.

[173] 周干峙，吴良镛，李道增，等，2005. 关于在历史文化名城中停止原有旧城改造政策、不再盲目搞成片改造的建议 [C]// 我国大型建筑工程设计发展方向——论述与建议. 北京：中国建筑工业出版社：164–165.

[174] 周静瑜，2018. 城市更新：从城建到空间价值提升的实践——以华东建筑集团股份有限公司业务发展为例 [J]. 建筑设计管理，35（8）：36–40.

[175] 周凌，2003. 空间之觉：一种建筑现象学 [J]. 建筑师（5）：49–57.

[176] 周铁军，熊健吾，周一郎，2016. 传统与新型建筑绿化技术对比研究 [J]. 中国园林，32（10）：99–103.

[177] 朱晓姣，宋波，刘晶，2017. 公共机构既有建筑绿色改造技术适宜性研究 [J]. 建筑节能，45（3）：118–123.

[178] 祝琳，2006. 论哲学思维方式的历史嬗变及深层生态意识的建立 [J]. 中州学刊（5）：187–189.

[179] 庄贵阳，2009. 哥本哈根气候博弈与中国角色的再认识 [J]. 外交评论（外交学院学报），26（6）：13–21.

[180] 庄惟敏，张维，梁思思，2018. 建筑策划与后评估 [M]. 北京：中国建筑工业出版社.

[181] 邹兵，2013. 增量规划、存量规划与政策规划 [J]. 城市规划，37（2）：35–37，55.

[182] CARSON R，2009. 寂静的春天 [M]. 李文昭，译. 台北：晨星发行.

[183] HARVEY D，2008. 新自由主义化的空间：迈向不均地理发展理论 [M]. 王志弘，译. 台北：群学出版有限公司.

[184] HUBEL V，LUSSOW D，1994. 基本设计概论 [M]. 张建成，译. 台北：六合出版社.

[185] KUMAR R，2017. 研究方法：步骤化学习指南 [M]. 潘中道，等译. 台北：学富文化事业有限公司.

[186] 阿尔多·罗西，1966. 城市建筑学 [M]. 黄士娟，译. 北京：中国建筑工业出版社.

[187] 阿摩斯·拉普卜特，2016. 宅形与文化 [M]. 常青，徐菁，译. 北京：中国建筑工业出版社.

[188] 阿诺德·汤因比，2000. 历史研究 [M]. 刘北成，郭小凌，译. 上海：上海人民出版社.

[189] 埃德蒙德·胡塞尔，2005. 现象学的方法 [M]. 倪梁康，译. 上海：译文出版社.

[190] 艾弗瑞·克罗斯比，2008. 写给地球人的能源史 [M]. 陈琦郁，译. 新店：左岸文化.

[191] 爱德华·格雷瑟，2012. 城市的胜利 [M]. 黄煜文，译. 台北：时报文化出版企业股份有限公司.

[192] 安德鲁·塔隆，2018. 英国城市更新 [M]. 杨帆，译. 上海：同济大学出版社.

[193] 博奥席耶，2005. 勒·柯布西埃全集 [M]. 牛艳芳，程超，译. 北京：中国建筑工业出版社.

[194] 布鲁姆，摩尔，2008. 身体，记忆与建筑 [M]. 成朝晖，译. 台北：尚林出版社.

[195] 大卫·哈维，2008. 新自由主义化的空间：迈向不均地理发展理论 [M]. 王志弘，译. 台北：群学出版有限公司.

[196] 大卫·吉森，2005. BIG and GREEN：迈向二十一世纪的永续建筑 [M]. 吕奕欣，译. 台北：木马文化事业股份有限公司.

[197] 大卫·劳埃德·琼斯，2004. 建筑与环境：生态气候学建筑设计 [M]. 王茹，等译. 北京：中国建筑工业出版社.

[198] 丹纳，2017. 艺术哲学 [M]. 傅雷，译. 北京：北京大学出版社.

[199] 段义孚，2017. 空间与地方：经验的视角 [M]. 王志标，译. 北京：中国人民大学出版社.

[200] 费尔顿，1986. 欧洲关于文物建筑保护的观念 [J]. 陈志华，编译. 世界建筑（3）：8–10.

[201] 葛蓝·艾波林，2001. 文化遗产 [M]. 刘蓝玉，译. 台北：五观艺术出版社.

[202] 亨利·列斐伏尔，2015. 空间与政治 [M]. 李春，译. 上海：人民出版社.

[203] 贾德·戴蒙，2018. 大崩坏：人类社会的明天？ [M]. 廖月娟，译. 台北：时报文化出版企业股份有限公司.

[204] 简·雅各布斯，2006. 美国大城市的生与死 [M]. 金衡山，译. 南京：译林出版社.

[205] 卡罗恩，2013. 可持续的建筑保护：现存建筑绿化改造 [M]. 陈彦玉，等译. 北京：电子工业出版社.

[206] 凯文·林奇，1981. 都市意象 [M]. 宋伯钦，译. 台北：台隆书店.

[207] 柯林·罗，弗瑞德·科特，2003. 拼贴城市 [M]. 童明，译. 北京：中国建筑工业出版社.

[208] 克里斯蒂安·诺伯格·舒尔茨，1990. 存在·空间·建筑 [M]. 尹培桐，译. 北京：中国建筑工业出版社.

[209] 克里斯蒂安·诺伯格·舒尔茨，2012. 居住的概念 [M]. 黄士钧，译. 北京：中国建筑工业出版社.

[210] 克里斯蒂安·诺伯格·舒尔茨，2013. 建筑——存在，语言与场所 [M]. 刘念雄，译. 北京：中国建筑工业出版社.

[211] 奎纳尔·希尔贝克与尼尔斯·吉列尔，2016. 西方哲学史：从古希腊到当下 [M]. 童世骏，郁振华，译. 上海：上海译文出版社有限公司.

[212] 勒·柯布西耶，1991. 走向新建筑 [M]. 陈志华，译. 天津：天津科学技术出版社.

[213] 刘易斯·芒福德, 1989. 城市发展史: 起源、演变与前景 [M]. 倪文彦, 宋峻岭, 译. 北京: 中国建筑工业出版社.

[214] 芦原义信, 2017. 街道的美学（上）[M]. 尹培桐, 译. 北京: 中国建筑工业出版社.

[215] 芦原义信, 2017. 街道的美学（下）[M]. 尹培桐, 译. 北京: 中国建筑工业出版社.

[216] 芦原义信, 2018. 东京的美学 [M]. 刘彤彤, 译. 武汉: 华中科技大学出版社.

[217] 鲁思·本尼迪克特, 2005. 菊花与刀 [M]. 黄学益, 译. 北京: 中国社会科学出版社.

[218] 鲁思·本尼迪克特, 2008. 文化模式 [M]. 王炜, 译. 北京: 社会科学文献出版社.

[219] 罗伯特·索科拉夫斯基, 2009. 现象学导论 [M]. 高秉江, 张建华, 译. 武汉: 武汉出版社.

[220] 罗杰·特朗西克, 1996. 找寻失落的空间: 都市设计理论 [M]. 谢庆达, 译. 台北: 田园城市文化.

[221] 马丁·海德格尔, 2014. 存在与时间 [M]. 陈嘉映, 王庆杰, 译. 北京: 生活·读书·新知三联书店.

[222] 迈克·克朗, 2000. 文化地理学 [M]. 宋惠敏, 杨淑华, 译. 南京: 南京大学出版社.

[223] 莫里斯·梅洛 – 庞蒂, 2016. 可见的与不可见的 [M]. 罗国祥, 译. 北京: 商务印书馆.

[224] 莫森·莫斯塔法维, 加雷斯·多尔蒂, 2014. 生态都市主义 [M]. 俞孔坚, 等译. 南京: 江苏科学技术出版社.

[225] 诺伯舒兹, 2010. 场所精神 [M]. 施植明, 译. 武汉: 华中科技大学出版社.

[226] 日经建筑, 2017. 世界知名建筑翻新活化设计 [M]. 石雪伦, 译. 台北: 城邦文化事业股份有限公司.

[227] 史宾格勒, 2002. 西方的没落 [M]. 陈玉林, 译. 北京: 电子工业出版社.

[228] 世界环境与发展委员会, 1992. 我们共同的未来 [M]. 王之佳, 柯金良, 译. 台北: 台湾地球日出版社.

[229] 舒马赫, 2007. 小的是美好的 [M]. 李华夏, 译. 南京: 译林出版社.

[230] 斯蒂芬·伯特曼, 2009. 希腊人为什么有智慧: 生命应该打造的八根柱子 [M]. 陈怡华, 译. 台北: 时报文化.

[231] 唐妮菈·米道斯, 丹尼斯·米道斯, 乔詹·兰德斯, 2007. 成长的极限: 三十周年最新增订版 [M]. 高一中, 译. 台北: 城邦文化事业股份有限公司.

[232] 威廉·麦唐诺, 麦克·布朗嘉, 2002. 从摇篮到摇篮: 绿色经济的设计提案 [M]. 新店市: 野人文化股份有限公司.

[233] 希尔德布兰·弗赖, 2010. 都市设计策略: 迈向永续性的都市形态 [M]. 黄晓薇, 译. 台北: 六合出版社.

[234] 小崎哲哉, 2014. 百年愚行 [M]. 陈宝莲, 译. 台北: 先觉出版股份有限公司.

[235] 亚历山大, 2002. 建筑的永恒之道 [M]. 赵冰, 译. 北京: 知识产权出版社.

[236] 扬·盖尔, 拉尔斯·吉姆松, 2003. 公共空间·公共生活 [M]. 汤雨扬, 等译. 北京: 中国建筑工业出版社.

[237] 杨经文, 2004. 摩天大楼: 生物气候设计入门 [M]. 施植明, 译. 台北县新店市: 木马文化.

[238] 伊恩·伦诺克斯·迈克哈格，2017. 设计结合自然 [M]. 芮经纬，译. 天津：天津大学出版社.

[239] 原广司，2014. 聚落 100 则 [M]. 黄茗诗，林于婷，译. 台北：远足文化事业股份有限公司.

[240] 约翰·罗斯金，2017. 建筑的七盏明灯 [M]. 谷意，译. 台北：五南图书出版股份有限公司.

[241] 詹姆斯·马力·欧康纳，2015. 被动式节能建筑 [M]. 李婵，译. 沈阳：辽宁科学技术出版社.

[242] 詹姆斯·斯蒂尔，2014. 生态建筑———一部建筑批判史 [M]. 孙骞骞，译. 北京：电子工业出版社.

[243] AFAZELI H，JAFARI A，RAFIEE S. et al.，2014. An investigation of biogas production potential from livestock and slaughterhouse wastes[J]. Renewable and Sustainable Energy Reviews，34：380-386.

[244] ALTIN M，2016. Green building rating systems in sustainable architecture[M].

[245] ANDREWS D，2015. The circular economy：design thinking and education for sustainability[J]. Local Economy，30（3）：305-315.

[246] CONZEN M R G，2004. Thinking about urban form：Papers on urban morphology[M]. Peter Lang AG.

[247] DUTTA M，BANERJEE S，HUSAIN Z，2007. Untapped demand for heritage：A contingent valuation study of Prinsep Ghat[J]. Calcutta. Tourism Management，28（1）：83-95.

[248] HU Y C，CHIU Y J，HSU C S，et al，2015. Identifying Key Factors for Introducing GPS-Based Fleet Management Systems to the Logistics Industry[J]. Mathematical Problems in Engineering.

[249] JAMES WINES，2000. Green Architecture[M]. The taschen by Köln，London，Los Angeles，Madrid，Paris，Tokyo Press.

[250] JONES G A，BROMLEY R D F，1996. The relationship between urban conservation programmes and property renovation：evidence from Quito[J]. Ecuador. Cities （6）：373-385.

[251] KOHLER N，HASSLER U，2002. The building stock as a research object，Building Research & Information，30（4），226-236.

[252] MUMFORD L，2016. The culture of cities[M]. Open Road Media Press.

[253] NISHIMURA M，2012. Business model for a low-carbon economy[J]. Journal of Information and Management，33（1）：112-122.

[254] NORBERG-SCHULZ C，1968. Intentions in architecture[M]. The massachusetts institute of technology Press.

[255] PARK，JIN-HO，2014. Designing the Ecocity-in-the-sky：The seoul workshop/ Jin-Ho Park[M]. The images publishing group Pty Ltd Press.

[256] SHAIKH P H，NOR N B M，NALLAGOWNDEN P，et al.，2014. A review on optimized

control systems for building energy and comfort management of smart sustainable buildings[J]. Renewable and Sustainable Energy Reviews, 34: 409–429.

[257] TRUCHON M, 2008. Borda and the maximum likelihood approach to vote aggregation[J]. Mathematical Social Sciences, 1: 96–102.

[258] TZENG G H, CHIANG C H, LI C W, 2007. Evaluating intertwined effects in e-learning programs: A novel hybrid MCDM model based on factor analysis and DEMATEL[J]. Expert Systems with Applications, 32 (4): 1028-1044.

[259] TZENG G H, WANG H F, WEN U P, 2011. Multiple criteria decision making-Proceedings of the tenth international conference. Expand and enrich the domains of thinking and application [M]. Springer-Verlag.

[260] WAIDYASEKARA K, DE SILVA M, RAMEEZDEEN R, 2013. Comparative study of green building rating systems: In terms of water efficiency and conservation[J]. Paper presented at the Proceedings of the Second World Construction Symposium, Colombo, Sri Lanka.

[261] WALMSLEY A, 1995. Greenways and the making of urban form[J]. Landscape and Urban Planning, 33 (1–3): 81–127.

[262] WU W W, 2008. Choosing knowledge management strategies by using a combined ANP and DEMATEL approach[J]. Expert Systems with Applications, (3): 828–835.

[263] YEOH B S, HUANG S, 1996. The conservation-redevelopment dilemma in Singapore: The case of the Kampong Glam historic district[J]. Cities, 13 (6): 411–422.

[264] YUDELSON J, 2009. Greening existing buildings [M]. McGraw Hill Education: 159–206.

[265] ZESHUI X, CUIPING W, 1999. A consistency improving method in the analytic hierarchy process[J]. European Journal of Operational Research, 116 (2): 443–449.

后记

　　随着气候变迁、能源危机和生态环境的恶化，为减缓自然环境的压力，节能减排、控制环境污染、营造可持续发展的人类家园已成为世界各国发展的战略目标。自 1978 年我国实施改革开放以来，城市中既有建筑的数量迅猛增加，既有建筑的绿色改造已成为满足环境、经济和社会可持续发展的重要举措。然而，长期以来，既有建筑绿色改造的研究内容集中在以节能为核心，而涉及社会和文化领域的人文研究还比较少。相比较物质技术领域而言，绿色改造于人文领域的探索尚处于探索阶段，如何通过绿色改造提升既有建筑的社会文化价值，这对实现城市的可持续发展将起到重要作用。本书就此作出了初步的尝试。尽管本人尽了很大努力，但个人素养和学识有限，本书研究仍未完善。

　　2020 年伊始，多种自然灾害在全球同时暴发：新型冠状病毒肺炎在肆虐；燃烧了半年之久的森林大火，在澳洲依然无法扑灭；非洲的蝗虫、中东的禽流感、MERS、美国的流感等，均给人类带来巨大的灾难和痛苦。未来的诸多不确定性，正如新型冠状病毒肺炎一样，不可捉摸、无法预测，人类与自然生态环境的关系缘何恶化至此？3 年前，我的博士论文选题正好涉及人类可持续发展的城市环境，本书也正是在我的博士论文基础上修改完成的。希望此书能抛砖引玉，让人文绿色理念深入人心，促进人类与自然的和谐共处，也能够为后续的研究进行铺垫。

　　不惑之年，我脱离了家庭生活和教学岗位来到中国台湾中原大学攻读博士学位，一则探寻学术研究之路，期许获得良师益友之引领；二则完善知识体系，沉淀过往经验，静默观想以利拓展思维。一路走来，诸多坎坷，非言语所能表述，所幸最终能如愿以偿。研究的道路充满艰辛，在老师、家人、朋友、同学的指引和帮助下，才得以完成博士论文的写作。本书献给在读书期间给予我鼓励和帮助的各位老师、同学和家人。

　　首先，感谢求学期间帮助过我的各位老师。尤其是我的指导老师黄承令教授，无论是授课期间的答疑解惑，还是课后的校外参访，以及专程预备的读书报告与论文讨论，黄老师均给予极大的耐心和严谨的指导。每次论文讨论，黄老师均会在论文稿上手书意见和建议，针对各种论述方法，还以手绘论文结构框架图的形式给予详细解读，让你一目了然，而且黄老师总是会在讨论后再补充他的观点和建议，让你很清晰地了解下一步研究工作。而在论文胶着困惑期间，黄老师也总是给予鼓励，提出中肯的建议，或是严厉的质疑，让你醍醐灌顶。黄老师的言传身教让我觉得差距巨大，而黄老师独特的幽默，却总是在你大笑之余，又让你感到轻松。在黄老师辅导引领下，我才慢慢进入读书写作的学术研究生活，而这种生活模式已然超乎我的求学预期，也正是我冥冥之中所期许的。黄老师对建筑艺术的执着、对学术的严谨态度以及对教学的奉献精神，正是我学习的楷模，还要感谢师母的热情，在生活中总是及时提醒，在我家人来访之际给予热情周到的安排和款待。

　　感谢陈历渝老师，记得初到中原大学，第一次在院办开会，陈历渝老师就以学长的身份讲述了很多读博求学的路径，一下子拉近大家的距离，安抚了大家忐忑不安的心情，他的建议被我们视为读博的"干货"。他总是鼓励大家树立信心，早日完成学业。求学期间，陈老师还指导我们博士班承办国际研讨会，经常在百忙之中答疑解惑，邀请我们参加他的家庭日，给予我们多方的帮助。

还要特别感谢敏娜姐，不管在学业上还是生活中，她的细心和周到总是让你出乎意料，感受到暖人的"中原温度"，没有她的鼓励和帮助，我会在学业中多走很多的弯路。

感谢胡宜中教授，他的多准则决策管理学授课，对我的研究方法启发很大。在向期刊投稿中，他的专业辅导让我受益匪浅，坚定了我的论文投稿之路；感谢陈其澎教授和黄信二教授，他们的授课不仅给我带来很大启发，而且还不厌其烦地答疑解惑，以身作则引领学术之路；还有叶俊麟老师、谢明烨老师、林晓薇老师的精心授课、课外参访与答疑解惑，正是有了你们的言传身教，使我一直在反思，从而使论文思路更加宽阔；感谢吴桂宁教授，是他的鼓励和热情帮助，让我感到求学的希望，而且研究期间还为我的课题提供很多参考建议；感谢孟庆林教授，作为绿色建筑领域的专家，在访谈中他给予我很多真知灼见，启发了我的思维；感谢张南宁总建筑师、周名嘉总工、李书谊主任和骆建云院长，他们的帮助给予我很大的启发；感谢蔡厚男、周鼎金、姚村雄和周融骏四位评审委员，4位教授对我学位论文提出的宝贵意见和建议，使我的研究更加扎实和完善。

还要感谢我的同学李婷婷、王瑞良、周雅、何艳凤，在中原求学过程中大家总是互相提醒和帮助，让我们在克服异乡求学困惑的同时，增添了诸多生活乐趣与回忆，尤其是李婷婷和王瑞良，有你们参与的讨论和协助，总是启发了我的思路；感谢姜超和陈全荣学长，你们无私的分享，给予我很好的启发，还有扈益群、吴彦、李婉宗、谢文哲和陈中等学长学姐，在我初来中原大学以及后续的研究过程中，从学业和研究上给予引导、支持和帮助，让我尽快融入研究生生活；感谢学长苏鸿昌、张聪贤和学姐许宁珍在我于台湾调研期间给予的帮助和建议；还要感谢吕纯纯、林慧娟同学，总是及时提醒学业要求，提供各类来自中原大学的信息，感谢苏凯茵的慷慨建议、帮助和分享，她扎实的研究作风和成果给予我很好的印象和启发，还要特别感谢好友霞小姐和邝先生，无论是在专业领域，还是在互联网专业信息获取上，在我最需要的时候均给予我莫大的支持，还要感谢林田夫先生和梁彦学长的包容及支持。

最后，衷心感谢我的家人，正是你们的全力支持，才使我能够安心求学。感谢我的妻子，她承担了所有的家务，还有教育儿子、孝敬父母的责任。妻子无怨无悔的付出，是我最大的动力源泉。每次在研究有所突破时，她总是我的第一个听众，并给予莫大的鼓励。在论文成稿之际，又默默承担起校稿、补充调研资料的工作，如果没有她的全力支持和帮助，很难想象本书能够顺利成稿；感谢我的父母，全力以赴支持我，特别在我求学之际还尽可能弥补我教育儿子的缺失；感谢幼子，在我离家之际，还能够配合好母亲，自立自强，并实现了自己的中考夙愿。

本书的最终完成还得益于许多良师益友给我的帮助和指导，难以一一尽数，在此一并感谢！